Edmund Landau · Dieter Gaier

# Darstellung und Begründung einiger neuerer Ergebnisse der Funktionentheorie

Dritte, erweiterte Auflage

Mit 10 Abbildungen

Springer-Verlag
Berlin Heidelberg New York
London Paris Tokyo

Prof. Dr. Dieter Gaier, Ph.D.
Mathematisches Institut, Justus-Liebig-Universität Gießen
Arndtstraße 2, 6300 Gießen

Die 1. Auflage erschien 1916, die 2. 1929 unter dem Titel E. Landau, Darstellung und Begründung einiger neuerer Ergebnisse der Funktionentheorie bei Julius Springer, Berlin. Dieser Nachdruck der 2. Auflage von Landaus Buch ist ab Seite 121 erweitert von D. Gaier.

Mathematics Subject Classification (1980): 30A, B, C, D, E, 40A, C, D, E, G

ISBN-13: 978-3-642-71439-9       e-ISBN-13: 978-3-642-71438-2
DOI: 10.1007/978-3-642-71438-2

CIP-Kurztitelaufnahme der Deutschen Bibliothek
*Landau, Edmund:*
Darstellung und Begründung einiger neuerer Ergebnisse der Funktionentheorie / Edmund Landau.
Dieter Gaier. – 3., erw. Aufl. – Berlin; Heidelberg; New York; London; Paris; Tokyo: Springer, 1986

NE: Gaier, Dieter [Bearb.]



Gesamtherstellung: Brühlsche Universitätsdruckerei, Gießen
2144/3140-543210

# Vorwort zur dritten Auflage

Als 1929 die zweite Auflage dieses Buches erschien, wurde sie von den Funktionentheoretikern in aller Welt mit großem Beifall aufgenommen. Die Besprechungen in verschiedenen Fachzeitschriften fielen überaus positiv aus: Landaus charakteristischer Stil kommt im ganzen Werk zum Ausdruck — concise, clear, concrete (Walsh); das Buch ist ein Beispiel für die Klarheit der Gedanken und des Ausdrucks (Wilson); und mehrfach wird die Sorgfalt der Ausführung hervorgehoben. Natürlich haben die anderen Werke Landaus, vor allem zur Zahlentheorie, auch weltweite Verbreitung und Beachtung gefunden, doch bekennen Hardy und Heilbronn in ihrem Nachruf auf Landau, daß die „Darstellung und Begründung einiger neuerer Ergebnisse der Funktionentheorie" wahrscheinlich Landaus schönstes Buch sei.

Da das Buch längst vergriffen ist, habe ich die Anregung von Herrn Remmert gerne aufgenommen, eine dritte, erweiterte Auflage vorzubereiten. Nach unseren Vorstellungen sollte sie in zweierlei Hinsicht über die zweite Auflage hinausgehen:

(1) Es sollte versucht werden, in übersichtlicher Form, doch ohne Beweise darüber zu berichten, welche weiteren Ergebnisse zu den Themen der 28 Paragraphen der zweiten Auflage seit 1929 gefunden worden sind.

(2) Es sollten einige weitere „Perlen der Funktionentheorie" zur ausführlichen Darstellung kommen.

Demgemäß sind im Anhang I Bemerkungen und Hinweise zu den einzelnen Paragraphen zusammengestellt. Der Leser möge berücksichtigen, daß es bei der Fülle des inzwischen angefallenen Materials oft notwendig war, sich auf das Wichtigste zu beschränken, und es ist nicht ausgeschlossen, daß da und dort etwas übersehen worden ist.

Die Darstellung einiger weiterer markanter Sätze der Funktionentheorie findet sich im Anhang II. Dabei ließ ich mich von Landaus eigenen Kriterien leiten: Sätze von hoher Eleganz und klassischer Schönheit werden bevorzugt; und in den Beweisen werden nur die Elemente der Funktionentheorie als bekannt vorausgesetzt. Letzteres sorgt dafür, daß auch die Sätze im Anhang II etwa in Seminaren „aus dem Stand" zu bewältigen sind.

Im einzelnen knüpfen § 1 und § 2 des Anhangs II direkt an § 10 und § 19 der zweiten Auflage an. $O$-Taubersätze und Lückenumkehrsätze, sowie der Fabrysche Lückensatz werden hier mit neuen funktionentheoretischen Mitteln bewiesen. In § 3 und § 4 werden die starken Impulse berücksichtigt, die die Betrachtung von Räumen holomorpher Funktionen für die Funktionentheorie gebracht hat. Der Maximalitätssatz von Wermer und der Isomorphiesatz von Bers werden als Beispiele für diese Querverbindungen zur Algebra und zur Funktionalanalysis behandelt.

Schließlich hoffe ich  daß auch das ausführliche Literaturverzeichnis den Freunden der klassischen Funktionentheorie von Nutzen sein wird.

Gießen, im Juli 1986                                    Dieter Gaier

# Biographische Notizen

Edmund Landau wurde am 14. Februar 1877 in Berlin geboren. Seine Eltern waren sehr wohlhabend; sein Vater war ein bekannter Gynäkologe, während seine Mutter einer Bankiersfamilie entstammte. Er besuchte das Französische Gymnasium in Berlin, wo er sich als Wunderkind entwickelte und mit 16 Jahren das Abitur machte.

Danach begann er sein Studium der Mathematik an der Universität Berlin, wo er Vorlesungen bei Schwarz, Planck, Frobenius, Steinitz, Hensel und Fuchs hörte. Zwei Semester lang war er in München und besuchte dort Vorlesungen von Lindemann und Pringsheim.

Im Juli 1899 promovierte er mit einem neuen Beweis der Eulerschen Vermutung $\sum \frac{\mu(k)}{k} = 0$ zum Dr. phil., und schon zwei Jahre später habilitierte er sich an der Universität Berlin; Gutachter waren Frobenius und Fuchs. 1905 wurde ihm der Titel „Professor" verliehen, und 1909 wurde er auf Anregung von Klein, Hilbert und Runge auf den durch Tod vakant gewordenen Lehrstuhl von Minkowski berufen. Zusammen mit diesen machte er Göttingen zu einem „mathematischen Hochplateau" (Hilbert), welches die führenden Mathematiker aus aller Welt anzog. Unter Landaus Anleitung entstanden in Göttingen über 30 Dissertationen, darunter diejenigen von Jackson (1911), Hammerstein (1914), Schmeidler (1916), Kamke (1919), Siegel (1920), Ostrowski (1920), Walfisz (1921), Rogosinski (1922) und Heilbronn (1931).

Seine temperamentvolle Leidenschaft für die Mathematik und seine große Schaffensfreude waren die Quellen seiner außergewöhnlichen Produktivität; er veröffentlichte 7 zum Teil sehr umfangreiche Werke und über 250 wissenschaftliche Publikationen. „Das dauerndste und größte Denkmal bleiben seine Werke" (Knopp).

Im Wintersemester 1927/28 hielt Landau Gastvorlesungen an der Hebräischen Universität in Jerusalem, im Sommer 1931 solche an der Stanford University.

Im April 1933 ging die große Zeit Göttingens als mathematisches Zentrum der Welt schlagartig zu Ende. Zuerst wurde Courant, dann Emmy Noether beurlaubt, während Landau seine Vorlesungen im Sommersemester

1933 von seinem Assistenten abhalten ließ. Am 2. November 1933 kam es zum Boykott seiner Vorlesung. Daraufhin wurde er zuerst befristet beurlaubt, dann aber in den Ruhestand versetzt. Danach hielt er Gastvorlesungen in Groningen, Cambridge, Kopenhagen und Brüssel, wohnte aber mit seiner Familie wieder in Berlin. Auch dort war er noch voller Schaffenskraft, lebte aber in ständiger Sorge um die ungewisse Zukunft. Nach kurzer Krankheit, an den Folgen eines Herzanfalls, verstarb er am 19. Februar 1938 im Alter von 61 Jahren.

*Biographische Quellen*

Hardy, G.H.; Heilbronn, H.: Edmund Landau. J. London Math. Soc. **13** (1938), 302–310.

Kluge, W.: Edmund Landau. Sein Werk und sein Einfluß auf die Entwicklung der Mathematik. Staatsexamensarbeit Duisburg 1983.

Knopp, K.: Edmund Landau. Jahresber. Deutsch. Math. Verein. **54** (1951), 55–62.

Mirsky, L.: In memory of Edmund Landau. Math. Scientist **2** (1977), 1–26.

# Inhalt

## Anhang I

**Bemerkungen und Hinweise zu den Themen des Buches von Landau**
*Dieter Gaier*



## Anhang II

**Darstellung einiger weiterer markanter Sätze der Funktionentheorie**
*Dieter Gaier*

# Vorwort zur ersten Auflage.

Meine Absicht bei Herausgabe dieses Buches ist, einige Früchte meiner Beschäftigung mit der modernen mathematischen Literatur dem Leser zugute kommen zu lassen. Die Auswahl geschah nach folgenden Gesichtspunkten. Der Sache nach handelt es sich im wesentlichen um diejenigen Problemstellungen aus der Theorie der analytischen Funktionen einer komplexen Variabeln, welche an das Konvergenzverhalten von Potenzreihen auf dem Rande und an die analytische Fortsetzbarkeit der betreffenden Funktionen anknüpfen. Darüber gab es von jeher eine große Literatur; manches ist klassisch und steht in jedem Lehrbuch. In den letzten Jahren sind nun in diesem Gebiete bestimmte Sätze von hoher Eleganz entdeckt worden; Sätze, welche vordem kaum vermutet waren, zum Teil erstmalig auf sehr komplizierte Weise bewiesen und inzwischen auf viel kürzerem Wege erreicht wurden. Die Literatur über solche Fragen ist groß; die einzelnen Abhandlungen sind zum Teil lang, so daß man Mühe hat, das schönste Resultat herauszufinden und den zugehörigen Beweis herauszupräparieren; oft tritt der wesentliche Kern eines Satzes dadurch nicht deutlich hervor, daß dieser gleich in unwichtiger Weise verallgemeinert und mit Parametern belastet erscheint. Ich glaube und wünsche nun, daß die vorliegende Mitteilung von etwa siebenundzwanzig sorgsam ausgewählten, in letzter Zeit gefundenen Sätzen mit vollständigen, einheitlich dargestellten Beweisen die Aufnahme dieser Ergebnisse — welche zum Teil von klassischer Schönheit sind — in Vorlesungen und Lehrbücher zum Nutzen der Anfänger beschleunigen wird; und daß die Forscher zu genauerem Studium der Originalabhandlungen und damit zur Weiterführung jener fruchtbaren Untersuchungen angeregt werden. Oft ist meine vereinfachte Darstellung länger als das Original; das liegt daran, daß ich es dem Leser möglichst leicht machen will und ihm keine Zwischenrechnung überlasse. Daß mein Anteil an diesen Dingen kein rein kompilatorischer ist, wird der Leser sich auch ohne besondere Erwähnung einiger Vereinfachungen denken können, und wenn er Lust bekommt, auf die Originalabhandlungen zurückzugreifen, so wird er sehen, daß auch die eine oder andere Fragestellung von mir herrührte. Als bekannt werden nur die Elemente der Funktionentheorie vorausgesetzt.

Für freundliche Hilfe bei der Korrektur danke ich bestens den Herren Privatdozent Dr. Bernays in Zürich, Prof. Dr. Hartogs in München, Prof. Dr. Knopp in Berlin, Privatdozent Dr. Pólya in Zürich, Dr. Wiarda in Marburg und Direktor Dr. Ziegel in Berlin.

Göttingen, den 17. Mai 1916.

**Edmund Landau.**

---

# Vorwort zur zweiten Auflage.

Mit Absicht habe ich den behandelten Stoff kaum vermehrt, wohl aber mehrere Paragraphen gründlich erweitert bzw. umgearbeitet. Insbesondere erwähne ich: § 5 (Fatou) ist neu, § 10 (früher §§ 9—10) umgearbeitet und der Satz des alten § 9 nur als Nebenresultat in die Einleitung übernommen. § 19 ist zum vollen Beweise des Fabryschen Lückensatzes und anderer Fabryscher Sätze erweitert. §§ 24—25 sind auf ganz neue (Blochsche) Grundlage gestellt. Der alte § 27 ist zum Beweise der definitiven (Bieberbachschen) Schranken erweitert (jetzt §§ 27—28) und vom alten siebenten Kapitel abgetrennt, da die Beziehung zum Picardschen Ideenkreis wegfiel.

Alles Nähere erläutert die Einleitung.

„**Neuere** Ergebnisse der Funktionentheorie" sind es immer noch, zumal der vierte Teil meiner Zitate sich auf Schriften bezieht, die erst nach meiner ersten Auflage erschienen sind, und manches zum ersten Male in der vorliegenden Fassung dargestellt wird.

Diesmal habe ich für freundliche Korrekturhilfe den folgenden Herren herzlichst zu danken: Dr. Fenchel in Göttingen, Dr. Walfisz in Warschau und Dr. Weber in Göttingen.

Göttingen, den 19. September 1929.

**Edmund Landau.**

# Bezeichnungen.

Im folgenden verstehe ich, wenn für alle hinreichend großen positiven $x$ eine komplexe Funktion $f(x)$ und eine positive Funktion $g(x)$ definiert sind, unter

$$f(x) = O(g(x)),$$

daß der Quotient

$$\frac{|f(x)|}{g(x)}$$

von einer Stelle an beschränkt ist. Unter

$$f(x) = o(g(x)),$$

daß

$$\lim_{x = +\infty} \frac{f(x)}{g(x)} = 0$$

ist. Dieselben Zeichen $O$ und $o$ werden aber auch gebraucht, wenn es sich nicht um Annäherung an $x = \infty$, sondern um beiderseitige oder einseitige Annäherung an einen endlichen Wert $x = \xi$ oder um eine bestimmte Annäherung an $x = \xi$ in der komplexen Ebene handelt. Auch, wenn die Variable — sie heißt dann meist nicht $x$ oder dergl., sondern $n$, $m$ oder dergl. — nur durch ganzzahlige Werte ins Unendliche geht. Der Zusammenhang schließt jedes Mißverständnis bei Anwendung dieses Zeichens aus, da stets ersichtlich sein wird, um welche unabhängige Variable und welchen Weg derselben es sich handelt.

Übrigens wird es sich oft als zweckmäßig erweisen, statt einer Gleichung wie

$$\lim_{x = 1} \frac{x^2 - 1}{x - 1} = 2$$

($x$ sei komplex gedacht) ohne Limeszeichen zu schreiben: Für $x \to 1$ ist $\frac{x^2 - 1}{x - 1} \to 2$. Wenn die unabhängige Variable an den betreffenden endlichen Punkt nicht auf beliebiger Bahn rücken soll, wird es stets besonders gesagt.

Schließlich wird gelegentlich

$$f(x) \sim g(x)$$

als Abkürzung für

$$\frac{f(x)}{g(x)} \to 1$$

verwendet werden.

Die Titel der benutzten Abhandlungen sind zum Schluß zusammengestellt. Im Text zitiere ich daher nur kurz den Namen des Autors, eine Seitenzahl und (wenn mehr als eine Arbeit desselben Autors im Verzeichnis vorkommt) die Nummer der Abhandlung.

# Einleitung.

Im folgenden will ich zunächst über die Ziele der einzelnen acht Kapitel und die Vorgeschichte jener Fragestellungen berichten. Absichtlich ist im späteren Text durchweg vom Einheitskreis die Rede, in dieser Einleitung vom Kreise $|x| \leqq r$ mit einem Wortlaut, in den der des Textes durch die bloße Substitution $\dfrac{x}{r}$ statt $x$ übergeht. Hier von einem beliebigen Punkt des Kreises, dort von dem positiven (triviale Substitution $e^{-\varphi i} x$ statt $x$). Hier von $\lim f(x) = l$, dort von $\lim f(x) = 0$ (triviale Substitution $f(x) - l$ statt $f(x)$). Hier von $|f(x)| \leqq M$, dort von $|f(x)| \leqq 1$ (triviale Substitution $M^{-1} f(x)$ statt $f(x)$).

## Erstes Kapitel.
### (Über beschränkte Potenzreihen.)

Es sei

$$f(x) = \sum_{n=0}^{\infty} a_n x^n$$

für $|x| < r$ regulär. Dann braucht $|f(x)|$ dort nicht beschränkt zu sein, wie die geometrische Reihe

$$\sum_{n=0}^{\infty} x^n$$

mit $r = 1$ lehrt. Wenn aber für $|x| < r$

$$|f(x)| \leqq M$$

ist, so ist bekanntlich infolge der für $0 < \varrho < r$ giltigen Identität[1])

---

1) $\bar{a}$ bezeichnet die zu $a$ konjugierte Zahl.

$$\int_0^{2\pi} \left| f\left(\varrho\, e^{\varphi i}\right) \right|^2 d\varphi = \int_0^{2\pi} \sum_{n=0}^{\infty} a_n \varrho^n e^{n\varphi i} \cdot \sum_{m=0}^{\infty} \bar{a}_m \varrho^m e^{-m\varphi i}\, d\varphi$$

$$= \sum_{n,\,m=0}^{\infty} a_n \bar{a}_m \varrho^{n+m} \int_0^{2\pi} e^{(n-m)\varphi i}\, d\varphi = 2\pi \sum_{n=0}^{\infty} |a_n|^2 \varrho^{2n},$$

deren linke Seite $\leqq 2\pi M^2$ ist, notwendig die Reihe

$$\sum_{n=0}^{\infty} |a_n|^2 r^{2n}$$

konvergent (und $\leqq M^2$). Es war aber nicht leicht festzustellen, ob aus der Voraussetzung die Beschränktheit von

$$s_n = \sum_{\nu=0}^{n} a_\nu r^\nu \qquad (n = 0, 1, 2, \ldots)$$

oder gar die gleichmäßige Beschränktheit von $s_n$ für alle zu festem $r$ und festem $M$ gehörigen $f(x)$ folgt. Fejér[1]) hat entdeckt, daß nicht einmal bei einem einzelnen $f(x)$ diese Funktion von $n$ beschränkt zu sein braucht. Im § 3 gebe ich aber dafür nicht Fejérs ursprüngliches Beispiel, sondern ein anderes, das er mir brieflich in Anwendung einer zu anderem Zweck von mir angestellten Untersuchung mitgeteilt hat.

Daß bei festem $M$ und festem $n$ der Ausdruck $s_n$ gleichmäßig (in Bezug auf $r$ und die Auswahl des $f(x)$) beschränkt ist, folgt schon daraus, daß nach Cauchy

$$|a_\nu r^\nu| \leqq M \qquad (\nu = 0, 1, 2, \ldots),$$

also

$$|s_n| \leqq (n+1)\, M$$

ist. (Übrigens folgt aus

$$\sum_{n=0}^{\infty} |a_n|^2 r^{2n} \leqq M^2$$

schärfer

$$|s_n| \leqq \sum_{\nu=0}^{n} |a_\nu r^\nu| \cdot 1 \leqq \sqrt{\sum_{\nu=0}^{n} |a_\nu|^2 r^{2\nu} \cdot \sum_{\nu=0}^{n} 1^2} \leqq \sqrt{n+1} \cdot M.)$$

Die Bestimmung der oberen Grenze von $|s_n|$ für alle $f(x)$ bei festen $r, M, n$ bot eigentümliche Schwierigkeiten, die ich[2]) mit dem Ergebnis

---

1) Fejér 1, S. 15.
2) Landau 4, zweite Abhandlung, S. 255.

$$M \sum_{v=0}^{n} \binom{-\frac{1}{2}}{v}^2 = M\left(1 + \left(\frac{1}{2}\right)^2 + \left(\frac{1 \cdot 3}{2 \cdot 4}\right)^2 + \cdots + \left(\frac{1 \cdot 3 \ldots (2n-1)}{2 \cdot 4 \ldots 2n}\right)^2\right)$$

überwunden habe; dies stelle ich in § 2 dar; der Faktor von $M$ ist $\sim \dfrac{1}{\pi} \log n$.

Obgleich $s_n$ nicht beschränkt zu sein braucht, sind, wie Steffensen[1]) bemerkt hat, die arithmetischen Mittel

$$\frac{s_0 + s_1 + \cdots + s_n}{n+1}$$

beschränkt, sogar bei festem $M$ gleichmäßig beschränkt für alle $r$ und $f(x)$. Die (gleichmäßige) obere Grenze ergibt sich nach Fejér[2]) gleich $M$; siehe den folgenden § 1, der auch eine — nicht viel tiefer liegende — notwendige und hinreichende Bedingung dafür entwickelt, daß ein bestimmtes $f(x)$ für $|x| < r$ regulär und beschränkt ist. Nämlich,

$$s_n(x) = \sum_{v=0}^{n} a_v x^v$$

gesetzt,

$$\left|\sum_{v=0}^{n} s_v(x)\right| \leqq (n+1)M \text{ für } |x| \leqq r, \, n \geqq 0.$$

I. Schur[3]) hat diese Bedingung als gleichwertig mit

$$\sum_{v=0}^{n} |s_v(x)| \leqq (n+1)M \text{ für } |x| \leqq r, \, n \geqq 0$$

und mit

$$\sum_{v=0}^{n} |s_v(x)|^2 \leqq (n+1)M^2 \text{ für } |x| \leqq r, \, n \geqq 0$$

erwiesen. Dies reproduziere ich auch in § 1; an dessen Schluß beweise ich[4]) den Satz von Rogosinski[5]):

Aus

$$|f(x)| \leqq M \text{ für } |x| < r$$

folgt

$$|s_n(x)| \leqq M \text{ für } |x| \leqq \frac{r}{2}, \, n \geqq 0.$$

1) Steffensen, S. 382.
2) Fejér 3, S. 95.
3) Schur 2, S. 227. Vergl. Szász 1, S. 176.
4) Nach Landau 5, S. 22.
5) Rogosinski, S. 271.

Nach obigem ist insbesondere bei jedem festen für $|x| < r$ beschränkten $f(x)$

$$s_n = O(\log n).$$

Die Frage, ob

$$s_n = o(\log n)$$

ist, ist von $\mathbf{B\,o\,h\,r}$[1]) gelöst und dann von $\mathbf{B\,o\,h\,r}$[2]) und $\mathbf{N\,e\,d\,e\,r}$[3]) weiter verfolgt worden: doch ist schon der zur Antwort auf obige Frage vorliegende Beweis zu kompliziert für Aufnahme in dies Buch.

Im § 4 beweise ich nach $\mathbf{H\,a\,r\,d\,y}$[4]), daß für jedes im Kreise $|x| < r$ reguläre und beschränkte $f(x)$ die Majorante

$$\mathfrak{M}(\varrho) = \sum_{n=0}^{\infty} |a_n| \varrho^n$$

bei zu $r$ wachsendem $\varrho$ als $o\left(\dfrac{1}{\sqrt{r-\varrho}}\right)$ abgeschätzt werden kann. Ferner beweise ich dort nach $\mathbf{B\,o\,h\,r}$ — M. $\mathbf{R\,i\,e\,s\,z}$ — I. $\mathbf{S\,c\,h\,u\,r}$ — F. $\mathbf{W\,i\,e\,n\,e\,r}$[5]), daß für jede ganze Funktion $f(x)$ und alle $\varrho > 0$

$$\mathfrak{M}(\varrho) \leqq \operatorname*{Max.}_{|x| = 3\varrho} |f(x)| = M(3\varrho)$$

ist; dasselbe gilt für Potenzreihen $f(x)$ mit endlichem Konvergenzradius, wenn $3\varrho$ kleiner als dieser Radius ist.

Im § 5 beweise ich zunächst auf einem von $\mathbf{F\,a\,b\,e\,r}$[6]) angegebenen Wege den Satz von $\mathbf{L\,e\,b\,e\,s\,g\,u\,e}$[7]), daß eine reelle Funktion mit beschränktem Differenzenquotienten in einem Intervall dort „fast überall" differentiierbar ist; d. h. bis auf eine Nullmenge; d. h. bis auf eine Menge, die durch abzählbar viele Intervalle beliebig kleiner Gesamtlänge zugedeckt werden kann. Mit Hilfe dieses $\mathbf{L\,e\,b\,e\,s\,g\,u\,e}$schen Satzes beweise ich dann nach $\mathbf{C\,a\,r\,a\,t\,h\,é\,o\,d\,o\,r\,y}$[8]) den Satz von $\mathbf{F\,a\,t\,o\,u}$[9]): Ist $|f(x)| \leqq M$ für $|x| < r$,

---

1) $\mathbf{B\,o\,h\,r}$ 2, erste Abhandlung, S. 276.

2) $\mathbf{B\,o\,h\,r}$ 2, zweite Abhandlung, S. 119.

3) $\mathbf{N\,e\,d\,e\,r}$, S. 115.

4) $\mathbf{H\,a\,r\,d\,y}$ 1, S. 149.

5) $\mathbf{B\,o\,h\,r}$ 1, S. 4.

6) $\mathbf{F\,a\,b\,e\,r}$ 3, S. 381. Der $\mathbf{F\,a\,b\,e\,r}$sche Beweis mußte in vielen Punkten berichtigt werden und konnte verkürzt werden.

7) $\mathbf{L\,e\,b\,e\,s\,g\,u\,e}$, S. 123.

8) $\mathbf{C\,a\,r\,a\,t\,h\,é\,o\,d\,o\,r\,y}$, S. 307. Dies ist z. Z. der einzige vom $\mathbf{L\,e\,b\,e\,s\,g\,u\,e}$schen Integralbegriff freie Beweis.

9) $\mathbf{F\,a\,t\,o\,u}$, S. 337.

so existiert $\lim\limits_{\varrho\,=\,r} f\!\left(\varrho e^{\varphi i}\right)$ für fast alle $\varphi$ auf $0 \leqq \varphi \leqq 2\pi$. Von selbst ergibt sich noch eine kleine Verschärfung dieses Satzes.

### Zweites Kapitel.
#### (Summabilität höherer Ordnung.)

Im § 6 handelt es sich um folgendes. K n o p p [1]) und S c h n e e [2]) haben entdeckt, daß bei jeder Reihe

$$a_0 + a_1 + a_2 + \cdots$$

die Begriffe der Summabilität $k$ter Ordnung im C e s à r o schen und H ö l d e r schen Sinn (Erklärung siehe in meinem späteren Text) sich decken. Der Beweis war außerordentlich kompliziert, und erst ein neuerer Beweis von I. S c h u r [3]) gestattet mir, diesen wichtigen Satz in meine Schrift aufzunehmen.

Bekanntlich folgt aus der Summabilität irgendwelcher Ordnung bei der Reihe

$$\sum_{n\,=\,0}^{\infty} a_n x_0^n,$$

daß bei radialer Annäherung

$$\lim_{x\,=\,x_0} \sum_{n\,=\,0}^{\infty} a_n x^n$$

existiert; im § 7 gebe ich nun ein von B o h r herrührendes, mir für die erste Auflage mitgeteiltes Beispiel für die zuerst von L i t t l e w o o d [4]) konstatierte Tatsache: dieser Limes kann vorhanden sein, ohne daß die Reihe im Punkte $x = x_0$ von irgendwelcher Ordnung summabel ist.

### Drittes Kapitel.
#### (Umkehrungen des A b e l schen Stetigkeitssatzes.)

Der A b e l sche Stetigkeitssatz: „Aus

$$\sum_{n\,=\,0}^{\infty} a_n x_0^n = l \qquad\qquad (x_0 \neq 0)$$

folgt bei radialer Annäherung

---

1) K n o p p, S. 19.
2) S c h n e e, S. 112.
3) S c h u r 1, S. 448.
4) L i t t l e w o o d, S. 448. Übrigens leistet L i t t l e w o o d s Beispiel gleichzeitig mehr.

$$\lim_{x = x_0} \sum_{n=0}^{\infty} a_n x^n = l^u$$

ist bekanntlich nicht umkehrbar $\left( \sum_{n=0}^{\infty} x^n \text{ bei } x = -1 \right)$. Daß er unter Hinzufügung gewisser Annahmen ($a_n x_0^n \geqq 0$ und dergl.) umkehrbar ist, war trivial. Neueren Datums ist aber die Kette von Sätzen meines dritten Kapitels, welche noch mit einem 32 Jahre alten, leicht beweisbaren Satz von Tauber[1]) (wo die Annahme $a_n x_0^n = o\left(\dfrac{1}{n}\right)$ gemacht wird) beginnt (§ 8) und in dem tiefliegenden Satz von Hardy und Littlewood[2]) (§ 10) gipfelt, der nur voraussetzt: Der reelle Teil von $n\, a_n x_0^n$ ist einseitig beschränkt, desgleichen der imaginäre Teil. Eine wichtige Stütze dabei war in der ersten Auflage der gleichfalls von Hardy und Littlewood[3]) entdeckte Satz, daß für jede Potenzreihe mit $a_n \geqq 0$ aus

$$f(x) = \sum_{n=0}^{\infty} a_n x^n \sim \frac{1}{1-x} \qquad \text{bei } x \to 1$$

folgt[4]):

$$s_n = \sum_{v=0}^{n} a_v \sim n.$$

In dieser zweiten Auflage beweise ich den Satz des § 10 ohne diese Zwischenstation (deren direkter Zugang sich übrigens durch Abschätzung von Integralen statt Reihen genau so verkürzen ließe wie der Gesamtbeweis jenes Satzes). Damit aber der zweite, an sich wichtige Satz jetzt nicht unter den Tisch fällt, zeige ich gleich hier, daß er aus dem ersten leicht gefolgert werden kann. Er liegt aber weniger tief; z. B. ist die Beschränktheit der Partialsummen von $\dfrac{s_{n-2}}{n-1} - \dfrac{s_{n-1}}{n}$ ($n \geqq 2$) an Stelle von $a_n$ (vergl. Behauptung 1 des Hilfssatzes 3) wegen

$$s_n \leqq \sum_{v=0}^{n} a_v\, e^{\frac{n-v}{n}} \leqq e\, f\left( e^{-\frac{1}{n}} \right) = O(n)$$

trivial.

Der Übergang lautet: Bei $x \to 1$ ist

---


1) Tauber, S. 274.

2) Hardy und Littlewood 3, S. 188.

3) Hardy und Littlewood 2, S. 141; 3, S. 180.

4) Die Umkehrung hiervon ist auch ohne $a_n \geqq 0$ trivial.

$$1 - s_0 x + \sum_{n=2}^{\infty} \left( \frac{s_{n-2}}{n-1} - \frac{s_{n-1}}{n} \right) x^n = 1 - (1-x) \sum_{n=0}^{\infty} \frac{s_n}{n+1} x^{n+1}$$

$$= 1 - (1-x) \int_0^x \frac{f(y)}{1-y} \, dy \to 0.$$

Für $n \geq 2$ ist

$$\frac{s_{n-2}}{n-1} - \frac{s_{n-1}}{n} \leq \frac{s_{n-1}}{n-1} - \frac{s_{n-1}}{n} = \frac{s_{n-1}}{n-1} \frac{1}{n} = O\left(\frac{1}{n}\right),$$

also nach dem ersten Satz

$$0 = 1 - s_0 + \sum_{n=2}^{\infty} \left( \frac{s_{n-2}}{n-1} - \frac{s_{n-1}}{n} \right) = 1 - \lim_{m=\infty} \frac{s_m}{m+1}.$$

Der zwischenliegende § 9 behandelt einige interessante Ausdehnungen des Tauberschen Satzes auf nicht radiale Annäherung.

Im § 11 beweise ich zwei einfachere Sätze aus diesem Ideenkreise, von denen der eine in § 12 für den Beweis eines Satzes von M. Riesz[1]) verwertet wird, der andere erst im nächsten Kapitel (§ 14) zur Anwendung kommen wird. Im § 13 beweise und verallgemeinere ich mit ähnlichen Mitteln einen Satz von Fejér[2]): Wenn $f(x)$ für $|x| \leq r$ stetig, für $|x| < r$ regulär und schlicht[3]) ist, so konvergiert die zugehörige Potenzreihe auf dem Rande $|x| = r$ und zwar gleichmäßig.

Viertes Kapitel.
(Über einige Merkwürdigkeiten des Verhaltens von Potenzreihen auf dem Rande.)

Einige Kleinigkeiten von Hardy[4]), Lusin[5]) und Sierpiński[6]). § 14 (Hardy): Es kann vorkommen, daß eine Potenzreihe auf dem Rande gleichmäßig, aber nicht absolut konvergiert. § 15 (Lusin): Und daß eine Potenzreihe mit $a_n r^n \to 0$ auf dem ganzen Rand divergiert. § 16 (Sierpiński): Und daß eine Potenzreihe in genau einem Punkte des Randes konvergiert.

Daß nicht jede beliebige Menge auf dem Rande als Menge der Konvergenzpunkte vorgeschrieben werden kann, folgt daraus, daß

---

1) Riesz 1, S. 339; der Beweis meines Textes steht bei Mittag-Leffler, S. 161, unter Bezugnahme auf eine private Mitteilung Hardys.

2) Fejér 2, S. 49; 4, S. 51.

3) D. h. $f(x_1) \neq f(x_2)$ für $|x_1| < r$, $|x_2| < r$, $x_1 \neq x_2$.

4) Hardy 1, S. 158.

5) Lusin, S. 388.

6) Sierpiński, S. 155.

die Menge jener Mengen höhere Mächtigkeit ($2^c$) hat als das Kontinuum ($c$), während die Menge aller Potenzreihen die Mächtigkeit des Kontinuums hat (nämlich $c^{\aleph_0} = c$).

## Fünftes Kapitel.
### (Beziehungen der Koeffizienten einer Potenzreihe zu Singularitäten der Funktion auf dem Rande.)

§ 17: Wie wohl zuerst Vivanti[1]) ohne Formulierung des Wortlauts und ohne Beweisangabe benutzt hat und wie zuerst Pringsheim[2]) formuliert und bewiesen hat, ist bei einer Potenzreihe, deren Koeffizienten $\geqq 0$ sind (oder auf einer anderen Halbgeraden von 0 nach $\infty$ liegen), der positive Punkt des Konvergenzkreises ein singulärer Punkt der Funktion. Trivial war dies nur, wenn die Reihe oder eine ihrer Ableitungen in dem betreffenden Punkte divergiert. Ich gebe (in Teil 1 des Beweises von § 17) nicht den älteren Beweis von Pringsheim, sondern einen späteren von mir[3]); beide sind gleich einfach, aber der meinige machte keinen Gebrauch von der Existenz eines singulären Punktes auf dem Rande und führte dadurch bei einer Klasse allgemeinerer (nicht in dieser Schrift behandelter) Reihen zuerst zum Ziel. Übrigens läßt sich diese Beweismethode auch auf gewisse Fälle komplexer Koeffizienten ausdehnen und kann dann (wie Fekete[4]) bemerkt hat) zum Beweise der von P. Dienes[5]) herrührenden Übertragung des obigen Satzes auf den Fall benutzt werden, daß die Koeffizienten, statt auf einer Halbgeraden durch 0 zu liegen, einem Winkelraum $< \pi$ mit dem Scheitel 0 angehören; vordem hatte Vivanti[6]) dies nur noch (und zwar weniger einfach) für einen Winkelraum $\leqq \dfrac{\pi}{2}$ bewiesen. Des weiteren hat Szász[7]) den Satz von Dienes als unmittelbare Folgerung aus einem sehr einfachen Satze allgemeineren Charakters hergeleitet, und in ähnlicher Weise, jedoch unabhängig davon, hat neuerdings Pringsheim[8]) gezeigt, daß der Satz von Dienes als ein bloßes Korollar des allgemeinen Satzes (Beweis in § 17 unter Benutzung des Spezialfalles $a_n \geqq 0$)

---

1) Vivanti 1, S. 112.
2) Pringsheim 1, S. 42.
3) Landau 2, S. 535.
4) Fekete, S. 1035.
5) Dienes, S. 338.
6) Vivanti 2, S. 401.
7) Szász 2, S. 101.
8) Pringsheim 3, S. 355.

erscheint (dessen Kernpunkt in der Tatsache besteht, daß die vom reellen Teil gewisser Potenzreihen erzeugte Singularität durch den rein imaginären Teil niemals zerstört werden kann):

Haben die Reihen

$$f(x) = \sum_{n=0}^{\infty} a_n x^n \quad \text{und} \quad \sum_{n=0}^{\infty} \Re(a_n) x^n$$

denselben endlichen Konvergenzradius und ist $\Re(a_n) \geqq 0$, so ist der positive Punkt des Konvergenzkreises singuläre Stelle von $f(x)$.

Hieraus folgt in der Tat der Dienessche Wortlaut; denn unter dessen Annahmen ist bei passenden $p > 0$, $\varphi_0 \gtreqless 0$

$$|a_n| \geqq \Re\left(a_n e^{-\varphi_0 i}\right) \geqq p\,|a_n|,$$

$$\varlimsup_{n=\infty} \sqrt[n]{\left|\Re\left(a_n e^{-\varphi_0 i}\right)\right|} = \varlimsup_{n=\infty} \sqrt[n]{|a_n|} = \varlimsup_{n=\infty} \sqrt[n]{\left|a_n e^{-\varphi_0 i}\right|}.$$

Im § 18 beweise ich den folgenden höchst bemerkenswerten Satz von Fatou[1]): Eine Potenzreihe

$$\sum_{n=0}^{\infty} a_n x^n$$

mit dem Konvergenzradius $r$ und $a_n r^n \to 0$ konvergiert in jedem regulären Randpunkte. M. Riesz[2]) bewies darüber hinaus, daß die Konvergenz auf jedem (abgeschlossenen) Regularitätsbogen gleichmäßig ist. Ich gebe alsbald für diese schärfere Fassung einen sehr kurzen von M. Riesz[3]) herrührenden Beweis. Der Fatousche Satz ist sehr merkwürdig; hat doch bekanntlich bei einer beliebigen Potenzreihe (ohne die Annahme $a_n r^n \to 0$) Konvergenz oder Divergenz auf dem Rande gar nichts mit Regularität oder Singularität in dem betreffenden Punkte zu tun, so daß alle vier Fälle möglich sind $\left(\sum_{n=0}^{\infty} x^n \text{ und } x = 1, \quad \sum_{n=1}^{\infty} \frac{x^n}{n^2} \text{ und } x = 1,\right.$

$\left.\sum_{n=0}^{\infty} x^n \text{ und } x = -1, \quad \sum_{n=1}^{\infty} \frac{x^n}{n} \text{ und } x = -1\right).$

In § 19 der ersten Auflage hatte ich nur einen Hadamardschen Spezialfall der Fabryschen[4]) Sätze bewiesen, die ich jetzt vollständig bringe. Hilfssatz 1 und 2 beweise ich etwa nach

1) Fatou, S. 389.
2) Riesz 2, S. 89.
3) Riesz 3, S. 62.
4) Fabry, S. 375, 379, 382.

Pringsheim[1]), Hilfssatz 3 bis 5, etwas vereinfacht, nach Faber[2]), der den hier betretenen Zugang zu den Fabryschen Sätzen entdeckt hat. Von den drei Fabryschen Sätzen will ich in dieser Einleitung nur den zweiten und den in der Vorbemerkung 1 zu Satz 3 genannten Spezialfall nennen:

1) Es wachse das ganze $p_h \geqq 0$, und es sei $h = o(p_h)$. Es habe

$$\sum_{h=1}^{\infty} a_{p_h} x^{p_h}$$

endlichen (positiven) Konvergenzradius. Dann ist die Funktion über den Konvergenzkreis nicht fortsetzbar.

2) Es habe

$$\sum_{n=0}^{\infty} a_n x^n$$

endlichen (positiven) Konvergenzradius $r$; es sei

$$a_n = |a_n| e^{\varphi_n i}, \quad \varphi_{n+1} - \varphi_n \to 0.$$

Dann ist $r$ singuläre Stelle der Funktion.

Im § 20 wird dies angewendet auf den Beweis, den Hurwitz[3]) für eine zuerst von Pólya[4]) bewiesene Fatousche[5]) Vermutung angegeben hat: Der Konvergenzkreis läßt sich für eine beliebige Potenzreihe bloß durch geeignete Änderung der Vorzeichen der Koeffizienten zur natürlichen Grenze machen.

## Sechstes Kapitel.
(Maximum und Mittelwert des absoluten Betrages einer analytischen Funktion auf Kreisen.)

Dies Kapitel handelt von

$$M(r) = \underset{|x|=r}{\text{Max.}} |f(x)|$$

und Verwandtem. Daß bei einer nicht konstanten Funktion $M(r)$ mit $r$ (wo im Falle eines endlichen Konvergenzradius das positive $r$ kleiner als dieser Radius ist) wächst, ist einer der ältesten klassischen Sätze der Funktionentheorie. Hadamard[6]) fügte

---

1) Pringsheim 2, S. 15 und 78.
2) Faber 1, S. 63.
3) Hurwitz und Pólya, S. 182.
4) Hurwitz und Pólya, S. 179.
5) Fatou, S. 400.
6) Hadamard 1, S. 186.

hinzu (es wurde unabhängig von Blumenthal[1]) und Faber[2]) wiedergefunden): $\log M(r)$ ist eine konvexe Funktion von $\log r$. Ich gebe dafür in § 21 einen Beweis, der nur wenig einfacher ist als der von Hadamard[3]) später mitgeteilte Originalbeweis.

Im § 22 verwende ich diesen Satz (an Stelle eines anderen Vitalischen[4]), der hier nicht vorkommt), um nach Jentzsch[5]) zu beweisen: Hat

$$\sum_{n=0}^{\infty} a_n x^n$$

einen endlichen Konvergenzradius, so ist jeder Randpunkt Häufungspunkt der Menge der Wurzeln der Polynome

$$\sum_{v=0}^{n} a_v x^v.$$

Dieser Satz ist eine hübsche Ergänzung zu dem älteren von Hurwitz[6]), nach dem die Häufungspunkte im Innern des Kreises mit den dort gelegenen Nullstellen der Funktion übereinstimmen; vor Jentzsch hatte Lukács[7]) nur hinzugefügt, daß mindestens ein Häufungspunkt auf dem Rande liegt.

Im § 23 beweise ich (und zwar nach Pólya-Szegö[8])) einen Satz von Hardy[9]): Der Mittelwert

$$\frac{1}{2\pi} \int_0^{2\pi} \left| f\left(r e^{\varphi i}\right) \right| d\varphi$$

von $|f(x)|$ auf dem Kreise $|x| = r$ besitzt auch die beiden oben genannten Cauchy-Hadamardschen Eigenschaften von $M(r)$.

---

1) Blumenthal, S. 108.

2) Faber 2, S. 549.

3) Hadamard 2, S. 50.

4) Der Vitalische Satz heißt: Es seien die analytischen Funktionen $f_1(x)$, $f_2(x)$, ..., $f_n(x)$, ... für $|x| \leqq 1$ regulär und gleichmäßig beschränkt. Es existiere $\lim_{n=\infty} f_n(x)$ für unendlich viele $x$, die mindestens einen Häufungspunkt im Innern des Einheitskreises haben. Dann existiert $\lim_{n=\infty} f_n(x) = f(x)$ für $|x| < 1$ und zwar gleichmäßig für $|x| \leqq \vartheta$ bei jedem positiven $\vartheta < 1$; so daß $f(x)$ für $|x| < 1$ regulär ist.

5) Jentzsch, S. 13.

6) Hurwitz 1, S. 247.

7) Lukács, S. 34.

8) Pólya und Szegö, S. 329.

9) Hardy 2, S. 270.

## Siebentes Kapitel.
### (Der Picardsche Ideenkreis.)

Nachdem Picard[1]) schon 1879 mit Modulfunktionen bewiesen hatte, daß jede nicht konstante ganze Funktion höchstens einen Wert ausläßt, und Borel[2]) 1896 hierfür zuerst einen Beweis mit elementaren funktionentheoretischen Mitteln gegeben hatte, habe ich[3]), von der Borelschen Methode ausgehend, die unerwartete Tatsache hinzugefügt: Jede ganze Funktion

$$f(x) = \sum_{n=0}^{\infty} a_n x^n$$

mit $a_1 \neq 0$ nimmt einen der Werte $a, b$ (wo $b \neq a$ ist) in einem nur von $a, b, a_0, a_1$ (nicht von $a_2, a_3, \ldots$) abhängenden festen Kreis an; desgl. bereits jede solche in diesem Kreise konvergente Potenzreihe. Dies beweise ich hier im § 25.

Schottky[4]) hat, an mich anknüpfend, durch Weiterführung der Borelschen Methode bewiesen: Jedes für $|x| < R$ reguläre und $a, b$ auslassende $f(x)$ ist für $|x| \leq \vartheta R$ (wo $0 < \vartheta < 1$ ist) absolut unterhalb einer nur von $\vartheta, a, b, a_0$ (nicht von $a_1, a_2, a_3, \ldots$) abhängigen Schranke $\Omega(\vartheta, a, b, a_0)$ gelegen; sein Beweis ergab sogar für $|a_0| \leq \omega$, $|a_0 - a| \geq \dfrac{1}{\omega}$, $|a_0 - b| \geq \dfrac{1}{\omega}$ eine nur von $\vartheta, a, b, \omega$ abhängige Schranke. Ich[5]) strich $|a_0 - a| \geq \dfrac{1}{\omega}$, $|a_0 - b| \geq \dfrac{1}{\omega}$. All dies beweise ich in § 25.

In derselben Arbeit hat Schottky[6]) zuerst elementar den von Picard[7]) mit Modulfunktionen entdeckten Satz bewiesen: In jeder Umgebung eines isolierten wesentlich singulären Punktes nimmt eine dort eindeutig-reguläre Funktion alle Werte mit höchstens einer Ausnahme an. Schottky stützt sich auf die spezielle Natur seines $\Omega(\vartheta, a, b, a_0)$. Später hat aber E. Lindelöf[8]), wie ich in § 26 auseinandersetzen werde, einen kürzeren elementaren Beweis dieses „großen Picardschen Satzes" angegeben, wobei er

<hr>

1) Picard 1, S. 1024.
2) Borel, S. 1045.
3) Landau 1, S. 1118.
4) Schottky, S. 1255.
5) Bohr und Landau, S. 309.
6) Schottky, S. 1258.
7) Picard 2, S. 745.
8) Lindelöf, S. 135.

überdies von jenem $\Omega\left(\tfrac{1}{2}, 0, 1, a_0\right)$ nur Beschränktheit etwa für $|a_0 - 2| < \tfrac{1}{2}$ benutzt.

Aber diese ganze Behandlung des Picardschen Ideenkreises fußt auf anderer Grundlage als in der ersten Auflage. Man verdankt Bloch[1]) den Satz:

Es sei $f(x)$ für $|x| \leq 1$ regulär, $|f'(0)| \geq 1$. Dann nimmt $f(x)$ in $|x| < 1$ alle Werte eines gewissen Kreisinnern an, dessen Radius eine Weltkonstante ist.

Valiron[2]) kürzte den Beweis[3]) sehr ab und ich[4]) noch weiter[3]). Im Text wird der Leser den Satz alsbald mit dem Radius $\dfrac{1}{16}$ lernen.

Aus diesem in § 24 bewiesenen Blochschen Satz folgt alles, wie ich in § 25 im Anschluß an Bloch zeigen werde.

**Achtes Kapitel.**
**(Schlichte Funktionen.)**

Der § 27 ist dem Koebeschen[5]) Verzerrungssatz gewidmet (der bei Koebe ein wichtiges Hilfsmittel beim Beweise seiner nicht in den Rahmen dieses Buches gehörigen Uniformisierungstheoreme geworden ist): Es gibt ein nur von $r$ (wo $0 < r < 1$ ist) abhängendes $\Omega(r)$, so daß für jede im Kreise $|x| < R$ reguläre und schlichte Funktion $f(x)$, wenn $x_1$, $x_2$ zwei Punkte des Kreises $|x| \leq rR$ sind,

$$\frac{1}{\Omega} \leq \left| \frac{f'(x_1)}{f'(x_2)} \right| \leq \Omega$$

ist. Es gibt nämlich zwei positive[6]), nur von $r$ abhängige Funktionen $P_1(r)$, $P_2(r)$, so daß für jedes in $|x| < 1$ regulär-schlichte $f(x)$ mit $f'(0) = 1$ auf $|x| = r$

$$P_1(r) \leq |f'(x)| \leq P_2(r)$$

ist; woraus durch die Substitution $f(x) = Rf'(0)\,F\!\left(\dfrac{x}{R}\right)$ die Behauptung ohne weiteres folgt.

---

1) Bloch 1, S. 2051; 2, S. 9.

2) Valiron, S. 728.

3) Zugleich für einen noch schärferen Blochschen Satz, den ich hier nicht brauche. Vgl. Landau 7, S. 608.

4) Landau 6, S. 471. Beweis dort 3 Zeilen im Telegrammstil.

5) Koebe 2, S. 73.

6) Überhaupt sollen die mit $P$ bezeichneten Zahlen bzw. Funktionen stets positiv sein.

Bei dieser Gelegenheit [1]) ergab sich auch die Existenz zweier nur von $r$ abhängiger Funktionen $P_3(r)$, $P_4(r)$, so daß, wenn überdies $f(0) = 0$, für $|x| = r$

$$P_3(r) \leqq |f(x)| \leqq P_4(r)$$

ist; die linke Hälfte dieses Satzes war allerdings schon durch Hurwitz [2]) bekannt; und hieraus folgt (vergl. z. B. § 27 der ersten Auflage) leicht die Existenz von $P_4(r)$, $P_1(r)$, $P_2(r)$.

Schon im Jahre des Erscheinens meiner ersten Auflage wurden die größtmöglichen $P_1(r)$, $P_3(r)$ und die kleinstmöglichen $P_2(r)$, $P_4(r)$ durch Bieberbach [3]) bestimmt. Ich halte mich daher diesmal nicht erst bei dem (natürlich entsprechend leichteren) Nachweis der qualitativen Ungleichungen auf, sondern beweise alsbald (in § 27 für $|f'(x)|$, in § 28 für $|f(x)|$) das quantitativ beste. Am unbequemsten ist dies bei $P_3(r)$; hier kommt mir eine hübsche Wendung von Löwner [4]) zustatten. Im übrigen folge ich der Beweisanordnung von R. Nevanlinna [5]). Die entscheidenden Zwischenstationen sind Satz 1 von Gronwall [6]), die Fabersche [7]) Einführung des Hilfssatzes 1, Satz 2 von Bieberbach [8]), Satz 3 von Bieberbach [9]) und Satz 6 von Faber [10]).

Es werden sich als beste Schranken

$$P_1(r) = \frac{1-r}{(1+r)^3}, \; P_2(r) = \frac{1+r}{(1-r)^3}, \; P_3(r) = \frac{r}{(1+r)^2}, \; P_4(r) = \frac{r}{(1-r)^2}$$

ergeben. Alsbald sei begründet, daß diese Schranken und $\left(\dfrac{1+r}{1-r}\right)^4$ als kleinstes $\Omega(r)$ unverschärfbar sind. Die Funktion

$$k(x) = \sum_{n=1}^{\infty} n x^n = \frac{x}{(1-x)^2}$$

ist für $|x| < 1$ schlicht; denn der Wert 0 wird nur in $x = 0$ angenommen, und aus

$$x_1 \neq x_2, \quad 0 < |x_1| < 1, \quad 0 < |x_2| < 1$$

---


1) Koebe 1, S. 204.
2) Hurwitz 2, S. 249.
3) Bieberbach 1, S. 946.
4) Löwner, S. 75.
5) Nevanlinna, S, 2.
6) Gronwall, S. 75 und 138.
7) Faber 4, S. 41.
8) Bieberbach 1, S. 945.
9) Bieberbach 2, S. 296.
10) Faber 4, S. 39.

folgt

$$\frac{1}{k(x_1)} - \frac{1}{k(x_2)} = \frac{(1-x_1)^2}{x_1} - \frac{(1-x_2)^2}{x_2}$$

$$= \frac{1}{x_1} + x_1 - \frac{1}{x_2} - x_2 = (x_1 - x_2)\left(1 - \frac{1}{x_1 x_2}\right) \doteq 0,$$

$$k(x_1) \doteq k(x_2).$$

Aus

$$k'(x) = \frac{1+x}{(1-x)^3}, \quad k'(-r) = \frac{1-r}{(1+r)^3}, \quad k'(r) = \frac{1+r}{(1-r)^3},$$

$$k(-r) = -\frac{r}{(1+r)^2}, \quad k(r) = \frac{r}{(1-r)^2}, \quad \frac{k'(r)}{k'(-r)} = \left(\frac{1+r}{1-r}\right)^4$$

folgen die obigen Behauptungen.

Erstes Kapitel.

# Über beschränkte Potenzreihen.

### § 1.

## Eine notwendige und hinreichende Bedingung für die Beschränktheit.

### Satz 1.

*Es sei*

$$f(x) = \sum_{n=0}^{\infty} a_n x^n$$

*für $|x| < 1$ konvergent.*

*Es werde für jedes $x$ und jedes ganze $n \geq 0$*

$$s_n(x) = \sum_{v=0}^{n} a_v x^v,$$

$$t_n(x) = \frac{s_0(x) + s_1(x) + \cdots + s_n(x)}{n+1}$$

*gesetzt.*

*Damit für $|x| < 1$*

$$|f(x)| \leq 1$$

*ist, ist notwendig und hinreichend, daß für jedes $n$ und für alle $x$ der Peripherie $|x| = 1$*

$$|t_n(x)| \leq 1$$

*ist.*

**Beweis:** 1) Es sei für $|x| = 1$ und jedes $n \geq 0$

$$|t_n(x)| \leq 1.$$

Dann gilt diese Ungleichung für $|x| < 1$ und jedes $n \geq 0$. Für $|x| < 1$ ist

$$\lim_{n=\infty} s_n(x) = f(x),$$

also

$$\lim_{n=\infty} t_n(x) = f(x),$$
$$|f(x)| \leq 1.$$

2) Für $|x| < 1$ ist

$$\frac{1}{(1-x)^2} f(x) = \sum_{n=0}^{\infty} x^n \cdot \sum_{n=0}^{\infty} x^n \cdot \sum_{n=0}^{\infty} a_n x^n = \sum_{n=0}^{\infty} x^n \cdot \sum_{n=0}^{\infty} s_n(1) x^n$$

$$= \sum_{n=0}^{\infty} (n+1) t_n(1) x^n.$$

Es sei nun für $|x| < 1$

$$|f(x)| \leq 1.$$

Dann ist bei Integration über den Kreis $|x| = r$, $0 < r < 1$ in positivem Sinne

$$(n+1) t_n(1) = \frac{1}{2\pi i} \int \frac{f(x)}{(1-x)^2 x^{n+1}} \, dx;$$

wenn nun zum Integranden die für $x = 0$, also für $|x| \leq r$ reguläre Funktion

$$\frac{f(x)}{(1-x)^2} \cdot \frac{(1-x^{n+1})^2 - 1}{x^{n+1}}$$

addiert wird, ergibt sich

$$(n+1) t_n(1) = \frac{1}{2\pi i} \int \frac{f(x)(1-x^{n+1})^2}{(1-x)^2 x^{n+1}} \, dx$$

$$= \frac{1}{2\pi i} \int \frac{f(x)}{x^{n+1}} (1+x+\cdots+x^n)^2 \, dx,$$

$$(n+1) |t_n(1)| \leq \frac{1}{2\pi} \int_0^{2\pi} \frac{1}{r^{n+1}} |1+x+\cdots+x^n|^2 \, r \, d\varphi \qquad \left(x = r e^{\varphi i}\right)$$

$$= \frac{1}{2\pi r^n} \int_0^{2\pi} |1+x+\cdots+x^n|^2 \, d\varphi;$$

dieser Ausdruck ist nach einer schon zu Beginn der Einleitung vorgekommenen bekannten Identität

$$= \frac{1}{2\pi r^n} \cdot 2\pi (1^2 + 1^2 r^2 + \cdots + 1^2 r^{2n}) = \frac{1}{r^n} (1 + r^2 + \cdots + r^{2n}).$$

Aus

$$(n+1) |t_n(1)| \leq \frac{1}{r^n} (1 + r^2 + \cdots + r^{2n})$$

folgt, da die linke Seite von $r$ frei ist,

$$(n+1)\,|t_n(1)| \leqq \lim_{r=1} \frac{1}{r^n}\,(1+r^2+\cdots+r^{2n}) = n+1,$$

$$|t_n(1)| \leqq 1.$$

Wenn dies bei beliebigem reellem $\varphi$ auf die gleichfalls für $|x| < 1$ reguläre und absolut 1 nicht übersteigende Funktion

$$f\!\left(e^{\varphi i}x\right) = f_1(x)$$

angewendet wird, erhält man

$$\left|t_n\!\left(e^{\varphi i}\right)\right| \leqq 1.$$

**Zusatz:** Ich schreibe kurz $t_n$ statt $t_n(1)$, $s_n$ statt $s_n(1)$. Für die Menge aller $f(x)$, die im Kreise $|x| < 1$ regulär und absolut $\leqq 1$ sind, ist natürlich nicht nur bei jedem $n$

$$|t_n| \leqq 1\,;$$

sondern 1 ist auch bei jedem einzelnen $n$ die obere Grenze von $|t_n|$ für jene Menge. Denn die Funktion $f(x) = 1$ liefert bei jedem $n$

$$s_n = 1,$$
$$t_n = 1.$$

### Satz 2.

*Es sei für* $|x| < 1$

$$f(x) = \sum_{n=0}^{\infty} a_n x^n$$

*konvergent und*

$$|f(x)| \leqq 1.$$

*Dann ist für* $|x| = 1$, $n \geqq 0$

$$|s_0(x)| + |s_1(x)| + \cdots + |s_n(x)| \leqq n+1\,;$$

*sogar* $\left(\text{was wegen } |s| \leqq \dfrac{1}{2} + \dfrac{|s|^2}{2} \text{ das vorige enthält}\right)$

$$|s_0(x)|^2 + |s_1(x)|^2 + \cdots + |s_n(x)|^2 \leqq n+1.$$

**Vorbemerkung:** In Verbindung mit Satz 1 ergibt sich also: Die drei Relationen

$$\left|\sum_{v=0}^{n} s_v(x)\right| \leqq n+1, \qquad \sum_{v=0}^{n} |s_v(x)| \leqq n+1, \qquad \sum_{v=0}^{n} |s_v(x)|^2 \leqq n+1$$

$$\text{für } |x| = 1,\ n \geqq 0$$

besagen genau dasselbe. In der Tat folgt aus der dritten die zweite, aus der zweiten die erste, aus der ersten nach Satz 1

$$|f(x)| \leqq 1 \text{ für } |x| < 1$$

und hieraus nach Satz 2 die dritte.

**Beweis:** Es genügt, die Behauptung für $x = 1$ zu beweisen (da sonst nur $f(\varepsilon x)$ mit $|\varepsilon| = 1$ zu betrachten ist).

Wird $s_n$ statt $s_n(1)$ geschrieben, so ist für $|x| < 1$

$$f(x)(1 + x + \cdots + x^n) = s_0 + s_1 x + \cdots + s_n x^n + c_{n+1}^{(n)} x^{n+1} + c_{n+2}^{(n)} x^{n+2} + \cdots.$$

Für $0 \leqq \varrho < 1$ ist, $x = \varrho\, e^{\varphi i}$ gesetzt,

$$|s_0|^2 + \cdots + |s_n|^2 \varrho^{2n} \leqq |s_0|^2 + \cdots + |s_n|^2 \varrho^{2n} + |c_{n+1}^{(n)}|^2 \varrho^{2(n+1)} + \cdots$$

$$= \frac{1}{2\pi} \int_0^{2\pi} |f(x)(1 + x + \cdots + x^n)|^2 \, d\varphi$$

$$\leqq \frac{1}{2\pi} \int_0^{2\pi} |1 + x + \cdots + x^n|^2 \, d\varphi = 1 + \varrho^2 + \cdots + \varrho^{2n},$$

und $\varrho \to 1$ gibt die Behauptung

$$|s_0|^2 + \cdots + |s_n|^2 \leqq n + 1.$$

## Satz 3.

*Es sei für $|x| < 1$*

$$f(x) = \sum_{n=0}^{\infty} a_n x^n$$

*konvergent und*

$$|f(x)| \leqq 1.$$

*Dann ist*

$$|s_n(x)| \leqq 1 \quad \text{für } |x| \leqq \tfrac{1}{2},\ n \geqq 0.$$

**Beweis:** Es genügt, die Behauptung für $x = \tfrac{1}{2}$ zu zeigen. Dann ist,

$$S_n = \begin{cases} \displaystyle\sum_{\nu=0}^{n} s_\nu(1) & \text{für } n \geqq 0, \\ 0 & \text{für } n < 0 \text{ }^{1)} \end{cases}$$

gesetzt, für $n \geqq 0$ nach Satz 1

---

1) Übrigens ein für allemal: Eine leere Summe bedeute 0, ein leeres Produkt 1.

$$\left| s_n\!\left(\frac{1}{2}\right)\right| = \left| \sum_{\nu=0}^{n} \frac{a_\nu}{2^\nu}\right| = \left| \sum_{\nu=0}^{n} \frac{S_\nu - 2\,S_{\nu-1} + S_{\nu-2}}{2^\nu}\right|$$

$$= \left| \sum_{\nu=0}^{n} \left(\frac{S_\nu}{2^\nu} - \frac{S_{\nu-1}}{2^{\nu-1}}\right) + \sum_{\nu=0}^{n} \frac{S_{\nu-2}}{2^\nu}\right|$$

$$= \left| \frac{S_n}{2^n} + \sum_{\nu=1}^{n} \frac{S_{\nu-2}}{2^\nu}\right| \leqq \frac{n+1}{2^n} + \sum_{\nu=1}^{n} \frac{\nu-1}{2^\nu} = 1.$$

§ 2.

## Die Landausche obere Grenze von $|s_n|$.

**Hilfssatz** (von Eneström[1])).

**Voraussetzung:** $n \geqq 1$, $c_0 > c_1 > \cdots > c_n > 0$.

**Behauptung:** *Alle Wurzeln des Polynoms*

$$K(x) = c_0 + c_1 x + \cdots + c_n x^n$$

*sind absolut* $> 1$.

**Beweis:** Es ist für alle $x$

$$(1-x)\,K(x) = c_0 - \left\{(c_0 - c_1)\,x + (c_1 - c_2)\,x^2 + \cdots + (c_{n-1} - c_n)\,x^n + c_n x^{n+1}\right\},$$

$$|(1-x)\,K(x)| \geqq c_0 - \left\{(c_0 - c_1)\,|x| + \cdots + (c_{n-1} - c_n)\,|x|^n + c_n |x|^{n+1}\right\},$$

wo das Gleichheitszeichen nur dann eintreten kann, wenn $x \geqq 0$ ist. Für $|x| \leqq 1$ exkl. $x = 1$ ist daher

$$|(1-x)\,K(x)| > c_0 - \left\{(c_0 - c_1) + \cdots + (c_{n-1} - c_n) + c_n\right\} = 0,$$
$$K(x) \neq 0.$$

Im Punkte $x = 1$ ist aber gewiß

$$K(x) = c_0 + \cdots + c_n > 0.$$

Satz (von Landau).

*Für die Menge aller $f(x)$, die im Kreise $|x| < 1$ regulär und absolut $\leqq 1$ sind, hat bei festem $n$ die obere Grenze von $|s_n| = |a_0 + \cdots + a_n|$ den Wert*

$$1 + \left(\frac{1}{2}\right)^2 + \left(\frac{1 \cdot 3}{2 \cdot 4}\right)^2 + \cdots + \left(\frac{1 \cdot 3 \ldots (2n-1)}{2 \cdot 4 \ldots 2n}\right)^2 = G_n. \qquad [2])$$

*Mit anderen Worten: Stets ist*

$$|s_n| \leqq G_n,$$

---

1) Eneström, S. 409.
2) $G_0$ bedeutet 1.

*und zu* $n \geqq 0$, $\delta > 0$ *gibt es ein* $f(x)$ *der Menge, so daß*

$$|s_n| > G_n - \delta$$

*ist.*

**Vorbemerkung:** Was den zweiten Teil der Behauptung (mit $\delta$) betrifft, so wird übrigens ein (für alle $\delta$ brauchbares) $f(x)$ mit

$$s_n = G_n$$

angegeben werden.

**Beweis:** 1) Es sei $f(x)$ für $|x| < 1$ regulär und $0 < r < 1$. Dann ist bei Integration über den Kreis um 0 mit dem Radius $r$ in positivem Sinne

$$2\pi i s_n = \int f(x)\Big(\frac{1}{x} + \frac{1}{x^2} + \cdots + \frac{1}{x^{n+1}}\Big)dx$$

$$= \int \frac{f(x)}{x^{n+1}}(1 + x + \cdots + x^n)dx = \int \frac{f(x)}{x^{n+1}}Q(x)dx,$$

wo $Q(x)$ irgend ein mit $1 + x + \cdots + x^n$ beginnendes Polynom

$$Q(x) = 1 + x + \cdots + x^n + b_{n+1}x^{n+1} + \cdots + b_{n+k}x^{n+k}$$

ist.

Nun ist für $|x| < 1$

$$\Big(\sum_{v=0}^{\infty}\binom{-\frac{1}{2}}{v}(-x)^v\Big)^2 = \Big((1-x)^{-\frac{1}{2}}\Big)^2 = \frac{1}{1-x} = 1 + x + x^2 + \cdots,$$

also,

$$K_n(x) = \sum_{v=0}^{n}\binom{-\frac{1}{2}}{v}(-x)^v$$

gesetzt,

$$(K_n(x))^2 = 1 + x + \cdots + x^n + b_{n+1}x^{n+1} + \cdots + b_{2n}x^{2n}$$

ein Polynom von der Gestalt $Q(x)$ und daher

$$2\pi i s_n = \int \frac{f(x)}{x^{n+1}}(K_n(x))^2 dx.$$

Wenn nun

$$|f(x)| \leqq 1$$

für $|x| < 1$ vorausgesetzt wird, liefert diese Identität weiter

$$2\pi|s_n| \leqq \int_0^{2\pi}\frac{1}{r^{n+1}}|K_n(x)|^2 r\,d\varphi = \frac{1}{r^n}\int_0^{2\pi}|K_n(x)|^2 d\varphi$$

$$= \frac{2\pi}{r^n}\sum_{v=0}^{n}\binom{-\frac{1}{2}}{v}^2 r^{2v},$$

also, da die linke Seite von $r$ frei ist,

$$|s_n| \leqq \sum_{v=0}^{n} \binom{-\frac{1}{2}}{v}^2 = \sum_{v=0}^{n} \left( \frac{\left(-\frac{1}{2}\right)\left(-\frac{3}{2}\right)\cdots\left(-\frac{2v-1}{2}\right)}{v!} \right)^2$$

$$= \sum_{v=0}^{n} \left( \frac{1.3\ldots(2v-1)}{2.4\ldots 2v} \right)^2 = G_n.$$

2) Es sei $n \geqq 0$ gegeben. Die Funktion

$$K_n(x) = \sum_{v=0}^{n} \binom{-\frac{1}{2}}{v}(-x)^v = 1 + \frac{1}{2}x + \frac{1.3}{2.4}x^2 + \cdots + \frac{1.3\ldots(2n-1)}{2.4\ldots 2n}x^n$$

verschwindet nach dem Eneström schen Satz für $|x| \leqq 1$ nicht; daher ist

$$f_n(x) = \frac{x^n K_n\left(\frac{1}{x}\right)}{K_n(x)} = \frac{\dfrac{1.3\ldots(2n-1)}{2.4\ldots 2n} + \cdots + \dfrac{1}{2}x^{n-1} + x^n}{1 + \dfrac{1}{2}x + \cdots + \dfrac{1.3\ldots(2n-1)}{2.4\ldots 2n}x^n}$$

für $|x| \leqq 1$ regulär. Ferner ist für $x = e^{\varphi i}$, $\varphi \gtrless 0$

$$|f_n(x)| = \frac{\left| K_n\left(\frac{1}{x}\right) \right|}{|K_n(x)|} = \frac{\left| K_n\left(e^{-\varphi i}\right) \right|}{\left| K_n\left(e^{\varphi i}\right) \right|} = 1,$$

also für $|x| \leqq 1$

$$|f_n(x)| \leqq 1.$$

Die obige Identität

$$2\pi i s_n = \int \frac{f(x)}{x^{n+1}} (K_n(x))^2\, dx$$

kann daher bei der Funktion $f(x) = f_n(x)$ alsbald auf den Einheitskreis bezogen werden und liefert

$$2\pi i s_n = \int \frac{x^n K_n\left(\frac{1}{x}\right)}{K_n(x)} \frac{1}{x^{n+1}} (K_n(x))^2\, dx = \int \frac{1}{x} K_n(x) K_n\left(\frac{1}{x}\right) dx$$

$$= \int_0^{2\pi} \frac{1}{x} K_n(x) K_n\left(\frac{1}{x}\right) x i\, d\varphi = i \int_0^{2\pi} K_n\left(e^{\varphi i}\right) K_n\left(e^{-\varphi i}\right) d\varphi$$

$$= i \int_0^{2\pi} |K_n(x)|^2\, d\varphi = i.2\pi G_n,$$

$$s_n = G_n.$$

**Zusatz:** Es ist für das folgende nützlich, $G_n$ für wachsendes $n$ asymptotisch zu studieren. Bekanntlich (W alli s sche Formel) ist bei $n \to \infty$

$$\prod_{v=1}^{n} \frac{2v-1}{2v} \frac{2v+1}{2v} \to \frac{2}{\pi},$$

also

$$\left(\frac{1.3\ldots(2n-1)}{2.4\ldots2n}\right)^2 = \prod_{v=1}^{n} \frac{2v-1}{2v} \frac{2v-1}{2v} \sim \frac{1}{\pi n},$$

$$G_n = 1 + \sum_{v=1}^{n} \left(\frac{1.3\ldots(2v-1)}{2.4\ldots2v}\right)^2 = 1 + \frac{1}{\pi} \sum_{v=1}^{n} \frac{1}{v} + o \sum_{v=1}^{n} \frac{1}{v}$$

$$\sim \frac{1}{\pi} \log n.$$

## § 3.

## Fejérs Satz, daß $s_n$ bei festem $f(x)$ nicht beschränkt zu sein braucht.

### Hilfssatz.

**Voraussetzung:** *Es sei* $m \geqq 0$, $b_0 > 0$, $b_1 > 0$, $\ldots$, $b_m > 0$, $n > 0$, $c_0 > c_1 > \cdots > c_n > 0$.

**Behauptung:** *Alle Partialsummen im Punkte* $x = 1$

$$S_k = g_0 + g_1 + \cdots + g_k$$

*der (nach dem Eneströmschen Satz für* $|x| \leqq 1$ *konvergenten) Potenzreihe*

$$R(x) = \frac{b_0 + \cdots + b_m x^m}{c_0 + \cdots + c_n x^n} = g_0 + g_1 x + \cdots + g_k x^k + \cdots$$

*sind positiv.*

**Beweis:** Es ist in einem gewissen Kreise

$$\frac{R(x)}{1-x} = (b_0 + \cdots + b_m x^m) \frac{1}{c_0 - \left\{(c_0-c_1)x + \cdots + (c_{n-1}-c_n)x^n + c_n x^{n+1}\right\}}$$

$$= (b_0 + \cdots + b_m x^m)\left(\frac{1}{c_0} + \frac{(c_0-c_1)x + \cdots + c_n x^{n+1}}{c_0^2} + \frac{\left\{(c_0-c_1)x + \cdots + c_n x^{n+1}\right\}^2}{c_0^3} + \cdots\right)$$

$$= S_0 + S_1 x + \cdots + S_k x^k + \cdots,$$

und hierin sind offenbar alle $S_k > 0$.

### Satz.

*Es gibt eine für* $|x| < 1$ *reguläre und absolut 1 nicht übersteigende Funktion*

$$f(x) = \sum_{n=0}^{\infty} a_n x^n,$$

*für welche*

$$s_n = \sum_{v=0}^{n} a_v$$

*nicht beschränkt ist.*

**Vorbemerkung:** Das spezielle $f(x)$ wird sogar noch mehr leisten. Für jedes reelle $\varphi$ wird nämlich bei wachsendem $r$

$$\lim_{r=1} f\!\left(r e^{\varphi i}\right) = g(\varphi)$$

vorhanden sein (eo ipso ist $|g(\varphi)| \leq 1$); der Limes wird sogar gleichmäßig für alle jene $\varphi$ vorhanden sein. Mit anderen Worten [1]: Die Funktion $f(x)$ läßt sich auf dem Rande so definieren, daß $f(x)$ für $|x| \leq 1$ stetig ist.

**Beweis:** Wenn $f_n(x)$ die spezielle rationale Funktion aus § 2 bezeichnet, setze ich

$$f(x) = \frac{6}{\pi^2} \sum_{v=1}^{\infty} \frac{f_{2^{v^3}}(x)}{v^2} = \frac{6}{\pi^2} f_2(x) + \frac{6}{\pi^2} \frac{f_{256}(x)}{4} + \frac{6}{\pi^2} \frac{f_{2^{27}}(x)}{9} + \cdots.$$

Da diese unendliche Reihe für $|x| \leq 1$ wegen

$$\left| \frac{f_{2^{v^3}}(x)}{v^2} \right| \leq \frac{1}{v^2}$$

gleichmäßig konvergiert, stellt sie eine für $|x| \leq 1$ stetige, für $|x| < 1$ nach dem Weierstraßschen Doppelreihensatz reguläre Funktion dar. Für $|x| < 1$ ist

$$|f(x)| \leq \frac{6}{\pi^2} \sum_{v=1}^{\infty} \frac{1}{v^2} = 1.$$

In der für $|x| < 1$ gültigen Potenzreihenentwicklung

---

1) Denn zunächst ist $g(\varphi)$ als gleichmäßiger Limes eine stetige Funktion von $\varphi$. Ferner ist das am Rande durch $g(\varphi)$ definierte $f(x)$ im Punkte $x = e^{\varphi_0 i}$ stetig; denn zu gegebenem $\delta > 0$ gibt es ein $\varepsilon = \varepsilon(\delta) > 0$, so daß für

$$\varphi_0 - \varepsilon < \varphi < \varphi_0 + \varepsilon$$
$$|g(\varphi) - g(\varphi_0)| < \frac{\delta}{2}$$

ist; dann ein $\varrho = \varrho(\delta)$, so daß $0 < \varrho < 1$ und für $\varrho < r \leq 1$, $\varphi_0 - \varepsilon < \varphi < \varphi_0 + \varepsilon$

$$\left| f\!\left(r e^{\varphi i}\right) - g(\varphi) \right| < \frac{\delta}{2}$$

ist, also

$$\left| f\!\left(r e^{\varphi i}\right) - g(\varphi_0) \right| < \delta.$$

$$f(x) = \sum_{n=0}^{\infty} a_n x^n$$

ist ferner nach dem Weierstraßschen Doppelreihensatz $a_n$ die Summe der Koeffizienten von $x^n$ in den einzelnen Teilreihen $\dfrac{6}{\pi^2 \nu^2} f_{2\nu^3}(x)$. Da bei diesen nach dem Hilfssatz alle Partialsummen im Punkte $x = 1$ positiv sind und da in $f_n(x)$ die Summe der $n+1$ ersten Koeffizienten $G_n$ ist, so sieht man, daß für $\nu = 1, 2, 3, \ldots$

$$s_{2\nu^3} > \frac{6}{\pi^2 \nu^2} G_{2\nu^3} \sim \frac{6}{\pi^2 \nu^2} \cdot \frac{1}{\pi} \log(2^{\nu^3}) = \frac{6 \log 2}{\pi^3} \nu$$

ist. Daher wächst $s_{2\nu^3}$ mit $\nu$ über alle Grenzen, und es ist, wie behauptet,

$$s_n \neq O(1).$$

## § 4.
## Über die Majorante einer beschränkten Funktion.

### Satz 1 (von Hardy).

**Voraussetzung:** *Es sei für* $|x| < 1$

$$f(x) = \sum_{n=0}^{\infty} a_n x^n,$$

$$|f(x)| \leqq 1,$$

*und es werde für* $0 < r < 1$

$$\mathfrak{M}(r) = \sum_{n=0}^{\infty} |a_n| r^n$$

*gesetzt.*

**Behauptung:** *Bei* $r \to 1$ *ist*

$$\mathfrak{M}(r) = o\left(\frac{1}{\sqrt{1-r}}\right).$$

**Beweis:** Es konvergiert (vergl. den Beginn der Einleitung)

$$\sum_{n=0}^{\infty} |a_n|^2.$$

Nach der Cauchyschen Ungleichung ist also für jedes $m \geqq 0$

$$\mathfrak{M}(r) = \sum_{n=0}^{m} |a_n| r^n + \sum_{n=m+1}^{\infty} |a_n| r^n$$

$$\leqq \sum_{n=0}^{m} |a_n| + \sqrt{\sum_{n=m+1}^{\infty} |a_n|^2 \cdot \sum_{n=m+1}^{\infty} r^{2n}}$$

$$\leqq \sum_{n=0}^{m} |a_n| + \sqrt{\sum_{n=m+1}^{\infty} |a_n|^2 \cdot \sum_{n=0}^{m} r^n} = \sum_{n=0}^{m} |a_n| + \frac{\sqrt{\sum\limits_{n=m+1}^{\infty} |a_n|^2}}{\sqrt{1-r}},$$

$$\overline{\lim_{r=1}} \sqrt{1-r}\, \mathfrak{M}(r) \leqq \sqrt{\sum_{n=m+1}^{\infty} |a_n|^2},$$

also, da die linke Seite von $m$ frei ist,

$$\lim_{r=1} \sqrt{1-r}\, \mathfrak{M}(r) = 0.$$

### Satz 2 (von Bohr[1]).

**Voraussetzung:** *Wie bei Satz 1.*

**Behauptung:** *Es gibt eine positive absolute Konstante $\vartheta$, so daß für alle jene $f(x)$*

$$\mathfrak{M}(\vartheta) \leqq 1$$

*ist.*

*Übrigens wird $\vartheta = \dfrac{1}{3}$ und keine größere Zahl dies leisten.*

**Vorbemerkung:** Der Satz liefert speziell für jede ganze transzendente Funktion bei allen $r > 0$, wenn

$$M(r) = \operatorname*{Max.}_{|x|=r} |f(x)|$$

gesetzt wird, die Ungleichung

$$\mathfrak{M}(r) = \sum_{n=0}^{\infty} |a_n| r^n \leqq M(3r);$$

denn, wenn

$$f(x) = \sum_{n=0}^{\infty} a_n x^n$$

ganz und nicht identisch 0 ist, wende man auf

---

1) Die Existenz eines $\vartheta$ ist von Bohr, die genauere Konstantenbestimmung $\dfrac{1}{3}$ von den ebenda zitierten M. Riesz, I. Schur, F. Wiener.

$$\frac{f(3\,r\,x)}{M(3\,r)} = \sum_{n=0}^{\infty} \frac{a_n\,3^n\,r^n}{M(3\,r)}\,x^n = f_1(x)$$

den obigen Satz an:

$$1 \geqq \sum_{n=0}^{\infty} \frac{|a_n|\,3^n\,r^n}{M(3\,r)} \left(\frac{1}{3}\right)^n = \frac{1}{M(3\,r)} \sum_{n=0}^{\infty} |a_n|\,r^n = \frac{\mathfrak{M}(r)}{M(3\,r)}.$$

Es ist sehr bemerkenswert, daß überhaupt eine absolute Konstante $K$ mit

$$\mathfrak{M}(r) \leqq M(K\,r)$$

existiert; denn für jedes $K > 1$ (andere kommen ohnehin nicht in Betracht) liefert die Cauchysche Koeffizientenabschätzung

$$|a_n| \leqq \frac{M(K\,r)}{(K\,r)^n}$$

bloß

$$\mathfrak{M}(r) \leqq \sum_{n=0}^{\infty} \frac{M(K\,r)}{(K\,r)^n}\,r^n = M(K\,r) \sum_{n=0}^{\infty} \frac{1}{K^n}\,,$$

wo der Faktor von $M(K\,r)$ größer als 1 ist; auch die schärfere Abschätzung

$$\sum_{n=0}^{\infty} |a_n|^2 (K\,r)^{2n} \leqq (M(K\,r))^2$$

führt nicht zum Ziel, sondern ergibt nur

$$\mathfrak{M}(r) = \sum_{n=0}^{\infty} |a_n| (K\,r)^n \frac{1}{K^n} \leqq \sqrt{\sum_{n=0}^{\infty} |a_n|^2 (K\,r)^{2n} \cdot \sum_{n=0}^{\infty} \frac{1}{K^{2n}}}$$

$$\leqq M(K\,r) \sqrt{\sum_{n=0}^{\infty} \frac{1}{K^{2n}}}\,,$$

was zwar besser ist als das obige, aber doch stets einen Faktor $> 1$ liefert.

**Beweis:** 1) Der Spezialfall $n = 1$ des Satzes 1 aus § 1 besagt

$$|t_1(x)| = \left| \frac{s_0(x) + s_1(x)}{2} \right| = \left| \frac{2\,a_0 + a_1\,x}{2} \right| \leqq 1$$

für $|x| = 1$; also, wenn dies $x$ so gewählt wird, daß $a_0$ und $a_1 x$ auf demselben von 0 ausgehenden Halbstrahl liegen,

$$\frac{2\,|a_0| + |a_1|}{2} \leqq 1,$$

$$|a_1| \leqq 2\,(1 - |a_0|).$$

Für jedes $n \geqq 1$ ist, $e^{\frac{2\pi i}{n}} = \eta$ und $x^n = y$ gesetzt,

$$\frac{f(x)+f(\eta x)+\cdots+f(\eta^{n-1}x)}{n} = \sum_{\nu=0}^{\infty} a_\nu \frac{1^\nu+\eta^\nu+\eta^{2\nu}+\cdots+\eta^{(n-1)\nu}}{n} x^\nu$$

$$= a_0 + a_n x^n + a_{2n} x^{2n} + \cdots = a_0 + a_n y + a_{2n} y^2 + \cdots$$

eine für $|y|<1$ reguläre, ebenda absolut 1 nicht übersteigende Funktion von $y$; folglich ist

$$|a_n| \leqq 2(1-|a_0|). \quad [1]$$

Daher ist

$$\mathfrak{M}\left(\frac{1}{3}\right) = |a_0| + \sum_{n=1}^{\infty} \frac{|a_n|}{3^n} \leq |a_0| + \sum_{n=1}^{\infty} \frac{2(1-|a_0|)}{3^n}$$

$$= |a_0| + 2(1-|a_0|)\frac{1}{2} = 1.$$

2) Die Funktion

$$f(x) = \frac{\alpha-x}{1-\alpha x}, \quad 0<\alpha<1,$$

bildet den Einheitskreis auf sich ab, erfüllt also die Voraussetzung. Wegen der für $|x| < \frac{1}{\alpha}$, also gewiß für $|x|<1$ gültigen Reihenentwicklung

$$f(x) = (\alpha-x)(1+\alpha x+\alpha^2 x^2+\cdots) = \alpha-(1-\alpha^2)x-(\alpha-\alpha^3)x^2-\cdots$$

ist bei $0<\vartheta<1$

$$\mathfrak{M}(\vartheta) = \alpha+(1-\alpha^2)\vartheta+(\alpha-\alpha^3)\vartheta^2+\cdots = \alpha+\frac{(1-\alpha^2)\vartheta}{1-\alpha\vartheta}.$$

Es ist daher

$$\mathfrak{M}(\vartheta) > 1$$

für

$$\alpha+\frac{(1-\alpha^2)\vartheta}{1-\alpha\vartheta} > 1,$$

d. h. für

$$\vartheta > \frac{1}{1+2\alpha}.$$

Zu jedem $\vartheta > \frac{1}{3}$ gibt es demnach ein $\alpha$ mit $0<\alpha<1$, so daß

$$\mathfrak{M}(\vartheta) > 1$$

ist.

---

[1] Diese Betrachtung lehrt auch: Jede Relation zwischen $a_0$ und $a_1$, die für die Menge unserer $f(x)$ gilt, besteht auch zwischen $a_0$ und $a_n$.

## § 5.
# Satz von Fatou.

### Satz (von Lebesgue).

**Voraussetzung:** *Es sei $f(x)$ für $0 \leq x \leq 1$ reell,*

$$\left. \begin{array}{c} \varDelta(x, x') = \dfrac{f(x) - f(x')}{x - x'} \\[2mm] |\varDelta(x, x')| \leq 1 \end{array} \right\} \; \text{für } 0 \leq x \leq 1, \; 0 \leq x' \leq 1, \; x \neq x'.$$

**Behauptung:** *$f(x)$ ist für $0 < x < 1$ bis auf eine Nullmenge differentiierbar.*

**Vorbemerkung:** Für $p > 0$, $\alpha < \beta$ lehrt die triviale Transformation

$$f(x) = \frac{p}{\beta - \alpha} F(\alpha + (\beta - \alpha)x)$$

den entsprechenden Wortlaut für das Intervall $\alpha \leq x \leq \beta$ bei der Annahme $|\varDelta| \leq p$.

**Beweis: 1.** Es sei $0 < \varepsilon < 2$. Man wähle $l$ und die $x_\nu$ ($l = l(\varepsilon)$, $x_\nu = x_\nu(\varepsilon)$) mit

$$0 = x_0 < x_1 < \cdots < x_l = 1,$$

so daß, wenn der Punkt

$$(x_\nu, f(x_\nu)) = P_\nu$$

gesetzt wird und $\overline{AB}$ die Länge der Strecke von $A$ nach $B$ bezeichnet,

$$\sum_{\nu = 0}^{l-1} \overline{P_\nu P_{\nu+1}}$$

höchstens um $\varepsilon^4$ unter der oberen Grenze aller solchen Summen bei allen Wahlen von Zwischenpunkten liegt. Dann ist bei jeder Einschiebung weiterer (endlich vieler) Teilpunkte der mögliche Zuwachs der Summe $\leq \varepsilon^4$.

Wir betrachten irgend ein festes Intervall

$$I = I_\nu = (x_\nu \ldots x_{\nu+1}).$$

Auf jedem abgeschlossenen Teilintervall von $I$ gibt es entweder kein Paar $x, x'$ mit

$$\varphi(x, x') = |\varDelta(x, x') - \varDelta(x_\nu, x_{\nu+1})| \geq \varepsilon$$

oder ein solches mit maximalem $|x - x'|$. Denn gibt es eines und ist $g$ die obere Grenze von $|x - x'|$ für alle solchen, so wähle man $x^{(\lambda)}, x'^{(\lambda)}$ ($\lambda = 1, 2, \ldots$) mit

$$x^{(\lambda)} \to \xi, \quad x'^{(\lambda)} \to \xi', \quad |x^{(\lambda)} - x'^{(\lambda)}| \to g, \quad \varphi(x^{(\lambda)}, x'^{(\lambda)}) \geq \varepsilon;$$

dann ist

$$|\xi - \xi'| = g;$$

$\xi$ und $\xi'$ gehören zum gegebenen Teilintervall, und wegen der Stetigkeit von $\varDelta(x, x')$ für $x = \xi$, $x' = \xi'$ ist

$$\varphi(\xi, \xi') \geqq \varepsilon.$$

Wir machen nun folgende Konstruktion, die entweder gar nicht erst anfängt (wenn nämlich $\varphi \geqq \varepsilon$ nicht vorkommt) oder nach endlich vielen Schritten abbricht oder ad inf. fortsetzbar ist. Hierbei sei bei jedem Intervall $J$ sein Inneres mit $(J)$, seine Länge mit $\overline{J}$ bezeichnet.

$\xi_1$, $\xi_1'$ sei ein Paar auf $I$ mit $\varphi \geqq \varepsilon$ und maximalem $|\xi_1 - \xi_1'|$; $K_1$ das von $\xi_1$, $\xi_1'$ begrenzte Intervall.

$I - (K_1)$ besteht, abgesehen von losen Punkten, aus höchstens zwei abgeschlossenen Intervallen. Mit jedem dieser Intervalle verfahren wir (bei der alten Bedeutung von $\varphi$) ebenso wie vorhin mit $I$ und wählen von den etwaigen darauf liegenden ein bis zwei Punktepaaren eines mit größtem Abstand. Dann haben wir also ein Paar $\xi_2$, $\xi_2'$ mit $\varphi \geqq \varepsilon$ auf einem der Intervalle von $I - (K_1)$, so daß es auf keinem dieser Intervalle zwei von einander entferntere Punkte mit $\varphi \geqq \varepsilon$ gibt. $K_2$ sei das von $\xi_2$, $\xi_2'$ begrenzte Intervall.

Allgemein: Hat man $K_1, \ldots, K_{m-1}$ und enthält $I - (K_1) - \cdots - (K_{m-1})$ noch ein Restintervall, so wähle man auf jedem der endlich vielen Restintervalle, auf denen es ein Punktepaar mit $\varphi \geqq \varepsilon$ gibt, eines mit möglichst großem Abstand; und aus ihnen eines, wo dieser Abstand am größten ist. Es heiße $\xi_m$, $\xi_m'$, und $K_m$ sei das von diesen Punkten begrenzte Intervall.

Gibt es unendlich viele $K_m$, so ist offenbar (da keine zwei $K_m$ innere Punkte gemeinsam haben)

$$\sum_{m=1}^{\infty} \overline{K_m}$$

konvergent, also

$$\lim_{m=\infty} \overline{K_m} = 0.$$

Jedenfalls haben die Intervalle $K_m$ folgende zwei Eigenschaften:

1) Bei festem $m$ liege $x$ auf $I$, $x'$ auf $I$; es sei $x \neq x'$ und $x$ zu keinem der Intervalle $K_1, \ldots, K_m$ gehörig, $x'$ zu keinem der Inneren $(K_1), \ldots, (K_m)$ gehörig; $(x \ldots x')$ enthalte eines der Intervalle $K_1, \ldots, K_m$. Dann ist

$$\varphi < \varepsilon.$$

Dies ist nach Konstruktion klar: Wäre $\varphi \geqq \varepsilon$, so wäre das früheste in $(x \ldots x')$ enthaltene Intervall $K_n$ zu klein gewählt.

2) Es liege $x$ auf $I$, $x'$ auf $I$; es sei $x \neq x'$. $x$ gehöre zu keinem $K_m$, $x'$ zu keinem $(K_m)$. Dann ist

$$\varphi < \varepsilon.$$

Denn enthält $(x \ldots x')$ ein $K_m$, so folgt es aus 1). Anderenfalls gehören $x$ und $x'$ für jedes $m$ einem der zu $I - (K_1) - \cdots - (K_m)$ gehörigen Restintervalle an. Im Falle endlich vieler $K_m$ $(m = 1, \ldots, M)$ würde, wenn $\varphi \geqq \varepsilon$ wäre, das Verfahren nicht bei $m = M$ abbrechen; im Falle unendlich vieler $K_m$ wähle man $m$ mit $\overline{K_{m+1}} < |x - x'|$, und $K_{m+1}$ wäre falsch konstruiert.

**2.** Es entstand für jedes $v = 0, \ldots, l-1$ eine leere oder endliche oder konvergente Reihe

$$\sum_m \overline{K_m^{(v)}}.$$

Ich behaupte

$$\sum_{v=0}^{l-1} \sum_m \overline{K_m^{(v)}} \leqq 8\varepsilon^2.$$

Es genügt, für jede endliche Teilsumme

$$E = \sum_{v=0}^{l-1} {\sum_m}' \overline{K_m^{(v)}} \leqq 8\varepsilon^2$$

zu zeigen.

In der Tat ist für jedes feste $v$, wenn die Endpunkte der etwa auf $I_v$ gelegenen, zu unserem endlichen Vorrat gehörigen $K_m^{(v)}$ interpoliert werden und die Abszissen $u_\lambda$ mit

$$x_v = u_0 < u_1 < \cdots < u_h = x_{v+1},$$

die Ordinaten

$$v_\lambda = f(u_\lambda) \quad \text{für} \quad 0 \leqq \lambda \leqq h$$

entstehen,

$$(u_\lambda, v_\lambda) = Q_\lambda \quad \text{für} \quad 0 \leqq \lambda \leqq h,$$

$$\varDelta(u_\lambda, u_{\lambda+1}) = t_\lambda \quad \text{für} \quad 0 \leqq \lambda < h,$$

$$\varDelta(x_v, x_{v+1}) = t$$

gesetzt wird (man beachte $|t_\lambda| \leqq 1$, $|t| \leqq 1$ und für diejenigen $\lambda$, bei denen $(u_\lambda \ldots u_{\lambda+1})$ eines der ausgewählten $K_m^{(v)}$ ist, $|t_\lambda - t| \geqq \varepsilon$),

$$\overline{P_v P_{v+1}} = \overline{Q_0 Q_h} = \sum_{\lambda=0}^{h-1} \frac{u_{\lambda+1} - u_\lambda + t(v_{\lambda+1} - v_\lambda)}{\sqrt{1+t^2}}$$

$$= \sum_{\lambda=0}^{h-1} \overline{Q_\lambda Q_{\lambda+1}} \frac{1 + t t_\lambda}{\sqrt{1+t^2}\,\sqrt{1+t_\lambda^2}}$$

$$\leqq \sum_{\lambda=0}^{h-1} \overline{Q_\lambda Q_{\lambda+1}} \left( \frac{1}{2} + \frac{(1+t\,t_\lambda)^2}{2\,(1+t^2)(1+t_\lambda^2)} \right)$$

$$= \sum_{\lambda=0}^{h-1} \overline{Q_\lambda Q_{\lambda+1}} \left( 1 - \frac{(t_\lambda - t)^2}{2\,(1+t^2)(1+t_\lambda^2)} \right)$$

$$\leqq \sum_{\lambda=0}^{h-1} \overline{Q_\lambda Q_{\lambda+1}} - \frac{1}{8} \sum_{\lambda=0}^{h-1} (u_{\lambda+1} - u_\lambda)(t_\lambda - t)^2 \leqq \sum_{\lambda=0}^{h-1} \overline{Q_\lambda Q_{\lambda+1}} - \frac{\varepsilon^2}{8} \sum_m{}' \overline{K_m^{(\nu)}}.$$

Wird dies für alle $\nu$ gemacht, so übertrifft das neue „Sehnenpolygon" das alte um mindestens $\frac{\varepsilon^2}{8} E$; diese Zahl ist also $\leqq \varepsilon^4$.

**3.** Jedes Intervall $K_m^{(\nu)}$ werde von seiner Mitte aus auf das $\frac{2}{\varepsilon}$ fache zu $L_m^{(\nu)}$ gestreckt. Dann ist

$$\sum_{\nu=0}^{l-1} \sum_m \overline{L_m^{(\nu)}} \leqq 16\,\varepsilon.$$

Die Punkte $x_\nu$, $0 \leqq \nu \leqq l$, seien mit abgeschlossenen Intervallen der Gesamtlänge $\varepsilon$ bedeckt. Dann haben diese und die $L_m^{(\nu)}$ zusammen eine Länge $\leqq 17\,\varepsilon$.

Es sei $0 \leqq x \leqq 1$, und $x$ gehöre zu keinem all dieser Intervalle. Es sei $x'$ Punkt des $I_\nu$, zu dem $x$ gehört, und $x' \neq x$.

I) Gehört $x'$ zu keinem $(K_m^{(\nu)})$, so ist nach 2)

$$|\varDelta(x, x') - \varDelta(x_\nu, x_{\nu+1})| < \varepsilon.$$

II) Gehört $x'$ zu $(K_m^{(\nu)})$, so sei $x''$ das von $x$ entferntere Ende von $K_m^{(\nu)}$. Dann ist

$$\varDelta(x, x')(x - x') = \varDelta(x, x'')(x - x'') + \varDelta(x'', x')(x'' - x'),$$

$$|\varDelta(x, x') - \varDelta(x, x'')| = \left| (\varDelta(x, x') - \varDelta(x'', x')) \frac{x' - x''}{x - x''} \right|$$

$$\leqq 2\,\frac{|x' - x''|}{|x - x''|} < 2\,\frac{\overline{K_m^{(\nu)}}}{\frac{1}{2} \overline{L_m^{(\nu)}}} = 2\,\varepsilon.$$

Nach 1) ist

$$|\varDelta(x, x'') - \varDelta(x_\nu, x_{\nu+1})| < \varepsilon,$$

also

$$|\varDelta(x, x') - \varDelta(x_\nu, x_{\nu+1})| < 3\,\varepsilon.$$

**4.** Nach 3 ist für jedes genannte $x$ und alle $x' \gtrless x$ in hinreichender Nähe von $x$

$$|\varDelta(x, x') - \varDelta(x_\nu, x_{\nu+1})| < 3\,\varepsilon,$$

also, wenn

$$\bar{f}'(x) = \varlimsup_{h=0} \frac{f(x+h)-f(x)}{h}, \quad \underline{f}'(x) = \varliminf_{h=0} \frac{f(x+h)-f(x)}{h}$$

gesetzt wird,

$$\bar{f}'(x) - \underline{f}'(x) \leqq 6\,\varepsilon.$$

Daher sind die etwaigen $x$ mit

$$0 < x < 1, \quad \bar{f}'(x) - \underline{f}'(x) > 6\,\varepsilon$$

durch abzählbar viele Intervalle der Gesamtlänge $\leqq 17\,\varepsilon$ zugedeckt. Wird dies auf $\varepsilon, \frac{\varepsilon}{2}, \frac{\varepsilon}{4}, \ldots$ angewendet, so sind die etwaigen $x$ auf $0 < x < 1$, für die $f'(x)$ nicht existiert, durch abzählbar viele Intervalle der Gesamtlänge $\leqq 17\left(\varepsilon + \frac{\varepsilon}{2} + \cdots\right) = 34\,\varepsilon$ zugedeckt. Dies gilt für jedes $\varepsilon$ mit $0 < \varepsilon < 2$. Jene $x$ bilden also eine Nullmenge.

### Hilfssatz 1.

*Für $0 < \varrho < r$ und ganzes $n > 0$ ist*

$$-\frac{i\,r^{n+1}(r^2 - \varrho^2)}{\pi} \int_{-\pi}^{\pi} e^{n\varphi i} \frac{\sin\varphi}{(r^2 - 2r\varrho\cos\varphi + \varrho^2)^2}\, d\varphi = n\,\varrho^{n-1}.$$

**Vorbemerkung:** Ist

$$g(x) = \sum_{n=1}^{\infty} b_n x^n$$

für $|x| = r$ gleichmäßig konvergent, so ist also

$$-\frac{i\,r(r^2 - \varrho^2)}{\pi} \int_{-\pi}^{\pi} g\left(r\,e^{\varphi i}\right) \frac{\sin\varphi}{(r^2 - 2r\varrho\cos\varphi + \varrho^2)^2}\, d\varphi$$

$$= -\frac{i\,r(r^2 - \varrho^2)}{\pi} \sum_{n=1}^{\infty} b_n r^n \int_{-\pi}^{\pi} e^{n\varphi i} \frac{\sin\varphi}{(r^2 - 2r\varrho\cos\varphi + \varrho^2)^2}\, d\varphi$$

$$= \sum_{n=1}^{\infty} n\,b_n \varrho^{n-1} = g'(\varrho).$$

**Beweis:** $1 + 2 \sum_{m=1}^{\infty} \left(\frac{\varrho}{r}\right)^m \cos m\varphi = \Re \dfrac{1 + \dfrac{\varrho}{r} e^{\varphi i}}{1 - \dfrac{\varrho}{r} e^{\varphi i}}$

$$= \Re \frac{\left(r + \varrho\,e^{\varphi i}\right)\left(r - \varrho\,e^{-\varphi i}\right)}{\left(r - \varrho\,e^{\varphi i}\right)\left(r - \varrho\,e^{-\varphi i}\right)} = \frac{r^2 - \varrho^2}{r^2 - 2r\varrho\cos\varphi + \varrho^2}.$$

Wegen der gleichmäßigen Konvergenz der durch gliedweise Differentiation nach $\varphi$ entstehenden Reihe ist

$$-2\sum_{m=1}^{\infty} m\left(\frac{\varrho}{r}\right)^m \sin m\varphi = (r^2 - \varrho^2)\frac{-2r\varrho\sin\varphi}{(r^2 - 2r\varrho\cos\varphi + \varrho^2)^2}.$$

Durch Multiplikation mit $e^{n\varphi i}$ und gliedweise Integration ergibt sich

$$-2\pi i n\left(\frac{\varrho}{r}\right)^n = -2r\varrho(r^2-\varrho^2)\int_{-\pi}^{\pi} e^{n\varphi i}\frac{\sin\varphi}{(r^2 - 2r\varrho\cos\varphi + \varrho^2)^2}\,d\varphi.$$

### Hilfssatz 2.

*Für* $0 < \varrho < 1$ *ist*

$$\int_{-\pi}^{\pi}\frac{\varphi\sin\varphi}{(1 - 2\varrho\cos\varphi + \varrho^2)^2}\,d\varphi = \frac{2\pi}{(1+\varrho)^2(1-\varrho)}\left(< \frac{2\pi}{1-\varrho}\right).$$

**Beweis:** $\varrho(1-\varrho^2)\displaystyle\int_{-\pi}^{\pi}\frac{\varphi\sin\varphi}{(1 - 2\varrho\cos\varphi + \varrho^2)^2}\,d\varphi$

$$= \int_{-\pi}^{\pi}\sum_{m=1}^{\infty} m\varrho^m\,\varphi\sin m\varphi\,d\varphi = \sum_{m=1}^{\infty} m\varrho^m\int_{-\pi}^{\pi}\varphi\sin m\varphi\,d\varphi$$

$$= -2\pi\sum_{m=1}^{\infty}(-\varrho)^m = \frac{2\pi\varrho}{1+\varrho}.$$

### Satz.

**Voraussetzung:** *Es sei* $f(x)$ *für* $|x| < 1$ *regulär.*

*Es existiere* $\displaystyle\int_0^1 \underset{|x|\leq R}{\mathrm{Max.}}\,|f(x)|\,dR$ (was z. B. stets der Fall ist,
wenn $f(x)$ für $|x| < 1$ beschränkt oder auch nur, gleichmäßig in $x$,
$O((1-|x|)^{-p})$ mit $0\leq p < 1$ bei $|x|\to 1$ ist) *oder auch nur* $\displaystyle\int_0^1 f\left(Re^{\varphi i}\right)dR$
*gleichmäßig in* $\varphi$.

*Es sei* $-\pi\leq\alpha<\beta\leq\pi$ *und* $f(x)$ *im Sektor* (für $\alpha = -\pi$, $\beta = \pi$
ist dies das volle Kreisinnere) $x = re^{\varphi i}$, $0\leq r < 1$, $\alpha\leq\varphi\leq\beta$
*beschränkt.*

**Behauptung:** $\displaystyle\lim_{\varrho=1} f\left(\varrho e^{\varphi i}\right)$ *existiert für alle* $\varphi$ *auf* $\alpha\leq\varphi\leq\beta$ *bis
auf höchstens eine Nullmenge.*

**Beweis:** Wird für $|x| < 1$

$$f(x) = \sum_{n=0}^{\infty} a_n x^n,$$

$$g(x) = \sum_{n=0}^{\infty}\frac{a_n}{n+1}\,x^{n+1}$$

gesetzt, so ist für $0 < \varrho < r < 1$ nach der Vorbemerkung zu Hilfssatz 1

$$f(\varrho) = -\frac{i\,r\,(r^2 - \varrho^2)}{\pi} \int_{-\pi}^{\pi} g\left(r\,e^{\varphi i}\right) \frac{\sin\varphi}{(r^2 - 2\,r\,\varrho\,\cos\varphi + \varrho^2)^2}\, d\varphi.$$

Wegen

$$g\left(r\,e^{\varphi i}\right) = e^{\varphi i} \int_{0}^{r} f\left(R\,e^{\varphi i}\right) d R$$

existiert nach Voraussetzung für $-\pi \leqq \varphi \leqq \pi$

$$\lim_{r=1} g\left(r\,e^{\varphi i}\right) = G(\varphi)$$

gleichmäßig in $\varphi$, ist also stetig, und für $0 < \varrho < 1$ ist daher

$$f(\varrho) = -\frac{i\,(1 - \varrho^2)}{\pi} \int_{-\pi}^{\pi} G(\varphi) \frac{\sin\varphi}{(1 - 2\,\varrho\,\cos\varphi + \varrho^2)^2}\, d\varphi. \; ^{1})$$

Für $0 \leqq r < 1$, $\alpha \leqq \varphi \leqq \beta$ ist nach Voraussetzung

$$\left|f\left(r\,e^{\varphi i}\right)\right| \leqq P.$$

$G(\varphi)$ hat daher für $\alpha \leqq \varphi \leqq \beta$ beschränkten Differenzenquotienten; denn für $\alpha \leqq \varphi_1 < \varphi_2 \leqq \beta$, $0 \leqq r < 1$ ist

$$\left|g\left(r\,e^{\varphi_2 i}\right) - g\left(r\,e^{\varphi_1 i}\right)\right| = r\left|\int_{\varphi_1}^{\varphi_2} f\left(r\,e^{\varphi i}\right) e^{\varphi i}\, d\varphi\right| \leqq P(\varphi_2 - \varphi_1),$$

also für $\alpha \leqq \varphi_1 < \varphi_2 \leqq \beta$

$$|G(\varphi_2) - G(\varphi_1)| = \lim_{r=1} \left|g\left(r\,e^{\varphi_2 i}\right) - g\left(r\,e^{\varphi_1 i}\right)\right| \leqq P(\varphi_2 - \varphi_1).$$

Nach dem (auf $\Re\,G(\varphi)$ und $\Im\,G(\varphi)$ anzuwendenden) Lebesgueschen Satz existiert also $G'(\varphi)$ für $\alpha \leqq \varphi \leqq \beta$ bis auf eine Nullmenge, und es genügt, für jedes $\varphi_0$, für das $G'(\varphi_0)$ existiert, die Existenz von $\lim_{\varrho=1} f\left(\varrho\,e^{\varphi_0 i}\right)$ zu zeigen. Ohne Beschränkung der Allgemeinheit sei $\varphi_0 = 0$ $\left(\text{sonst betrachte man } f(e^{\varphi_0 i} y)\right)$.

Dann ist für $-\pi \leqq \varphi \leqq \pi$

$$G(\varphi) - G(0) - G'(0)\,\varphi = \varphi\,h(\varphi),$$

wo $h(0) = 0$ und $h(\varphi)$ stetig ist.

---

1) Im Spezialfall, daß $f(x)$ für $|x| < 1$ beschränkt ist, ist $\sum\limits_{n=0}^{\infty} |a_n|^2$, also $\sum\limits_{n=0}^{\infty} \frac{|a_n|}{n+1}$ konvergent und somit die obige Gleichung nach der Vorbemerkung zu Hilfssatz 1 mit $r = 1$ sofort klar.

Nach Hilfssatz 2 und der obigen Darstellung von $f(\varrho)$ ist für $0 < \varrho < 1$

$$f(\varrho) + \frac{2i\,G'(0)}{1+\varrho}$$

$$= -\frac{i(1-\varrho^2)}{\pi} \int_{-\pi}^{\pi} G(\varphi)\, \frac{\sin\varphi}{(1-2\varrho\cos\varphi+\varrho^2)^2}\, d\varphi$$

$$+ \frac{i(1-\varrho^2)}{\pi} \int_{-\pi}^{\pi} G(0)\, \frac{\sin\varphi}{(1-2\varrho\cos\varphi+\varrho^2)^2}\, d\varphi$$

$$+ \frac{i(1-\varrho^2)}{\pi} \int_{-\pi}^{\pi} G'(0)\,\varphi\, \frac{\sin\varphi}{(1-2\varrho\cos\varphi+\varrho^2)^2}\, d\varphi$$

$$= -\frac{i(1+\varrho)}{\pi}(1-\varrho)\int_{-\pi}^{\pi} h(\varphi)\, \frac{\varphi\sin\varphi}{(1-2\varrho\cos\varphi+\varrho^2)^2}\, d\varphi,$$

und es genügt, bei $\varrho \to 1$

$$(1-\varrho)\int_{-\pi}^{\pi} h(\varphi)\, \frac{\varphi\sin\varphi}{(1-2\varrho\cos\varphi+\varrho^2)^2}\, d\varphi \to 0$$

zu zeigen. Bei jedem $\varepsilon$ mit $0 < \varepsilon < \pi$ ist für $-\pi \leqq \varphi \leqq -\varepsilon$ und für $\varepsilon \leqq \varphi \leqq \pi$

$$1-2\varrho\cos\varphi+\varrho^2 \geqq 1-2\varrho\cos\varepsilon+\varrho^2 = (\varrho-\cos\varepsilon)^2 + \sin^2\varepsilon \geqq \sin^2\varepsilon,$$

also der Integrand für $0 < \varrho < 1$ als Funktion von $\varrho$, $\varphi$ beschränkt. Daher ist

$$\varlimsup_{\varrho=1}(1-\varrho)\left| \int_{-\pi}^{\pi} h(\varphi)\, \frac{\varphi\sin\varphi}{(1-2\varrho\cos\varphi+\varrho^2)^2}\, d\varphi \right|$$

$$= \varlimsup_{\varrho=1}(1-\varrho)\left| \int_{-\varepsilon}^{\varepsilon} h(\varphi)\, \frac{\varphi\sin\varphi}{(1-2\varrho\cos\varphi+\varrho^2)^2}\, d\varphi \right|$$

$$\leqq \operatorname*{Max.}_{|\varphi|\leqq\varepsilon} |h(\varphi)|\, \varlimsup_{\varrho=1}(1-\varrho)\int_{-\varepsilon}^{\varepsilon} \frac{\varphi\sin\varphi}{(1-2\varrho\cos\varphi+\varrho^2)^2}\, d\varphi$$

$$\leqq \operatorname*{Max.}_{|\varphi|\leqq\varepsilon} |h(\varphi)|\, \varlimsup_{\varrho=1}(1-\varrho)\int_{-\pi}^{\pi} \frac{\varphi\sin\varphi}{(1-2\varrho\cos\varphi+\varrho^2)^2}\, d\varphi$$

$$\leqq 2\pi \operatorname*{Max.}_{|\varphi|\leqq\varepsilon} |h(\varphi)|$$

nach Hilfssatz 2, und $\varepsilon \to 0$ gibt die Behauptung.

## Zweites Kapitel

# Summabilität höherer Ordnung.

## § 6.
## Der Knopp-Schneesche Satz.

### Hilfssatz 1.

**Voraussetzung:** *Es sei* $x_1, x_2, \ldots, x_n, \ldots$ *eine Folge komplexer Größen,* $q > 0$ *ganz und bei* $n \to \infty$

$$x_n + q\,\frac{x_1 + \cdots + x_n}{n} \to 0.$$

**Behauptung:** $\qquad\qquad x_n \to 0.$

**Beweis:** Wenn zur Abkürzung

$$y_n = q(x_1 + \cdots + x_n) + n x_n = q(x_1 + \cdots + x_{n-1}) + (n+q)\,x_n$$

gesetzt wird, ist identisch [1]

$$\sum_{v=1}^{n} y_v(v+1)\ldots(v+q-1) = (n+1)(n+2)\ldots(n+q)\sum_{v=1}^{n} x_v.$$

Denn diese Identität ist für $n = 1$ wahr:

$$y_1 . 2 \ldots q = 2.3 \ldots (q+1)\,x_1,$$

und aus der Richtigkeit für $n-1$ folgt sie für $n$, da der Zuwachs der linken Seite bei diesem Übergang

$$= y_n(n+1)\ldots(n+q-1) = q(n+1)\ldots(n+q-1)\sum_{v=1}^{n-1} x_v + (n+1)\ldots(n+q)x_n,$$

der rechts

$$= (n+1)\ldots(n+q)\sum_{v=1}^{n} x_v - n\ldots(n+q-1)\sum_{v=1}^{n-1} x_v$$

$$= (n+1)\ldots(n+q-1)\big((n+q)-n\big)\sum_{v=1}^{n-1} x_v + (n+1)\ldots(n+q)\,x_n$$

ist.

---

1) Für $q = 1$ bedeutet $(v+1)\ldots(v+q-1)$ als leeres Produkt die Zahl 1.

Wegen der Voraussetzung $y_n = o(n)$ ist

$$y_\nu(\nu+1)\ldots(\nu+q-1) = o(\nu^q),$$

also

$$\sum_{\nu=1}^{n} y_\nu(\nu+1)\ldots(\nu+q-1) = o\sum_{\nu=1}^{n}\nu^q = o(n^{q+1}),$$

also nach der obigen Identität

$$\sum_{\nu=1}^{n} x_\nu = \frac{1}{(n+1)\ldots(n+q)}\, o(n^{q+1}) = o(n),$$

$$n x_n = y_n - q\sum_{\nu=1}^{n} x_\nu = o(n) + o(n) = o(n),$$

$$x_n = o(1).$$

## Hilfssatz 2.

**Voraussetzung:** $k > 1$ *sei ganz und*

$$\frac{1}{k}x_n + \frac{k-1}{k}\,\frac{x_1+\cdots+x_n}{n} \to \gamma.$$

**Behauptung:** $\qquad\qquad x_n \to \gamma.$

**Vorbemerkung:** Für $k = 1$ ist dies auch wahr, aber trivial.

**Beweis:** $x_n - \gamma = z_n$ genügt nach Voraussetzung der Bedingung

$$\frac{1}{k}(z_n+\gamma) + \frac{k-1}{k}\left(\frac{z_1+\cdots+z_n}{n}+\gamma\right) \to \gamma,$$

$$\frac{1}{k}z_n + \frac{k-1}{k}\,\frac{z_1+\cdots+z_n}{n} \to 0,$$

$$z_n + (k-1)\frac{z_1+\cdots+z_n}{n} \to 0.$$

Nach Hilfssatz 1 ist daher

$$z_n \to 0,$$
$$x_n \to \gamma.$$

## Definition.

*Es sei $a_0, a_1, \ldots, a_n, \ldots$ eine Folge komplexer Zahlen, und es werde gesetzt:*

$$S_n^{(0)} = a_0 + \cdots + a_n,$$
$$S_n' = S_0^{(0)} + \cdots + S_n^{(0)},$$
$$S_n'' = S_0' + \cdots + S_n',$$
$$\cdots\cdots\cdots\cdots$$
$$S_n^{(k)} = S_0^{(k-1)} + \cdots + S_n^{(k-1)},$$
$$\cdots\cdots\cdots\cdots$$

*Man sagt: die Reihe*

$$a_0 + a_1 + \cdots + a_n + \cdots$$

*sei summabel $k$ter Ordnung im Cesàroschen*[1] *Sinne, oder: der $k$te Cesàrosche Limes der Folge $s_n = a_0 + \cdots + a_n = S_n^{(0)}$ sei vorhanden und $= s$, wenn bei $n \to \infty$*

$$\frac{k! \, S_n^{(k)}}{n^k} \to s$$

*ist.*

Damit ist natürlich, wenn

$$c_n^{(k)} = \frac{k! \, n!}{(n+k)!} \, S_n^{(k)}$$

gesetzt wird,

$$c_n^{(k)} \to s$$

gleichbedeutend.

Ist dies bei einem $k \geqq 0$ der Fall, so ist, wie leicht zu sehen, der $(k+1)$te Cesàrosche Limes (also auch alle folgenden) vorhanden und $= s$; denn aus

$$S_n^{(k)} = s\frac{n^k}{k!} + o(n^k)$$

folgt

$$S_n^{(k+1)} = \sum_{v=0}^{n} S_v^{(k)} = \frac{s}{k!} \sum_{v=0}^{n} v^k + o \sum_{v=0}^{n} v^k$$

$$= \frac{s}{k!} \left( \frac{n^{k+1}}{k+1} + o(n^{k+1}) \right) + o(n^{k+1}) = s\frac{n^{k+1}}{(k+1)!} + o(n^{k+1}).$$

Ist ferner bei einem $k \geqq 0$ der $k$te Cesàrosche Limes vorhanden, so folgt daraus sukzessive

$$S_n^{(k)} = O(n^k),$$
$$S_n^{(k-1)} = S_n^{(k)} - S_{n-1}^{(k)} = O(n^k) + O(n^k) = O(n^k),$$
$$\cdots\cdots\cdots\cdots\cdots\cdots\cdots$$

bis zu

$$S_n^{(0)} = O(n^k),$$
$$a_n = O(n^k),$$

so daß

$$f(x) = \sum_{n=0}^{\infty} a_n x^n$$

---

[1] Cesàro, S. 119.

für $|x| < 1$ konvergiert und ebenda

$$f(x) = (1-x) \sum_{n=0}^{\infty} S_n^{(0)} x^n = (1-x)^2 \sum_{n=0}^{\infty} S_n' x^n = \cdots$$

$$= (1-x)^{k+1} \sum_{n=0}^{\infty} S_n^{(k)} x^n$$

ist.

Aus dieser Identität

$$(1-x)^{-k-1} f(x) = \sum_{n=0}^{\infty} S_n^{(k)} x^n$$

ist alsdann leicht bei gegen 1 wachsendem $x$

$$f(x) \to s$$

zu folgern. Denn nach Voraussetzung ist

$$S_n^{(k)} = s \binom{n}{k} + o \binom{n}{k};$$

nach Annahme eines $\delta > 0$ ist also für $n \geqq n_0(\delta)$

$$\left| S_n^{(k)} - s \binom{n}{k} \right| < \delta \binom{n}{k},$$

folglich, wenn $0 < x < 1$ ist,

$$\left| \sum_{n=0}^{\infty} S_n^{(k)} x^n - s \sum_{n=0}^{\infty} \binom{n}{k} x^n \right| \leqq \sum_{n=0}^{\infty} \left| S_n^{(k)} - s \binom{n}{k} \right| x^n$$

$$\leqq \sum_{n=0}^{n_0-1} \left| S_n^{(k)} - s \binom{n}{k} \right| x^n + \delta \sum_{n=n_0}^{\infty} \binom{n}{k} x^n$$

$$\leqq \sum_{n=0}^{n_0-1} \left| S_n^{(k)} - s \binom{n}{k} \right| + \delta \sum_{n=0}^{\infty} \binom{n}{k} x^n,$$

$$\varlimsup_{x=1} \frac{\left| \sum_{n=0}^{\infty} S_n^{(k)} x^n - s \sum_{n=0}^{\infty} \binom{n}{k} x^n \right|}{\sum_{n=0}^{\infty} \binom{n}{k} x^n} \leqq \delta;$$

da die linke Seite von $\delta$ frei ist, ist bei $x \to 1$

$$\frac{\sum_{n=0}^{\infty} S_n^{(k)} x^n - s \sum_{n=0}^{\infty} \binom{n}{k} x^n}{\sum_{n=0}^{\infty} \binom{n}{k} x^n} \to 0;$$

wegen

$$\sum_{n=0}^{\infty} \binom{n}{k} x^n = \frac{x^k}{k!} \sum_{n=k}^{\infty} n(n-1)\ldots(n-k+1) x^{n-k} = \frac{x^k}{k!} \frac{d^k}{dx^k} \sum_{n=0}^{\infty} x^n$$

$$= \frac{x^k}{k!} \frac{d^k}{dx^k} \left(\frac{1}{1-x}\right) = \frac{x^k}{(1-x)^{k+1}}$$

ist daher

$$\frac{(1-x)^{-k-1} f(x) - s\, x^k (1-x)^{-k-1}}{x^k (1-x)^{-k-1}} \to 0,$$

$$x^{-k} f(x) - s \to 0,$$

$$f(x) \to s.$$

## Definition.

*Es sei* $a_0, a_1, \ldots, a_n, \ldots$ *eine Folge komplexer Zahlen, und es werde gesetzt:*

$$h_n^{(0)} = a_0 + \cdots + a_n,$$

$$h_n' = \frac{h_0^{(0)} + \cdots + h_n^{(0)}}{n+1},$$

$$h_n'' = \frac{h_0' + \cdots + h_n'}{n+1},$$

$$\cdots \cdots \cdots \cdots$$

$$h_n^{(k)} = \frac{h_0^{(k-1)} + \cdots + h_n^{(k-1)}}{n+1},$$

$$\cdots \cdots \cdots \cdots \cdots$$

*Man sagt: die Reihe*

$$a_0 + a_1 + \cdots + a_n + \cdots$$

*sei summabel* $k$*ter Ordnung im* $H\ddot{o}lder$*schen*[1]) *Sinne, oder: der* $k$*te* $H\ddot{o}lder$*sche Limes der Folge* $s_n = a_0 + \cdots + a_n = h_n^{(0)}$ *sei vorhanden und* $= s,$ *wenn bei* $n \to \infty$

$$h_n^{(k)} \to s$$

*ist.*

Ist dies bei einem $k$ der Fall, so folgt für die arithmetischen Mittel ohne weiteres

$$h_n^{(k+1)} \to s,$$

$$h_n^{(k+2)} \to s,$$

$$\cdots \cdots \cdots$$

---

1) **Hölder**, S. 536.

Ferner folgt aus $h_n^{(k)} \to s$ sukzessive

$$h_n^{(k)} \;=\; O(1),$$
$$h_n^{(k-1)} \;=\; (n+1)\,h_n^{(k)} - n\,h_{n-1}^{(k)} = O(n) + O(n) = O(n),$$
$$h_n^{(k-2)} \;=\; (n+1)\,h_n^{(k-1)} - n\,h_{n-1}^{(k-1)} = O(n^2) + O(n^2) = O(n^2),$$

$$\cdot \;\; \cdot \;\; \cdot \;\; \cdot \;\; \cdot \;\; \cdot \;\; \cdot \;\; \cdot \;\; \cdot \;\; \cdot \;\; \cdot \;\; \cdot \;\; \cdot \;\; \cdot$$

bis zu

$$h_n^{(0)} \;=\; O(n^k),$$
$$a_n \;=\; h_n^{(0)} - h_{n-1}^{(0)} = O(n^k),$$

also die Konvergenz von

$$f(x) = \sum_{n=0}^{\infty} a_n x^n$$

für $|x| < 1$.

Hölder[1]) hatte aus

$$h_n^{(k)} \to s$$

auf

$$f(x) \to s$$

geschlossen; die Reproduktion dieses Beweises erübrigt sich hier schon aus dem Grunde, weil dieser Satz enthalten ist in dem

### Knopp-Schneeschen Satz:

*Wenn für ein bestimmtes $k$*

$$c_n^{(k)} \to s$$

*ist, so ist*

$$h_n^{(k)} \to s$$

*und umgekehrt.*

**Beweis:** Wenn eine Zahlenfolge

$$x_0, \; x_1, \; x_2, \; \ldots, \; x_n, \; \ldots$$

gegeben ist, so bezeichne $M(x_n)$ die Folge der arithmetischen Mittel

$$x_0, \; \frac{x_0+x_1}{2}, \; \frac{x_0+x_1+x_2}{3}, \; \ldots, \; \frac{x_0+x_1+\cdots+x_n}{n+1}, \; \ldots.$$

Falls $a$ und $b$ Konstanten bezeichnen, hat demnach $a\,M(x_n) + b\,x_n$ die Bedeutung der Folge

$$a\,x_0 + b\,x_0, \; a\,\frac{x_0+x_1}{2} + b\,x_1, \; \ldots, \; a\,\frac{x_0+\cdots+x_n}{n+1} + b\,x_n, \; \ldots.$$

---

1) Hölder, S. 536.

Diese Operation $y_n = a\,M(x_n) + b\,x_n$, welche der Folge $(x)$ die Folge $(y)$ durch die linearen Gleichungen

$$y_n = \frac{a}{n+1}\,x_0 + \cdots + \frac{a}{n+1}\,x_{n-1} + \left(\frac{a}{n+1} + b\right)x_n$$

zuordnet, gehört zu dem allgemeineren Typus

$$
\begin{aligned}
y_0 &= c_{00}\,x_0, \\
y_1 &= c_{10}\,x_0 + c_{11}\,x_1, \\
&\cdot \quad \cdot \quad \cdot \quad \cdot \quad \cdot \quad \cdot \quad \cdot \\
y_n &= c_{n0}\,x_0 + c_{n1}\,x_1 + \cdots + c_{nn}\,x_n, \\
&\cdot \quad \cdot \quad \cdot \quad \cdot \quad \cdot \quad \cdot \quad \cdot \quad \cdot \quad \cdot \quad \cdot
\end{aligned}
$$

Die Zusammensetzung zweier solcher Operationen gibt wieder eine solche; denn wenn bei drei Variabelnreihen $(x)$, $(y)$, $(z)$ erst $(y)$ nach einem solchen Schema aus $(x)$ und dann $(z)$ aus $(y)$ entsteht, so ist $z_n$ eine homogene lineare Funktion von $x_0, \ldots, x_n$. Ferner gilt für solche Operationen offenbar das assoziative Gesetz. Soweit ohne Einschränkung über die $c_{\varkappa\lambda}$. Für zwei unserer Operationen

$$a\,M(x_n) + b\,x_n, \quad a'\,M(x_n) + b'\,x_n$$

gilt aber auch das kommutative Gesetz, da

$$
\begin{aligned}
a'\,M(a\,M(x_n) + b\,x_n) + b'\,(a\,M(x_n) + b\,x_n) \\
= a'a\,MM(x_n) + (a'b + b'a)\,M(x_n) + b'b\,x_n, \\
a\,M(a'\,M(x_n) + b'\,x_n) + b\,(a'\,M(x_n) + b'\,x_n) \\
= aa'\,MM(x_n) + (ab' + ba')\,M(x_n) + bb'\,x_n,
\end{aligned}
$$

also gleich dem vorigen ist.

Speziell werde bei ganzem $k > 0$

$$T_k(x_n) = \frac{k-1}{k}\,M(x_n) + \frac{1}{k}\,x_n$$

gesetzt; dann ist $M$ mit jedem $T_k$ vertauschbar, desgleichen je zwei $T_k$, $T_{k'}$.

Aus $x_n \to s$ folgt offenbar

$$T_k(x_n) \to \frac{k-1}{k}\,s + \frac{1}{k}\,s = s;$$

und aus $T_k(x_n) \to s$ folgt nach Hilfssatz 2 umgekehrt $x_n \to s$.

Das folgende beruht auf der zunächst zu verifizierenden Identität (in der $a_0, a_1, \ldots$ beliebig sind)

$$M(c_n^{(k-1)}) = T_k(c_n^{(k)}) \qquad (k \geqq 1),$$

ausgeschrieben:

$$\frac{c_0^{(k-1)} + \cdots + c_n^{(k-1)}}{n+1} = \frac{k-1}{k} \frac{c_0^{(k)} + \cdots + c_n^{(k)}}{n+1} + \frac{1}{k} c_n^{(k)}.$$

Diese Identität sieht man so ein. Es ist (wobei $S_{-1}^{(k)}$ und $c_{-1}^{(k)}$ Null bedeuten)

$$S_n^{(k)} = S_{n-1}^{(k)} + S_n^{(k-1)},$$

$$\frac{(n+k)!}{n!\,k!} c_n^{(k)} = \frac{n\,(n+k-1)!}{n!\,k!} c_{n-1}^{(k)} + \frac{(n+k-1)!}{n!\,(k-1)!} c_n^{(k-1)},$$

$$k\,c_n^{(k-1)} = (n+k)\,c_n^{(k)} - n\,c_{n-1}^{(k)} = (k-1)\,c_n^{(k)} + ((n+1)\,c_n^{(k)} - n\,c_{n-1}^{(k)}),$$

$$k \sum_{n=0}^{m} c_n^{(k-1)} = (k-1) \sum_{n=0}^{m} c_n^{(k)} + (m+1)\,c_m^{(k)},$$

d. i. obige Identität. Sie möge kurz

$$M(c^{(k-1)}) = T_k(c^{(k)})$$

geschrieben werden.

Nun ist

$$h_n^{(0)} = S_n^{(0)} = c_n^{(0)},$$

$$h_n' = \frac{S_n'}{n+1} = c_n',$$

kurz

$$h' = c',$$

also

$$h'' = M(h') = M(c') = T_2(c''),$$
$$h''' = M(h'') = M T_2(c'') = T_2 M(c'') = T_2 T_3(c'''),$$
$$\cdots \cdots \cdots \cdots \cdots \cdots \cdots$$
$$h^{(k)} = M(h^{(k-1)}) = M T_2 T_3 \ldots T_{k-1}(c^{(k-1)}) = T_2 T_3 \ldots T_{k-1} M(c^{(k-1)})$$
$$= T_2 T_3 \ldots T_{k-1} T_k(c^{(k)}).$$

Wenn also[1]) für ein $k \geqq 2$ bei $n \to \infty$

$$c_n^{(k)} \to s$$

vorausgesetzt wird, so ergibt sich sukzessive

$$T_k(c^{(k)}) \to s,$$
$$T_{k-1} T_k(c^{(k)}) \to s,$$
$$\cdots \cdots \cdots \cdots$$
$$h^{(k)} = T_2 T_3 \ldots T_k(c^{(k)}) \to s$$

(Satz von Schnee).

---

1) Für $k = 0$ und $k = 1$ sind die Behauptungen trivial.

Wenn umgekehrt bei $n \to \infty$

$$h_n^{(k)} \to s$$

vorausgesetzt wird, so ergibt sich sukzessive nach der oben erwähnten Folgerung aus Hilfssatz 2 (für die $T$-Operation)

$$T_3\,T_4 \ldots T_k\,(c^{(k)}) \to s,$$
$$T_4 \ldots T_k\,(c^{(k)}) \to s,$$
$$\cdot \quad \cdot \quad \cdot \quad \cdot \quad \cdot \quad \cdot \quad \cdot$$
$$T_k\,(c^{(k)}) \to s,$$
$$c^{(k)} \to s$$

(Satz von Knopp).

§ 7.

# Beispiel einer nicht summabeln Reihe mit vorhandenem lim $f(x)$.

Ich betrachte die für $|x| < 1$ konvergente Potenzreihe

$$f(x) = e^{\frac{1}{1+x}} = \sum_{n=0}^{\infty} a_n x^n.$$

Bei Annäherung von links existiert $\lim_{x=1} f(x) = e^{\frac{1}{2}}$. Wäre

$$a_0 + a_1 + a_2 + \cdots$$

von $k$ ter Ordnung summabel, so wäre

$$a_n = O(n^k),$$

also für $n \geqq 0$ mit von $n$ freiem $P$

$$|a_n| < P \binom{n+k}{k},$$

also für $0 \leqq r < 1$

$$e^{\frac{1}{1-r}} = f(-r) \leqq \sum_{n=0}^{\infty} |a_n| r^n < P \sum_{n=0}^{\infty} \binom{n+k}{k} r^n = P(1-r)^{-(k+1)},$$

was für nahe an 1 gelegene $r$ nicht richtig ist.

Drittes Kapitel.

# Umkehrungen des Abelschen Stetigkeits-satzes.

## § 8.
### Der Taubersche Satz.

**Voraussetzung:** *Es sei*

$$a_n = o\left(\frac{1}{n}\right),$$

*also*

$$f(x) = \sum_{n=0}^{\infty} a_n x^n$$

*für* $|x| < 1$ *konvergent. Ferner sei für* $x \to 1$ *bei Annäherung von links*

$$f(x) \to 0.$$

**Behauptung:** $\quad \sum_{n=0}^{\infty} a_n = 0.$

**Beweis:** Wenn

$$s_m = \sum_{n=0}^{m} a_n$$

gesetzt wird, ist für $m > 0,\ 0 \leqq x < 1$

$$s_m - f(x) = \sum_{n=1}^{m} a_n(1 - x^n) - \sum_{n=m+1}^{\infty} a_n x^n,$$

also, wegen $1 - x^n = (1 - x)(1 + x + \cdots + x^{n-1}) \leqq (1 - x)\,n,$

$$|s_m - f(x)| \leqq (1 - x) \sum_{n=1}^{m} n\,|a_n| + \sum_{n=m+1}^{\infty} |a_n|\,x^n.$$

Falls $\varepsilon_m$ die obere Grenze von $n\,|a_n|$ für $n > m$ bezeichnet, ist nach Voraussetzung $\varepsilon_m \to 0$. Die letzte Summe wird so abgeschätzt:

$$\sum_{n=m+1}^{\infty} |a_n|\, x^n = \sum_{n=m+1}^{\infty} n\,|a_n|\,\frac{1}{n}\,x^n \leqq \sum_{n=m+1}^{\infty} \varepsilon_m \frac{1}{m}\, x^n$$

$$\leqq \frac{\varepsilon_m}{m} \sum_{n=0}^{\infty} x^n = \frac{\varepsilon_m}{m(1-x)}.$$

Andererseits folgt aus $n\,|a_n| \to 0$ für das arithmetische Mittel

$$\frac{1}{m} \sum_{n=1}^{m} n\,|a_n| \to 0 \quad \text{bei } m \to \infty.$$

Wird also $x = 1 - \dfrac{1}{m}$ gesetzt, so folgt bei $m \to \infty$

$$\left| s_m - f\left(1 - \frac{1}{m}\right) \right| \leqq \frac{1}{m} \sum_{n=1}^{m} n\,|a_n| + \varepsilon_m \to 0,$$

woraus wegen

$$f\left(1 - \frac{1}{m}\right) \to 0$$

die Behauptung

$$s_m \to 0$$

folgt.

**Zusatz:** Scheinbar ist die Annahme $f(x) \to 0$ nicht voll ausgenutzt worden; aber in Wahrheit folgt sie aus $f\left(1 - \dfrac{1}{m}\right) \to 0$ nebst $n a_n \to 0$; denn wegen

$$|n a_n| < c,$$

$$|f'(x)| = \left| \sum_{n=1}^{\infty} n a_n x^{n-1} \right| < c \sum_{n=1}^{\infty} x^{n-1} = \frac{c}{1-x} \qquad (0 < x < 1)$$

ist für $1 - \dfrac{1}{m} < x < 1 - \dfrac{1}{m+1}$

$$\left| f(x) - f\left(1 - \frac{1}{m}\right) \right| = \left| \int_{1-\frac{1}{m}}^{x} f'(y)\, dy \right| < \int_{1-\frac{1}{m}}^{1-\frac{1}{m+1}} \frac{c}{1 - \left(1 - \dfrac{1}{m+1}\right)}\, dy$$

$$= c\,(m+1)\left(\frac{1}{m} - \frac{1}{m+1}\right) = \frac{c}{m},$$

was von $x$ frei ist und für $m \to \infty$ gegen $0$ strebt.

§ 9.

# Ausdehnung auf schräge und krummlinige Annäherung.

## Verallgemeinerung von Landau[1]).

**Voraussetzung:** *Es sei*

$$a_n = o\left(\frac{1}{n}\right).$$

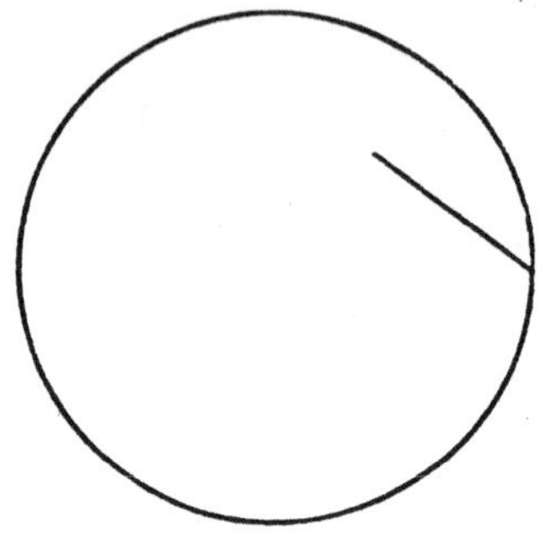

*Ferner sei*

$$f(x) \to 0$$

*für $x \to 1$ bei Annäherung aus dem Innern des Einheitskreises auf irgend einem Strahl oder auch bloß für irgend eine Punktfolge $x_m\,(m = 1, 2, \ldots)$, für die $(r_m > 0,\ \varphi_m \gtrless 0)$*

$$|x_m| < 1, \quad x_m = 1 - r_m e^{\varphi_m i} \to 1$$

*ist, die einem Winkelraum*

$$\cos \varphi_m > \delta > 0$$

*angehört und bei welcher*

$$\left[\frac{1}{r_m}\right] = \left[\frac{1}{|1 - x_m|}\right]$$

*alle hinreichend großen ganzzahligen Werte annimmt.*

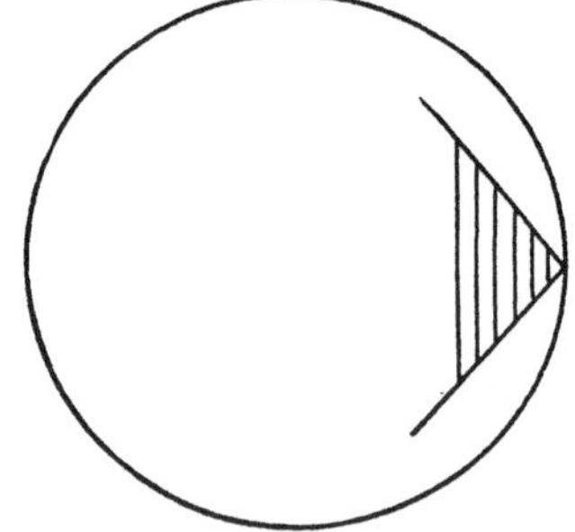

**Behauptung:**
$$\sum_{n=0}^{\infty} a_n = 0.$$

**Beweis:** Für alle um weniger als $\delta$ von 1 entfernten Punkte des Kreises $|x| < 1$, die außerdem $(r > 0,\ \varphi \gtrless 0)$ dem Winkelraum $x = 1 - r e^{\varphi i}$, $\cos \varphi > \delta > 0$ angehören, ist

$$\frac{|1 - x|}{1 - |x|} < c = c(\delta),$$

wie aus der für $r < \delta$ gültigen Abschätzung

$$|x| = 1 - 2r\cos\varphi + r^2 < 1 - 2r\delta + r\delta = 1 - r\delta < 1 - r\delta + \frac{r^2\delta^2}{4} = \left(1 - \frac{r\delta}{2}\right)^2,$$

---

1) Landau 3, S. 15.

$$|x| < 1 - \frac{r\delta}{2} = 1 - \frac{\delta}{2}\,|1-x|\,,$$

$$\frac{|1-x|}{1-|x|} < \frac{2}{\delta}$$

hervorgeht.

Ohne Beschränkung der Allgemeinheit kann ich daher annehmen, daß die gegebene Folge $x_m$ für $m \geqq 1$ den Bedingungen genügt:

$$|x_m| < 1, \quad \frac{|1-x_m|}{1-|x_m|} < c, \quad \left[\frac{1}{|1-x_m|}\right] = m.$$

Dann ist (weil nämlich für $n \geqq 1$ im Einheitskreis $|1-x^n| = |(1-x)(1+x+\cdots+x^{n-1})| \leqq |1-x|\,n$ ist)

$$|s_m - f(x_m)| = \left| \sum_{n=1}^{m} a_n(1-x_m^n) - \sum_{n=m+1}^{\infty} a_n x_m^n \right|$$

$$\leqq \sum_{n=1}^{m} |a_n|\,|1-x_m|\,n + \sum_{n=0}^{\infty} \frac{\varepsilon_m}{m}\,|x_m|^n$$

$$= |1-x_m| \sum_{n=1}^{m} n\,|a_n| + \frac{\varepsilon_m}{m(1-|x_m|)}$$

$$\leqq m\,|1-x_m|\,\frac{\sum\limits_{n=1}^{m} n\,|a_n|}{m} + \frac{c\,\varepsilon_m}{m\,|1-x_m|}.$$

Wegen $m\,|1-x_m| \to 1$ strebt die rechte Seite für $m \to \infty$ gegen $0$; aus

$$f(x_m) \to 0$$

folgt schließlich

$$s_m \to 0.$$

## Verallgemeinerung von Hardy-Littlewood [1]).

**Voraussetzung:** *Es sei*

$$a_n = o\left(\frac{1}{n}\right).$$

*Ferner sei*

$$f(x) \to 0$$

*für $x \to 1$ bei Annäherung längs irgend eines Kreisbogens, der den Einheitskreis von innen berührt; oder auch bloß längs irgend eines aus dem Einheitskreise kom-*

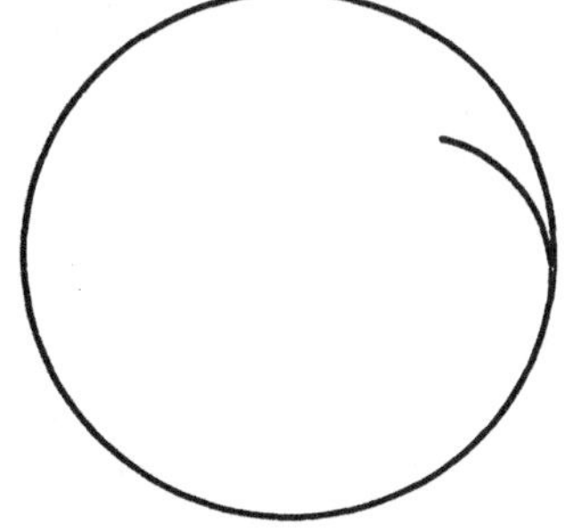

---

1) **Hardy** und **Littlewood** 1, S. 476.

*menden, in 1 mündenden Kurvenbogens, bei dem die Ordinate eine eindeutige, stetige, monotone Funktion der Abszisse ist (wie steil er auch münde).*

**Behauptung:** $\displaystyle\sum_{n=0}^{\infty} a_n = 0.$

**Beweis:** $x$ sei ein fester Punkt des Kurvenbogens, $y$ ein variabler Punkt auf dem Bogen zwischen $x$ und 1. Bei Integration längs des Bogens strebt

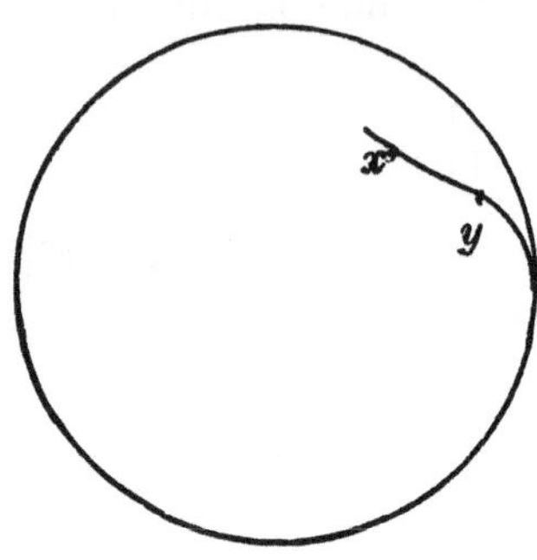

$$\int_x^y f(z)\,dz = \sum_{n=0}^{\infty} a_n\left(\frac{y^{n+1}}{n+1} - \frac{x^{n+1}}{n+1}\right),$$

falls $y$ (auf dem Bogen) nach 1 rückt, gegen den Grenzwert

$$\int_x^1 f(z)\,dz = \sum_{n=0}^{\infty} a_n\,\frac{1-x^{n+1}}{n+1};$$

denn

$$\sum_{n=0}^{\infty} \frac{|a_n|}{n+1}$$

konvergiert, so daß

$$\sum_{n=0}^{\infty} \frac{a_n\,y^{n+1}}{n+1}$$

für $|y| \leqq 1$ gleichmäßig konvergiert.

Die Funktion $\displaystyle\int_x^1 f(z)\,dz$ ist, wenn $x$ auf dem Bogen nach 1 läuft, $o\,|1-x|$; denn, wenn $x$ (auf dem Bogen) hinreichend nahe an 1 liegt, ist unterwegs $|f(z)| < \delta$ und die Weglänge $\leqq |1-x|\,\sqrt{2}$. Also ist, immer bei Annäherung auf dem Kurvenbogen,

$$\sum_{n=0}^{\infty} a_n\,\frac{1-x^{n+1}}{n+1} = o\,|1-x|$$

Wenn

$$m = \left[\frac{1}{|1-x|}\right]$$

gesetzt wird, was bei $x \to 1$ alle hinreichend großen ganzen Zahlen durchläuft, ist

$$\left|\sum_{n=m+1}^{\infty} a_n\,\frac{1-x^{n+1}}{n+1}\right| \leqq \sum_{n=m+1}^{\infty} \frac{2\,|a_n|}{n+1} \leqq \sum_{n=m+1}^{\infty} \frac{2\,\varepsilon_m}{n(n+1)}$$

$$= \frac{2\,\varepsilon_m}{m+1} = o\,|1-x|,$$

also

$$\sum_{n=0}^{m} a_n \frac{1-x^{n+1}}{n+1} = o\,|1-x|,$$

$$\sum_{n=0}^{m} a_n \frac{1+x+\cdots+x^n}{n+1} \to 0.$$

Nun ist für $|x| < 1$, $n \geqq 1$

$$\left| \frac{1+x+\cdots+x^n}{n+1} - 1 \right| = \frac{|(x-1)+(x^2-1)+\cdots+(x^n-1)|}{n+1}$$

$$= \frac{|x-1|\cdot|1+(x+1)+\cdots+(x^{n-1}+\cdots+x+1)|}{n+1}$$

$$\leqq \frac{|x-1|(1+2+\cdots+n)}{n+1} = \frac{|1-x|\,n}{2} < |1-x|\,n,$$

also für $x \to 1$ längs des Bogens

$$\left| \sum_{n=0}^{m} a_n \frac{1+x+\cdots+x^n}{n+1} - s_m \right| = \left| \sum_{n=1}^{m} a_n \left( \frac{1+x+\cdots+x^n}{n+1} - 1 \right) \right|$$

$$\leqq |1-x| \sum_{n=1}^{m} n\,|a_n| = o\left( |1-x|\,\frac{1}{|1-x|} \right) = o(1) \to 0,$$

folglich bei $m \to \infty$

$$s_m \to 0.$$

## § 10.

## Die Hardy-Littlewoodsche Umkehrung des Abelschen Stetigkeitssatzes.

Ich kehre zu dem alten, prägnantesten Wortlaut des § 8 mit Annäherung längs der positiven Achse zurück. Littlewood[1] hatte die wichtige Entdeckung gemacht, daß die Voraussetzung $a_n = o\left(\dfrac{1}{n}\right)$ durch die schwächere $a_n = O\left(\dfrac{1}{n}\right)$ ersetzt werden kann. Offenbar würde es genügen, dies für reelle $a_n$ zu beweisen. Die Wiedergabe des Beweises erübrigt sich, weil Hardy und Littlewood später gefunden haben, daß, die Konvergenz der Potenzreihe für $|x| < 1$ vorausgesetzt, statt dieser Beschränktheit von $n\,a_n$ einseitige Beschränktheit ausreicht; es lautet also der

---

1) Littlewood, S. 438.

## Hardy-Littlewoodsche Satz:

**Voraussetzung:** *Es sei für* $n \geqq 1$

$$a_n < \frac{c}{n} \qquad\qquad (c > 0).$$

*Es sei ferner*

$$f(x) = \sum_{n=0}^{\infty} a_n x^n$$

*für* $|x| < 1$ *konvergent und bei reeller Annäherung* $x \to 1$

$$f(x) \to 0.$$

**Behauptung:** $\qquad \sum_{n=0}^{\infty} a_n = 0.$

Dieser Satz liegt sehr tief. Dem Beweise schicke ich vier Hilfssätze voraus, in denen alle Zahlen reell sind.

### Hilfssatz 1.

**Voraussetzung:** *Es sei* $\alpha \geqq 0$ *und bei* $t \to +0$

$$f(t) = o(t^{-\alpha}),$$
$$f''(t) < O(t^{-\alpha-2}).$$

**Behauptung:** $\qquad f'(t) = o(t^{-\alpha-1}).$

**Beweis:** $\qquad f''(t) < Pt^{-\alpha-2}$ für $0 < t < P_1$.

Es sei $0 < \varepsilon < \frac{1}{4}$. Für $0 < t < \tau = \tau(\varepsilon) < P_1$ ist

$$|f(t)| < \varepsilon t^{-\alpha}.$$

Für $0 < t < \frac{2}{3}\tau$ ist

$$\frac{t}{2} < t \pm \sqrt{\varepsilon}\,t < \frac{3}{2}\,t < \tau,$$

also nach dem **Taylor**schen Satz, mit $0 < \vartheta < 1$,

$$-2\varepsilon\left(\frac{t}{2}\right)^{-\alpha} < f(t \pm \sqrt{\varepsilon}\,t) - f(t) = \pm\sqrt{\varepsilon}\,t f'(t) + \frac{\varepsilon t^2}{2} f''(t \pm \vartheta \sqrt{\varepsilon}\,t)$$

$$< \pm \sqrt{\varepsilon}\,t f'(t) + \frac{\varepsilon t^2}{2} P\left(\frac{t}{2}\right)^{-\alpha-2},$$

$$\mp f'(t) < P_2 \sqrt{\varepsilon}\,t^{-\alpha-1},$$

$$|f'(t)| < P_2 \sqrt{\varepsilon}\,t^{-\alpha-1}.$$

### Hilfssatz 2.

**Voraussetzung:** *Bei* $t \to +0$ *sei*

$$\varphi(t) = o(t^{-1}),$$
$$\varphi^{(\nu)}(t) = O(t^{-\nu-1}) \text{ für jedes ganze } \nu \geqq 0.$$

**Behauptung:** $\varphi^{(\nu)}(t) = o(t^{-\nu-1})$ *für jedes ganze* $\nu \geqq 0$.

**Beweis:** Für $\nu = 0$ ist dies vorausgesetzt. Es sei für ein $\nu \geqq 0$ wahr; nach Voraussetzung ist

$$\varphi^{(\nu+2)}(t) = O(t^{-\nu-3}),$$

also nach Hilfssatz 1 (mit $f(t) = \varphi^{(\nu)}(t)$, $\alpha = \nu + 1$)

$$\varphi^{(\nu+1)}(t) = o(t^{-\nu-2}).$$

### Hilfssatz 3.

**Voraussetzung:** *Es sei*

$$f(t) = \sum_{n=1}^{\infty} a_n e^{-nt}$$

*für* $t > 0$ *konvergent,*

$$f(t) = o(1) \ \textit{bei} \ t \to +0,$$

$$a_n < \frac{1}{n} \ \textit{für} \ n \geqq 1.$$

*Es werde*

$$s(u) = \sum_{n \leqq u} a_n \ \textit{für} \ u \geqq 0$$

*gesetzt (auch wenn* $u$ *nicht ganz ist).*

**Behauptung:** 1) $s(m)$ *ist für ganzes* $m > 0$ *beschränkt, also* $s(u)$ *für* $u \geqq 0$ *beschränkt, also mit von* $\varkappa, \lambda$ *freiem* $p$

$$|s(\lambda) - s(\varkappa)| < p \ \textit{für} \ \varkappa \geqq 0, \ \lambda \geqq 0.$$

2) *Für jedes ganze* $\nu \geqq 0$ *ist bei* $t \to +0$

$$\int_0^{\infty} s\left(\frac{y}{t}\right) y^\nu e^{-y} dy = o(1).$$

**Beweis:** 1) $f''(t) = \sum_{n=1}^{\infty} n^2 a_n e^{-nt} < \sum_{n=1}^{\infty} n e^{-nt} = O(t^{-2})$,

also nach Hilfssatz 1 (mit $\alpha = 0$)

$$f'(t) = -\sum_{n=1}^{\infty} n a_n e^{-nt} = O(t^{-1}).$$

Wird

$$w_m = \sum_{n=1}^{m} n a_n$$

gesetzt, so ist für $m > 0$

$$0 < \sum_{n=1}^{m} (1 - n a_n) = m - w_m \leqq e \sum_{n=1}^{m} (1 - n a_n) e^{-\frac{n}{m}}$$

$$< e \sum_{n=1}^{\infty} (1 - n a_n) e^{-\frac{n}{m}} = e \sum_{n=1}^{\infty} e^{-\frac{n}{m}} + e f'\left(\frac{1}{m}\right) = O(m),$$

$$w_m = O(m),$$

$$s(m) = \sum_{n=1}^{m} \frac{w_n - w_{n-1}}{n} = \sum_{n=1}^{m} w_n \left( \frac{1}{n} - \frac{1}{n+1} \right) + \frac{w_m}{m+1}$$

$$= \sum_{n=1}^{m} \frac{w_n}{n(n+1)} + O(1)$$

$$= \sum_{n=1}^{m} \frac{w_n}{n(n+1)} \left( 1 - e^{-\frac{n}{m}} \right) - \sum_{n=m+1}^{\infty} \frac{w_n}{n(n+1)} e^{-\frac{n}{m}}$$

$$+ \sum_{n=1}^{\infty} \frac{w_n}{n(n+1)} e^{-\frac{n}{m}} + O(1)$$

$$= O \sum_{n=1}^{m} \frac{1}{n} \frac{n}{m} + O \sum_{n=m+1}^{\infty} \frac{1}{m} e^{-\frac{n}{m}} + \sum_{n=1}^{\infty} \frac{w_n}{n(n+1)} e^{-\frac{n}{m}} + O(1)$$

$$= \sum_{n=1}^{\infty} w_n e^{-\frac{n}{m}} \left( \frac{1}{n} - \frac{1}{n+1} \right) + O(1)$$

$$= \sum_{n=1}^{\infty} w_n \left( \frac{e^{-\frac{n}{m}}}{n} - \frac{e^{-\frac{n+1}{m}}}{n+1} \right)$$

$$- \sum_{n=1}^{\infty} \frac{w_n}{n+1} \left( e^{-\frac{n}{m}} - e^{-\frac{n+1}{m}} \right) + O(1)$$

$$= \sum_{n=1}^{\infty} (w_n - w_{n-1}) \frac{1}{n} e^{-\frac{n}{m}} - \left( 1 - e^{-\frac{1}{m}} \right) \sum_{n=1}^{\infty} \frac{w_n}{n+1} e^{-\frac{n}{m}} + O(1)$$

$$= f\left( \frac{1}{m} \right) + O\left( \frac{1}{m} \sum_{n=1}^{\infty} e^{-\frac{n}{m}} \right) + O(1) = O(1).$$

2) Für $t > 0$ ist nach 1)

$$t^{-1} f(t) = t^{-1} \sum_{n=1}^{\infty} s(n) \left( e^{-nt} - e^{-(n+1)t} \right) = t^{-1} \sum_{n=1}^{\infty} \int_{n}^{n+1} s(u) t e^{-ut} du$$

$$= \int_{0}^{\infty} s(u) e^{-ut} du,$$

$$\varphi(t) = \int_{0}^{\infty} s(u) e^{-ut} du = o(t^{-1}),$$

$$\varphi^{(\nu)}(t) = (-1)^{\nu} \int_{0}^{\infty} s(u) u^{\nu} e^{-ut} du = O \int_{0}^{\infty} u^{\nu} e^{-ut} du = O(t^{-\nu-1}).$$

Nach Hilfssatz 2 ist also

$$\varphi^{(\nu)}(t) = o(t^{-\nu-1}).$$

Aus

$$\varphi^{(\nu)}(t) = (-1)^\nu t^{-\nu-1} \int_0^\infty s\left(\frac{y}{t}\right) y^\nu e^{-y}\, dy$$

folgt nunmehr die Behauptung.

### Hilfssatz 4.

**Voraussetzung:** *Für ganzes $\nu > 0$ sei*

$$\varepsilon = \nu^{-\frac{1}{3}},$$

$$p > 0,$$

$$P_\nu = \int_0^\infty y^\nu e^{-y}\, dy,$$

$$Q_\nu = p \int_0^{\nu(1-\varepsilon)} y^\nu e^{-y}\, dy + 6\,\varepsilon \int_{\nu(1-\varepsilon)}^{\nu(1+\varepsilon)} y^\nu e^{-y}\, dy + p \int_{\nu(1+\varepsilon)}^\infty y^\nu e^{-y}\, dy.$$

**Behauptung:** $\qquad Q_\nu = o(P_\nu).$

**Beweis:**

$$\int_0^{\nu(1-\varepsilon)} y^\nu e^{-y}\, dy = (1-\varepsilon)(1-\varepsilon)^\nu \int_0^\nu z^\nu e^{-z(1-\varepsilon)}\, dz \leqq \left((1-\varepsilon)e^\varepsilon\right)^\nu P_\nu,$$

$$6\,\varepsilon \int_{\nu(1-\varepsilon)}^{\nu(1+\varepsilon)} y^\nu e^{-y}\, dy < 6\,\varepsilon\, P_\nu,$$

$$\int_{\nu(1+\varepsilon)}^\infty y^\nu e^{-y}\, dy = (1+\varepsilon)(1+\varepsilon)^\nu \int_\nu^\infty z^\nu e^{-z(1+\varepsilon)}\, dz \leqq 2\left((1+\varepsilon)e^{-\varepsilon}\right)^\nu P_\nu,$$

$$\left((1 \mp \varepsilon)e^{\pm\,\varepsilon}\right)^\nu = e^{\left(-\frac{\varepsilon^2}{2} + O(\varepsilon^3)\right)\varepsilon^{-3}} = e^{-\frac{\varepsilon^{-1}}{2} + O(1)} = o(1).$$

### Beweis des Hardy-Littlewoodschen Satzes.

Ohne Beschränkung der Allgemeinheit sei $a_0 = 0$ (sonst betrachte man $f(x) - a_0(1-x)$) und $c = 1$ $\left(\text{sonst betrachte man } \dfrac{f(x)}{c}\right).$

Für

ganzes $\nu > 8$, $\varepsilon = \nu^{-\frac{1}{3}}$, $0 < t < 1$, $\dfrac{\nu(1-\varepsilon)}{t} \leqq \varkappa \leqq \lambda \leqq \dfrac{\nu(1+\varepsilon)}{t}$

ist

$$s(\lambda) - s(\varkappa) \leqq \sum_{\varkappa < n \leqq \lambda} \frac{1}{n} < \frac{\lambda - \varkappa + 1}{\varkappa} < \frac{\lambda - \varkappa}{\varkappa} + \frac{1}{\nu(1-\varepsilon)}$$

$$\leqq \frac{2\varepsilon}{1-\varepsilon} + \frac{\varepsilon^3}{1-\varepsilon} < \frac{3\varepsilon}{1-\varepsilon} < 6\varepsilon.$$

Daher ist für ganzes $\nu > 8$, $\varepsilon = \nu^{-\frac{1}{3}}$, $0 < t < 1$

$$\int_0^\infty \left( s\left(\frac{y}{t}\right) - s\left(\frac{\nu(1-\varepsilon)}{t}\right) \right) y^\nu e^{-y} dy < Q_\nu$$

und

$$\int_0^\infty \left( s\left(\frac{\nu(1+\varepsilon)}{t}\right) - s\left(\frac{y}{t}\right) \right) y^\nu e^{-y} dy < Q_\nu,$$

da die Klammern in beiden Integralen nach Hilfssatz 3, 1) stets $< p$ und ferner $< 6\varepsilon$ für $\nu(1-\varepsilon) \leqq y \leqq \nu(1+\varepsilon)$ sind. Nach Hilfssatz 3, 2) ist bei $t \to 0$ das erste Integral

$$- s\left(\frac{\nu(1-\varepsilon)}{t}\right) P_\nu + o(1),$$

das zweite

$$s\left(\frac{\nu(1+\varepsilon)}{t}\right) P_\nu + o(1).$$

Daher ist bei $t \to +0$

$$s\left(\frac{\nu(1-\varepsilon)}{t}\right) > -\frac{Q_\nu}{P_\nu} + o(1), \quad s\left(\frac{\nu(1+\varepsilon)}{t}\right) < \frac{Q_\nu}{P_\nu} + o(1).$$

Folglich ist (für $\nu > 8$)

$$\varliminf_{u = \infty} s(u) \geqq -\frac{Q_\nu}{P_\nu}, \quad \varlimsup_{u = \infty} s(u) \leqq \frac{Q_\nu}{P_\nu}.$$

$\nu \to \infty$ gibt nach Hilfssatz 4

$$s(u) \to 0,$$

$$\sum_{n=1}^\infty a_n = 0.$$

## § 11.

## Einige Nachträge.

Ich kehre zu einfacheren Dingen zurück und beweise, lediglich, weil sie nachher angewendet werden, noch zwei Sätze aus diesem Ideenkreis.

## Satz A.

**Voraussetzung:**

$$a_n = o\left(\frac{1}{n}\right).$$

*Es sei ferner bei wachsendem* $r$

$$\lim_{r=1} f\left(r\,e^{\varphi i}\right) = g(\varphi)$$

*gleichmäßig für alle reellen* $\varphi$ *vorhanden.*

**Behauptung:** *Es ist die Reihe*

$$\sum_{n=0}^{\infty} a_n e^{n\varphi i}$$

*gleichmäßig konvergent und* $= g(\varphi)$.

## Satz B.

**Voraussetzung:**

$$a_n = O\left(\frac{1}{n}\right).$$

*Es sei ferner* $\varphi$ *reell und* $f(x)$ *für* $|x| < 1$ *beschränkt:*

$$|f(x)| < M.$$

**Behauptung:**

$$\left| \sum_{n=0}^{m} a_n e^{n\varphi i} \right| < N,$$

*wo* $N$ *von* $\varphi$ *und* $m$ *unabhängig ist.*

**Beweis von Satz A und Satz B:** Für $0 < r < 1$ und $m > 1$ ist

$$\sum_{n=0}^{m} a_n e^{n\varphi i} - f\left(r\,e^{\varphi i}\right) = \sum_{n=0}^{m} a_n e^{n\varphi i}\left(1 - r^n\right) - \sum_{n=m+1}^{\infty} a_n r^n e^{n\varphi i},$$

$$\left| \sum_{n=0}^{m} a_n e^{n\varphi i} - f\left(r\,e^{\varphi i}\right) \right| \leqq (1-r) \sum_{n=1}^{m} n\,|a_n| + \sum_{n=m+1}^{\infty} |a_n|\,r^n.$$

1) Im Falle $a_n = o\left(\frac{1}{n}\right)$ strebt, $r = 1 - \frac{1}{m}$ gesetzt, wie beim Beweise des Satzes aus § 8 gezeigt, die (von $\varphi$ freie) rechte Seite mit $m \to \infty$ gegen 0, womit offenbar Satz A bewiesen ist.

2) Im Falle $|n\,a_n| < c$ ist für $r = 1 - \frac{1}{m}$ die rechte Seite

$$< \frac{1}{m} \sum_{n=1}^{m} c + \frac{c}{m} \sum_{n=m+1}^{\infty} r^n < c + \frac{c}{m} \sum_{n=0}^{\infty} r^n = 2c,$$

also, wegen $\left| f\left( \left(1 - \dfrac{1}{m}\right) e^{\varphi i} \right) \right| < M,$

$$\left| \sum_{n=0}^{m} a_n e^{n\varphi i} \right| < M + 2c;$$

also gibt es ein $N$ verlangter Art.

## § 12.
## Ein Satz von M. Riesz.

**Voraussetzung:** *Es bezeichne $S$ den Sektor*

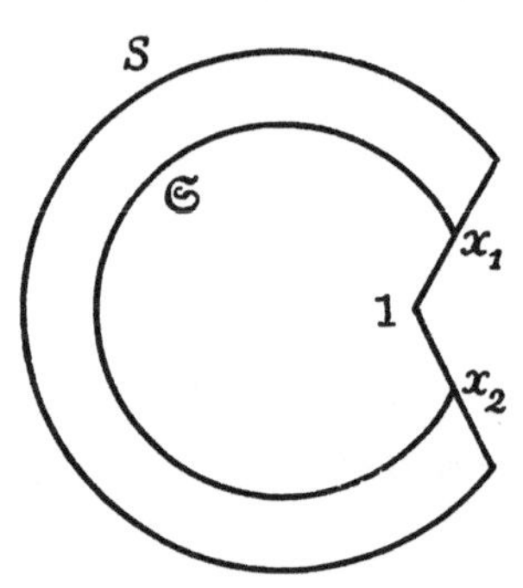


$$\begin{cases} |x| \leqq R & (R > 1), \\ \vartheta \leqq \operatorname{arc}(x-1) \leqq 2\pi - \vartheta & \left(0 < \vartheta < \dfrac{\pi}{2}\right). \end{cases}$$

*Es sei $f(x)$ im Sektor $S$ einschließlich des Randes stetig und ebenda exkl. $x = 1$ regulär.*

    **Behauptung:** *Die für $|x| < 1$ gültige Potenzreihe*

$$f(x) = \sum_{n=0}^{\infty} a_n x^n$$

*konvergiert für $|x| = 1$ und zwar gleichmäßig.*

    **Beweis:** Nach Satz A des § 11 ist es hinreichend,

$$a_n = o\left(\frac{1}{n}\right)$$

zu beweisen. Ohne Beschränkung der Allgemeinheit sei $f(1) = 0$. Es bezeichne $M$ das Maximum von $|f(x)|$ für den Sektor $S$.

$\delta > 0$ sei gegeben. $r = r(\delta)$ werde so gewählt, daß $1 < r < R$ ist und daß auf dem geradlinigen Randteile des Sektors $\mathfrak{S}$

$$|x| \leqq r, \quad \vartheta \leqq \operatorname{arc}(x-1) \leqq 2\pi - \vartheta$$

die Ungleichung

$$|f(x)| < \delta$$

besteht.

    Nach dem (wegen der Stetigkeit von $f(x)$ auf den Rand von $\mathfrak{S}$ ausdehnbaren) Cauchyschen Satz ist

$$a_n = \frac{1}{2\pi i}\left( \int_1^{x_1} \frac{f(x)}{x^{n+1}}\, dx + \int_{x_1}^{x_2} \frac{f(x)}{x^{n+1}}\, dx + \int_{x_2}^1 \frac{f(x)}{x^{n+1}}\, dx \right).$$

Hierin ist für $n > 0$

$$\left| \int_1^{x_1} \frac{f(x)}{x^{n+1}}\, dx \right| \leqq \delta \int_0^{|x_1 - 1|} \frac{dy}{|1 + e^{\vartheta i}\, y|^{n+1}} \leqq \delta \int_0^{|x_1 - 1|} \frac{dy}{(1 + y \cos \vartheta)^{n+1}}$$

$$< \delta \int_0^\infty \frac{dy}{(1 + y \cos \vartheta)^{n+1}} = \frac{\delta}{n \cos \vartheta},$$

ebenso

$$\left| \int_{x_2}^1 \frac{f(x)}{x^{n+1}}\, dx \right| < \frac{\delta}{n \cos \vartheta},$$

endlich

$$\left| \int_{x_1}^{x_2} \frac{f(x)}{x^{n+1}}\, dx \right| \leqq 2\,\pi\,r\, \frac{M}{r^{n+1}} = \frac{2\,\pi\,M}{r^n},$$

also

$$|a_n| < \frac{\delta}{\pi \cos \vartheta} \cdot \frac{1}{n} + \frac{M}{r^n},$$

$$\overline{\lim_{n = \infty}}\; n\,|a_n| \leqq \frac{\delta}{\pi \cos \vartheta}$$

für alle $\delta > 0$, folglich

$$\lim_{n = \infty}\; n\,|a_n| = 0.$$

## § 13.

## Ein Satz von Fejér.

**Voraussetzung:** $\displaystyle\sum_{n=0}^\infty n\,|a_n|^2$ *konvergiere.*

**Behauptung:** $\displaystyle\sum_{n=0}^\infty a_n\, x^n$

*konvergiert in allen Punkten auf dem Rande des Einheitskreises, für welche bei radialer Annäherung die Funktion einen Limes hat. Und zwar gleichmäßig in jeder Menge, für welche der Limes gleichmäßig vorhanden ist.*

**Vorbemerkungen:** 1) Die Voraussetzung ist sicher erfüllt, wenn

$$f(x) = \sum_{n=0}^\infty a_n\, x^n$$

für $|x| < 1$ regulär, beschränkt und schlicht ist. Denn dann ist die Fläche des Bildes des Kreises $|x| = r$, $0 < r < 1$, welche

$$= \iint\limits_{u^2+v^2 \leqq r^2} |f'(u+vi)|^2\, du\, dv = \int_{\varrho=0}^{r} \int_{\varphi=0}^{2\pi} |f'(\varrho\, e^{\varphi i})|^2\, \varrho\, d\varrho\, d\varphi$$

$$= \int_0^r \varrho\, d\varrho \int_0^{2\pi} |f'(\varrho\, e^{\varphi i})|^2\, d\varphi = \int_0^r \varrho\, d\varrho\, 2\pi \sum_{n=1}^{\infty} n^2 |a_n|^2 \varrho^{2n-2}$$

$$= 2\pi \sum_{n=1}^{\infty} n^2 |a_n|^2 \int_0^r \varrho^{2n-1}\, d\varrho = \pi \sum_{n=1}^{\infty} n |a_n|^2 r^{2n}$$

ist, für $0 < r < 1$ beschränkt, woraus die Konvergenz von

$$\sum_{n=0}^{\infty} n |a_n|^2$$

folgt.

In Verbindung mit dem Fatouschen Satz des § 5 ergibt sich dann also, daß $\sum_{n=0}^{\infty} a_n e^{n\varphi i}$ für alle $\varphi$ mit $0 \leqq \varphi \leqq 2\pi$ bis auf eine Nullmenge konvergiert.

2) Wenn $\sum_{n=0}^{\infty} n |a_n|^2$ konvergiert und überdies $\lim\limits_{r=1} f(r\, e^{\varphi i})$ gleichmäßig für alle reellen $\varphi$ vorhanden ist, m. a. W. überdies $f(x)$ eine für $|x| \leqq 1$ stetige, für $|x| < 1$ reguläre Funktion ist, so besagt die Behauptung gleichmäßige Konvergenz auf dem ganzen Rande.

**Beweis:** Ich setze

$$\sum_{n=\nu}^{\infty} n |a_n|^2 = \varepsilon_\nu.$$

Dann ist, den trivialen Fall eines ganzen rationalen $f(x)$ beiseite gelassen, $\varepsilon_\nu > 0$ und $\varepsilon_\nu \to 0$. Ich nehme $\nu$ gleich so groß, daß $r_\nu = 1 - \dfrac{\sqrt{\varepsilon_\nu}}{\nu} > 0$ ist. Dann ist für alle reellen $\varphi$

$$\left| \sum_{n=0}^{\nu} a_n e^{n\varphi i} - f(r_\nu e^{\varphi i}) \right| = \left| \sum_{n=0}^{\nu} a_n e^{n\varphi i}(1-r_\nu^n) - \sum_{n=\nu+1}^{\infty} a_n r_\nu^n e^{n\varphi i} \right|$$

$$\leqq (1-r_\nu) \sum_{n=0}^{\nu} n |a_n| + \sum_{n=\nu+1}^{\infty} |a_n| r_\nu^n.$$

Die rechte Seite ist von $\varphi$ frei; die Behauptung wird also bewiesen sein, wenn gezeigt wird, daß sie $\to 0$ für $\nu \to \infty$ ist. Nun ist sie aber unter Anwendung der Cauchyschen Ungleichung

$$\leqq (1-r_\nu) \sum_{n=0}^{\nu} \sqrt{n} \cdot \sqrt{n}\,|a_n| + \frac{1}{\sqrt{\nu}} \sum_{n=\nu+1}^{\infty} \sqrt{n}\,|a_n|\,r_\nu^n$$

$$\leqq (1-r_\nu) \sqrt{\sum_{n=0}^{\nu} n \cdot \sum_{n=0}^{\nu} n\,|a_n|^2} + \frac{1}{\sqrt{\nu}} \sqrt{\sum_{n=\nu+1}^{\infty} n\,|a_n|^2 \sum_{n=\nu+1}^{\infty} r_\nu^{2n}}$$

$$\leqq (1-r_\nu)\sqrt{\nu^2 \cdot \varepsilon_0} + \frac{1}{\sqrt{\nu}} \sqrt{\varepsilon_\nu \frac{1}{1-r_\nu}} = \sqrt{\varepsilon_0}\,\sqrt{\varepsilon_\nu} + \sqrt[4]{\varepsilon_\nu} \to 0.$$

## Viertes Kapitel

# Über einige Merkwürdigkeiten des Verhaltens von Potenzreihen auf dem Rande.

## § 14.

### Hardysches Beispiel.

*Es gibt eine Potenzreihe, die für $|x| = 1$ gleichmäßig, aber nicht absolut konvergiert.*

**Beweis:** Die Funktion

$$g(x) = (1-x)^{-i} = \sum_{n=0}^{\infty} (-1)^n \binom{-i}{n} x^n = \sum_{n=0}^{\infty} b_n x^n$$

ist für $|x| < 1$ regulär und beschränkt, weil ja dort

$$g(x) = e^{-i \log (1-x)}$$

mit $-\dfrac{\pi}{2} < \Im \log (1-x) < \dfrac{\pi}{2}$ ist. Es ist

$$|n\, b_n| = n \left| \frac{i(i+1)\ldots(i+n-1)}{1\ldots(n-1)} \frac{1}{n} \right|$$

$$= \sqrt{\left(1+\frac{1}{1^2}\right)\cdots\left(1+\frac{1}{(n-1)^2}\right)} \rightarrow \sqrt{\prod_{v=1}^{\infty}\left(1+\frac{1}{v^2}\right)},$$

also einerseits

$$b_n = O\!\left(\frac{1}{n}\right),$$

andererseits

$$\sum_{n=2}^{\infty} \frac{|b_n|}{\log n}$$

divergent. Nach dem Satz B des § 11 ist wegen $b_n = O\!\left(\dfrac{1}{n}\right)$ und der Beschränktheit von $g(x)$, wenn für $m \geqq 1$, $\varphi \gtrless 0$

$$B_m(\varphi) = \sum_{n=2}^{m} b_n e^{n\varphi i}$$

gesetzt wird,

$$|B_m(\varphi)| < c,$$

wo $c$ von $m$ und $\varphi$ frei ist.

Wird nun für $n \geqq 2$

$$a_n = \frac{b_n}{\log n},$$

$$f(x) = \sum_{n=2}^{\infty} a_n x^n = \sum_{n=2}^{\infty} \frac{b_n}{\log n} x^n$$

gesetzt, so ist erstens

$$\sum_{n=2}^{\infty} |a_n|$$

divergent; zweitens

$$\sum_{n=2}^{\infty} a_n e^{n\varphi i}$$

gleichmäßig konvergent, wie aus der für ganze $u$, $v$ mit $v \geqq u \geqq 2$ gültigen Abschätzung

$$\left| \sum_{n=u}^{v} a_n e^{n\varphi i} \right| = \left| \sum_{n=u}^{v} \frac{B_n(\varphi) - B_{n-1}(\varphi)}{\log n} \right|$$

$$= \left| \sum_{n=u}^{v} B_n(\varphi) \left( \frac{1}{\log n} - \frac{1}{\log(n+1)} \right) - \frac{B_{u-1}(\varphi)}{\log u} + \frac{B_v(\varphi)}{\log(v+1)} \right|$$

$$< c \sum_{n=u}^{v} \left( \frac{1}{\log n} - \frac{1}{\log(n+1)} \right) + \frac{c}{\log u} + \frac{c}{\log(v+1)} = \frac{2c}{\log u}$$

hervorgeht.

§ 15.

## Lusinsches Beispiel.

*Es gibt eine Potenzreihe*

$$f(x) = \sum_{n=0}^{\infty} a_n x^n$$

*mit $a_n \to 0$, welche auf dem ganzen Rande des Einheitskreises divergiert.*

**Beweis:** Für ganzes $m > 0$ setze ich

$$g_m(x) = 1 + x + \cdots + x^{m-1} = \frac{1 - x^m}{1 - x}.$$

Dann ist für $\varphi \gtrless 0$, $\xi = e^{\varphi i} \neq 1$

$$|g_m(\xi)| = \left| \frac{1 - e^{m\varphi i}}{1 - e^{\varphi i}} \right| = \left| \frac{e^{-\frac{m}{2}\varphi i} - e^{\frac{m}{2}\varphi i}}{e^{-\frac{\varphi}{2} i} - e^{\frac{\varphi}{2} i}} \right| = \left| \frac{\sin \frac{m\varphi}{2}}{\sin \frac{\varphi}{2}} \right|.$$

Auf dem Kreisbogen $-\dfrac{\pi}{m} \leq \varphi \leq \dfrac{\pi}{m}$ exkl. $\varphi = 0$ ist also $\left(\text{wegen } \left| \dfrac{m\varphi}{2} \right| \leq \dfrac{\pi}{2}\right)$

$$|g_m(\xi)| \geq \frac{\frac{2}{\pi} \left| \frac{m\varphi}{2} \right|}{\left| \frac{\varphi}{2} \right|} = \frac{2}{\pi} m,$$

und diese Abschätzung $\dfrac{2}{\pi} m$ gilt auch für $\varphi = 0$. Für jedes $\xi = e^{\varphi i}$, $\varphi \gtrless 0$, gibt es also $\left(\text{da jener Bogen die Länge } \dfrac{2\pi}{m} \text{ hat}\right)$ ein ganzes $k$ des Intervalls $0 \leq k < m$, so daß

$$\left| g_m\left(e^{-\frac{2\pi k}{m} i} \xi\right) \right| \geq \frac{2}{\pi} m$$

ist; wir merken uns

$$\underset{0 \leq k < m}{\text{Max.}} \left| g_m\left(e^{-\frac{2\pi k}{m} i} \xi\right) \right| \geq \frac{2}{\pi} m.$$

Nun werde für jedes $m > 0$ das Polynom

$$h_m(x) = g_m(x) + x^m g_m\left(e^{-\frac{2\pi}{m} i} x\right) + \cdots + x^{mk} g_m\left(e^{-\frac{2\pi k}{m} i} x\right) + \cdots$$
$$+ x^{m(m-1)} g_m\left(e^{-\frac{2\pi(m-1)}{m} i} x\right)$$

betrachtet; dies ist, da in jedem der $m$ Terme die Exponenten größer sind als in den vorangehenden, ein Polynom $(m-1)(m+1)$ten Grades, in dem alle Koeffizienten den absoluten Betrag 1 haben.

Schließlich werde

$$\sum_{m=1}^{\infty} \frac{1}{\sqrt{m}} x^{1^2 + 2^2 + \cdots + (m-1)^2} h_m(x) = \sum_{n=0}^{\infty} a_n x^n$$

gesetzt. Dies ist, da links jeder Term wegen $1^2 + \cdots + (m-1)^2 + (m-1)(m+1) < 1^2 + \cdots + (m-1)^2 + m^2$ ausschließlich höhere Exponenten liefert als die vorhergehenden, eine Potenzreihe mit $a_n \to 0$.

Wäre diese Potenzreihe für irgend ein $\xi$ auf dem Einheitskreise konvergent, so müßte a fortiori

$$\lim_{m=\infty} \frac{1}{\sqrt{m}} \left| \xi^{1^2 + \cdots + (m-1)^2} \right| \, \underset{0 \leq k < m}{\text{Max.}} \, \left| \xi^{mk} g_m\left(e^{-\frac{2\pi k}{m}i} \xi\right) \right| = 0$$

sein, während nach dem obigen der Ausdruck unter dem Limeszeichen

$$\geq \frac{1}{\sqrt{m}} \frac{2}{\pi} m = \frac{2}{\pi} \sqrt{m}$$

ist.

<h2 style="text-align:center">§ 16.</h2>

<h1 style="text-align:center">Sierpińskisches Beispiel.</h1>

*Es gibt eine Potenzreihe*

$$g(x) = \sum_{n=0}^{\infty} b_n x^n,$$

*welche im Punkte $x = 1$, aber in keinem anderen Punkte des Randes des Einheitskreises konvergiert.*

**Beweis:** Unter Benutzung des Lusinschen Beispiels werde gesetzt:

$$g(x) = a_0 - a_0 x + a_1 x^2 - a_1 x^3 + a_2 x^4 - a_2 x^5 + \cdots.$$

Diese Reihe ist im Punkte $x = 1$ wegen $a_n \to 0$ konvergent.

Wäre sie für ein $\xi \neq 1$ mit $|\xi| = 1$ konvergent, so würde a fortiori

$$a_0(1-\xi) + a_1 \xi^2(1-\xi) + a_2 \xi^4(1-\xi) + \cdots$$

konvergieren, also

$$a_0 + a_1 \xi^2 + a_2 \xi^4 + \cdots$$

gleichfalls, was wegen $|\xi^2| = 1$ nach Lusin ausgeschlossen ist.

# Fünftes Kapitel.

# Beziehungen der Koeffizienten einer Potenzreihe zu Singularitäten der Funktion auf dem Rande.

## § 17.

## Satz von Pringsheim.

### Satz.

**Voraussetzung:** *Die beiden Potenzreihen*

$$f(x) = \sum_{n=0}^{\infty} a_n x^n, \quad g(x) = \sum_{n=0}^{\infty} \Re(a_n) x^n$$

*haben den Konvergenzradius* 1. *Es sei* $\Re(a_n) \geqq 0$.

**Behauptung:** 1 *ist singulärer Punkt der Funktion* $f(x)$.

**Beweis:** 1) Es seien alle $a_n \geqq 0$. Wegen

$$x^n = \sum_{v=0}^{n} \binom{n}{v} \frac{1}{2^{n-v}} (x - \tfrac{1}{2})^v$$

divergieren für $x > 1$ die Reihen (mit Gliedern $\geqq 0$)

$$\sum_{n=0}^{\infty} \sum_{v=0}^{n} a_n \binom{n}{v} \frac{1}{2^{n-v}} (x - \tfrac{1}{2})^v, \quad \sum_{v=0}^{\infty} \sum_{n=v}^{\infty} a_n \binom{n}{v} \frac{1}{2^{n-v}} (x - \tfrac{1}{2})^v,$$

$$\sum_{v=0}^{\infty} \frac{f^{(v)}(\tfrac{1}{2})}{v!} (x - \tfrac{1}{2})^v;$$

daher ist $f(x)$ in $x = 1$ singulär.

2) Im allgemeinen Fall liefert die Anwendung des Spezialfalls 1) auf $g(x)$ die Divergenz von

$$\sum_{v=0}^{\infty} \frac{g^{(v)}(\tfrac{1}{2})}{v!} (x - \tfrac{1}{2})^v$$

für $x > 1$. Wegen

$$g^{(\nu)}(\tfrac{1}{2}) = \Re f^{(\nu)}(\tfrac{1}{2})$$

divergiert [1]) also

$$\sum_{\nu=0}^{\infty} \frac{f^{(\nu)}(\tfrac{1}{2})}{\nu!}(x - \tfrac{1}{2})^{\nu}$$

für $x > 1$: daher ist $f(x)$ in $x = 1$ singulär.

§ 18.

# Satz von M. Riesz.

**Voraussetzung:** $\qquad a_n \to 0.$

**Behauptung:** $\qquad \displaystyle\sum_{n=0}^{\infty} a_n x^n$

*konvergiert in jedem regulären Punkte des Einheitskreises und zwar gleichmäßig auf jedem Regularitätsbogen (d. i. Bogen, dessen sämtliche Punkte einschließlich der Enden regulär sind).*

**Vorbemerkung:** Falls der Konvergenzradius $r > 1$ ist, ist die Behauptung trivial. Im Falle $r = 1$ braucht natürlich kein regulärer Punkt auf dem Rande zu liegen. Auf Grund des Satzes ist z. B. die Lusinsche Reihe aus § 15 nicht fortsetzbar.

**Beweis:** Es sei $x_1 \ldots x_2$ ein gegebener Regularitätsbogen ($\mathrm{arc}\, x_1 \leqq \mathrm{arc}\, x \leqq \mathrm{arc}\, x_2$). Ich kann ihn beiderseits so verlängern, daß $y_1 \ldots y_2$ auch noch ein Regularitätsbogen ist ($\mathrm{arc}\, y_1 < \mathrm{arc}\, x_1$, $\mathrm{arc}\, x_2 < \mathrm{arc}\, y_2$), und kann $R > 1$ so wählen, daß die für $|x| < 1$ durch die Potenzreihe dargestellte Funktion $f(x)$ im ganzen Sektor (einschließlich Rand) $0 \leqq |x| \leqq R$, $\mathrm{arc}\, y_1 \leqq \mathrm{arc}\, x \leqq \mathrm{arc}\, y_2$ regulär ist; $z_1$ und $z_2$ mögen die Ecken des Sektors außerhalb des Einheitskreises bezeichnen. Die Behauptung wird bewiesen sein, wenn es gelingt, für die eo ipso im Sektor regulären Funktionen von $x$

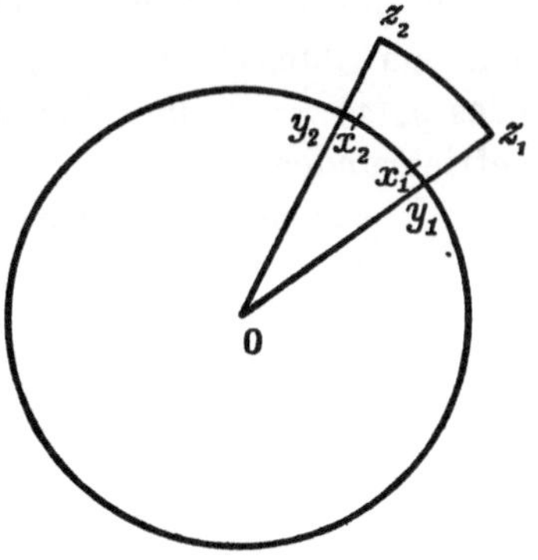


$$g_n(x) = \frac{f(x) - (a_0 + \cdots + a_n x^n)}{x^{n+1}}(x - y_1)(x - y_2) \qquad (n = 0, 1, 2, \ldots)$$

---



1) Gleichgültig, ob $\displaystyle\sum_{\nu=0}^{\infty} \frac{\Im f^{(\nu)}(\tfrac{1}{2})}{\nu!}(x - \tfrac{1}{2})^{\nu}$ konvergiert oder divergiert.

zu zeigen, daß auf dem Rande des Sektors gleichmäßig

$$\lim_{n=\infty} g_n(x) = 0$$

ist. Denn, weil $|g_n(x)|$ im Innern des Sektors nicht größer als das Maximum auf dem Rande ist, ist alsdann auf dem Bogen $x_1 \ldots x_2$ gleichmäßig

$$\lim_{n=\infty} g_n(x) = 0,$$

und auf diesem Bogen ist

$$|f(x) - (a_0 + \cdots + a_n x^n)| \leqq \frac{|g_n(x)|}{L^2},$$

wo $L$ der kleinste Abstand des Bogens vom Rande des Sektors ist, so daß auf dem Bogen gleichmäßig

$$\lim_{n=\infty} (f(x) - (a_0 + \cdots + a_n x^n)) = 0$$

folgen wird.

Offenbar braucht

$$\lim_{n=\infty} g_n(x) = 0$$

nur gezeigt zu werden:

1) gleichmäßig auf der Strecke 0 (exkl.) bis $y_1$ (exkl.),
2) gleichmäßig auf der Strecke $y_1$ (exkl.) bis $z_1$ (exkl.),
3) gleichmäßig auf dem Bogen $z_1$ (inkl.) bis $z_2$ (inkl.);

denn im Punkte 0 ist $g_n(x) = a_{n+1} y_1 y_2 \to 0$, im Punkte $y_1$ ist jedes $g_n(x) = 0$, und für die Strecke 0 bis $z_2$ folgt es aus Symmetriegründen.

$M$ bezeichne das Maximum von $|f(x)|$ für die Sektorfläche.

1) Auf der Strecke 0 (exkl.) bis $y_1$ (exkl.) ist

$$\begin{aligned}|f(x) - (a_0 + \cdots + a_n x^n)| &= |a_{n+1} x^{n+1} + a_{n+2} x^{n+2} + \cdots| \\ &\leqq |a_{n+1}| |x|^{n+1} + |a_{n+2}| |x|^{n+2} + \cdots,\end{aligned}$$

also, wenn $\varepsilon_n$ die obere Grenze von $|a_\nu|$ für $\nu > n$ ist,

$$\leqq \varepsilon_n (|x|^{n+1} + |x|^{n+2} + \cdots) = \frac{\varepsilon_n |x|^{n+1}}{1 - |x|}.$$

Wird $x = r y_1$ gesetzt, wo also $|x| = r$ und $0 < r < 1$ ist, so ist

$$|x - y_1| = 1 - r, \quad |x - y_2| < 2,$$

folglich

$$|g_n(x)| \leqq \frac{\varepsilon_n r^{n+1}}{1 - r} \frac{1}{r^{n+1}} (1 - r) 2 = 2 \varepsilon_n,$$

wo die rechte Seite von $x$ frei ist und nach Voraussetzung gegen 0 strebt.

2) Wenn für jedes $m \geqq 0$

$$M + |a_0| + |a_1|\, R + \cdots + |a_m|\, R^m = A_m$$

gesetzt wird, ergibt sich auf der Strecke $y_1$ (exkl.) bis $z_1$ (exkl.), die mit $x = r\, y_1$, $1 < r < R$ bezeichnet werden kann, für $n > m$

$$|f(x) - (a_0 + \cdots + a_n x^n)|$$
$$\leqq M + |a_0| + |a_1|\, R + \cdots + |a_m|\, R^m + \varepsilon_m (r^{m+1} + \cdots + r^n)$$
$$\leqq A_m + \varepsilon_m (1 + r + \cdots + r^n) = A_m + \varepsilon_m \frac{r^{n+1} - 1}{r - 1} \leqq A_m + \varepsilon_m \frac{r^{n+1}}{r - 1},$$

ferner

$$|x - y_1| = r - 1, \quad |x - y_2| < 2\,R,$$

also

$$|g_n(x)| \leqq \left( A_m + \varepsilon_m \frac{r^{n+1}}{r - 1} \right) \frac{1}{r^{n+1}} (r - 1)\, 2\,R = A_m \frac{r - 1}{r^{n+1}} 2\,R + \varepsilon_m \cdot 2\,R.$$

Nun ist

$$\frac{r - 1}{r^{n+1}} < \frac{r - 1}{r^{n+1} - 1} = \frac{1}{r^n + \cdots + 1} < \frac{1}{n},$$

also

$$|g_n(x)| \leqq \frac{2\,A_m\,R}{n} + 2\,R\,\varepsilon_m.$$

Zu jedem $\delta > 0$ gibt es ein $m = m(\delta)$, so daß $2\,R\,\varepsilon_m < \dfrac{\delta}{2}$ ist. Alsdann ist (bei allen $x$ der Strecke) für alle $n$, welche sowohl $m$ als auch $\dfrac{4\,A_m\,R}{\delta}$ übertreffen,

$$|g_n(x)| < \frac{\delta}{2} + \frac{\delta}{2} = \delta.$$

3) Wenn $A_m$ die obige Bedeutung hat, ist auf dem Bogen $z_1$ (inkl.) bis $z_2$ (inkl.) für $n > m$

$$|f(x) - (a_0 + \cdots + a_n x^n)|$$
$$\leqq M + |a_0| + |a_1|\, R + \cdots + |a_m|\, R^m + \varepsilon_m (R^{m+1} + \cdots + R^n)$$
$$\leqq A_m + \varepsilon_m (1 + R + \cdots + R^n) \leqq A_m + \varepsilon_m \frac{R^{n+1}}{R - 1},$$

ferner

$$|x - y_1| < 2\,R, \quad |x - y_2| < 2\,R,$$

also

$$|g_n(x)| \leqq \left( A_m + \varepsilon_m \frac{R^{n+1}}{R - 1} \right) \frac{1}{R^{n+1}} 4\,R^2 = A_m \frac{4}{R^{n-1}} + \varepsilon_m \frac{4\,R^2}{R - 1}.$$

Zu jedem $\delta > 0$ gibt es ein $m = m(\delta)$, so daß $\varepsilon_m \dfrac{4\,R^2}{R-1} < \dfrac{\delta}{2}$ ist, und alsdann ein $N = N(\delta) > m$, so daß für $n > N$

$$A_m \frac{4}{R^{n-1}} < \frac{\delta}{2}$$

ist, also (bei allen $x$ des Bogens)

$$|g_n(x)| < \frac{\delta}{2} + \frac{\delta}{2} = \delta.$$

## § 19.
# Fabrysche Sätze.

### Hilfssatz 1.

**Voraussetzung:** *Es habe*

$$f(x) = \sum_{n=0}^{\infty} a_n x^n$$

*den Konvergenzradius 1, und es sei*

$$\overline{\lim_{\lambda=\infty}} \sqrt[\lambda]{\left| \sum_{n=0}^{\lambda} \binom{\lambda}{n} a_n \right|} \geqq 2.$$

**Behauptung:** 1 *ist singulärer Punkt.*
**Beweis:** Die Funktion

$$g(y) = \frac{1}{1-y} f\left(\frac{y}{1-y}\right)$$

ist für $\Re(y) < \dfrac{1}{2}$ regulär, da dort $\left| \dfrac{y}{1-y} \right| < 1$ ist. Ihre (mindestens für $|y| < \dfrac{1}{2}$ konvergente) Entwicklung bei $y = 0$ lautet

$$g(y) = \sum_{n=0}^{\infty} a_n \frac{y^n}{(1-y)^{n+1}} = \sum_{n=0}^{\infty} a_n y^n \sum_{\mu=0}^{\infty} \frac{(n+1)\ldots(n+\mu)}{\mu!} y^\mu$$

$$= \sum_{\lambda=0}^{\infty} y^\lambda \sum_{n=0}^{\lambda} \frac{\lambda!}{n!(\lambda-n)!} a_n = \sum_{\lambda=0}^{\infty} b_\lambda y^\lambda.$$

Da nach Voraussetzung

$$\overline{\lim_{\lambda=\infty}} \sqrt[\lambda]{|b_\lambda|} \geqq 2$$

ist, so ist $\tfrac{1}{2}$ der wahre Konvergenzradius dieser Potenzreihe. Da alle von $\frac{1}{2}$ verschiedenen Punkte des Kreises $|y| = \frac{1}{2}$ reguläre Stellen von $g(y)$ sind, ist also $g(y)$ singulär in $y = \frac{1}{2}$; wäre aber $f(x)$ in $x = 1$ regulär, so wäre $g(y)$ in $y = \frac{1}{2}$ auch regulär.

### Hilfssatz 2.

**Voraussetzung:** *Es habe*

$$\sum_{n=0}^{\infty} a_n x^n$$

*den Konvergenzradius 1, und es sei für irgend ein $\vartheta$ der Strecke* $0 < \vartheta < 1$

$$\overline{\lim_{\lambda = \infty}} \sqrt[\lambda]{\left| \sum_{(1-\vartheta)\lambda \leq n \leq (1+\vartheta)\lambda} \frac{\lambda!\,\lambda!}{n!\,(2\lambda-n)!} \, a_n \right|} \geqq 1.$$

**Behauptung:** 1 *ist singulärer Punkt.*

**Beweis:** Für $\vartheta\lambda < \nu \leqq \lambda$ ist

$$\frac{\lambda!\,\lambda!}{(\lambda-\nu)!\,(\lambda+\nu)!} = \prod_{\mu=1}^{\nu} \frac{\lambda-\nu+\mu}{\lambda+\mu} \leqq \left(\frac{\lambda}{\lambda+\nu}\right)^{\nu} \leqq \left(\frac{\lambda}{\lambda+\vartheta\lambda}\right)^{\vartheta\lambda}$$
$$= (1+\vartheta)^{-\vartheta\lambda}.$$

Daher ist wegen der Voraussetzung bei jedem $\eta$ mit $(1+\vartheta)^{-\frac{\vartheta}{2}}$ $< \eta < 1$ für unendlich viele $\lambda$

$$\left| \sum_{n=0}^{2\lambda} \frac{\lambda!\,\lambda!}{n!\,(2\lambda-n)!} \, a_n \right|$$

$$= \left| \sum_{(1-\vartheta)\lambda \leqq n \leqq (1+\vartheta)\lambda} \frac{\lambda!\,\lambda!}{n!\,(2\lambda-n)!} \, a_n + \sum_{\vartheta\lambda < \nu \leqq \lambda} \frac{\lambda!\,\lambda!}{(\lambda-\nu)!\,(\lambda+\nu)!} (a_{\lambda-\nu}+a_{\lambda+\nu}) \right|$$
$$\geqq \eta^{2\lambda} - (1+\vartheta)^{-\vartheta\lambda}\, 2\lambda \, \underset{n \leqq 2\lambda}{\text{Max.}} \, |a_n|.$$

Wegen

$$\overline{\lim_{n=\infty}} \sqrt[n]{|a_n|} = 1$$

ist zuletzt

$$(1+\vartheta)^{-\vartheta\lambda}\, 2\lambda \, \underset{n \leqq 2\lambda}{\text{Max.}} \, |a_n| < \tfrac{1}{2} \eta^{2\lambda},$$

also

$$\overline{\lim_{\lambda = \infty}} \sqrt[2\lambda]{\left| \sum_{n=0}^{2\lambda} \frac{\lambda!\,\lambda!}{n!\,(2\lambda-n)!} \, a_n \right|} \geqq \eta;$$

$\eta \to 1$ gibt

$$\overline{\lim_{\lambda = \infty}} \sqrt[2\lambda]{\left| \sum_{n=0}^{2\lambda} \frac{\lambda!\,\lambda!}{n!\,(2\lambda-n)!} \, a_n \right|} \geqq 1.$$

Wegen

$$\left| \sum_{n=0}^{2\lambda} \binom{2\lambda}{n} a_n \right| = \frac{(2\lambda)!}{\lambda!\,\lambda!} \left| \sum_{n=0}^{2\lambda} \frac{\lambda!\,\lambda!}{n!\,(2\lambda-n)!}\, a_n \right|$$

nebst

$$(2\lambda+1)\,\frac{(2\lambda)!}{\lambda!\,\lambda!} \geqq \sum_{n=0}^{2\lambda} \binom{2\lambda}{n} = 2^{2\lambda}$$

ist also

$$\varlimsup_{\lambda=\infty} \sqrt[2\lambda]{\left| \sum_{n=0}^{2\lambda} \binom{2\lambda}{n} a_n \right|} \geqq 2,$$

also 1 nach Hilfssatz 1 singulär.

### Hilfssatz 3.

**Voraussetzung:** *Es sei*

$$g(y) = \sum_{k=0}^{\infty} c_k y^k$$

*ganz. Bei* $|y| = R \to \infty$ *sei für jedes* $\delta > 0$ *gleichmäßig in* $y$

$$g(y) = O\left(e^{\delta R}\right).$$

**Behauptung:** 1) $\displaystyle \sum_{k=0}^{\infty} |c_k|\, R^k = O\left(e^{\delta R}\right)$ *für jedes* $\delta > 0$.

2) $$\sum_{k=0}^{\infty} |c_k| \left(\frac{k}{p}\right)^k$$

*konvergiert für jedes* $p > 0$.

**Beweis:** 1) Aus

$$|c_k| \leqq \frac{1}{(2R)^k}\, \operatorname*{Max.}_{|y|=2R} |g(y)| \quad \text{für } k \geqq 0,\ R > 0$$

folgt

$$\sum_{k=0}^{\infty} |c_k|\, R^k \leqq 2 \operatorname*{Max.}_{|y|=2R} |g(y)| = O\left(e^{\frac{\delta}{2} 2R}\right).$$

2) Aus

$$|c_k| \leqq \frac{1}{R^k}\, \operatorname*{Max.}_{|y|=R} |g(y)| \quad \text{für } k \geqq 0,\ R > 0$$

folgt für $k > 0$, wenn $R = \dfrac{2ek}{p}$ und das $\delta$ der Voraussetzung $= \dfrac{p}{2e}$ genommen wird, bei passendem $P(p)$

$$|c_k| < \left(\frac{p}{2\,e\,k}\right)^k P\, e^{\frac{p}{2e}\,\frac{2\,e\,k}{p}},$$

$$|c_k|\left(\frac{k}{p}\right)^k < \frac{P}{2^k}.$$

### Hilfssatz 4.

**Voraussetzung:** $\quad f(x) = \sum_{n=0}^{\infty} a_n x^n$

*habe den Konvergenzradius 1 und sei in $x = 1$ regulär. $g(y)$ erfülle die Voraussetzungen des Hilfssatzes 3, so daß*

$$F(x) = \sum_{n=0}^{\infty} a_n\, g(n)\, x^n$$

*für $|x| < 1$ konvergiert.*

**Behauptung:** $F(x)$ *ist in $1$ regulär.*

**Beweis:** $\quad \varphi(s) = f(e^{-s}) = \sum_{n=0}^{\infty} a_n\, e^{-ns}$

ist für $\Re(s) > 0$ und für $s = 0$ regulär. Bei passenden $p > 0$ und $P$ ist also $\varphi(s)$ für $|s| \leq 2p$ regulär und hier

$$|\varphi(s)| \leq P.$$

Für $|s| < p$ ist also mit jedem ganzen $k \geq 0$

$$|\varphi^{(k)}(s)| \leq \frac{P}{p^k}\, k! \leq P\left(\frac{k}{p}\right)^k,$$

$$|c_k(-1)^k\, \varphi^{(k)}(s)| \leq P\,|c_k|\left(\frac{k}{p}\right)^k.$$

Nach Hilfssatz 3, 2) ist

$$\sum_{k=0}^{\infty} P\,|c_k|\left(\frac{k}{p}\right)^k$$

konvergent, also

$$\sum_{k=0}^{\infty} c_k(-1)^k\, \varphi^{(k)}(s)$$

für $|s| < p$ gleichmäßig konvergent, also in $s = 0$ regulär.
Nach Hilfssatz 3, 1) konvergiert

$$\sum_{n=0}^{\infty} |a_n x^n|\, \sum_{k=0}^{\infty} |c_k|\, n^k$$

für $|x| < 1$. Hier ist also

$$F(x) = \sum_{n=0}^{\infty} a_n x^n \sum_{k=0}^{\infty} c_k n^k = \sum_{k=0}^{\infty} c_k \sum_{n=0}^{\infty} n^k a_n x^n.$$

Für $\Re(s) > 0$ ist also

$$\Phi(s) = F(e^{-s})$$

regulär und

$$\Phi(s) = \sum_{k=0}^{\infty} c_k \sum_{n=0}^{\infty} n^k a_n e^{-ns} = \sum_{k=0}^{\infty} c_k (-1)^k \varphi^{(k)}(s).$$

Daher ist $\Phi(s)$ in $s = 0$ regulär, also $F(x)$ in $x = 1$.

### Hilfssatz 5.

**Voraussetzung:**

$$r_m > 0,$$
$$\frac{1}{r_m} = o\left(\frac{1}{m}\right).$$

**Behauptung:** *Die ganze Funktion*

$$g(y) = \prod_{m=1}^{\infty}\left(1 - \frac{y^2}{r_m^2}\right)$$

*erfüllt die Voraussetzung des Hilfssatzes 3.*

**Beweis:** $\delta > 0$ sei gegeben. Man wähle ein ganzes $\mu = \mu(\delta) > 0$ mit

$$\frac{1}{r_m} < \frac{\delta}{2\pi m} \quad \text{für } m > \mu.$$

Dann ist für $|y| = R$

$$|g(y)| \leq \prod_{m=1}^{\mu}\left(1 + \frac{R^2}{r_m^2}\right) \prod_{m=\mu+1}^{\infty}\left(1 + \frac{\delta^2 R^2}{4\pi^2 m^2}\right).$$

Hierin ist das Polynom

$$\prod_{m=1}^{\mu}\left(1 + \frac{R^2}{r_m^2}\right) = O\left(e^{\frac{\delta}{2}R}\right)$$

und

$$\prod_{m=\mu+1}^{\infty}\left(1 + \frac{\delta^2 R^2}{4\pi^2 m^2}\right) \leq \prod_{m=1}^{\infty}\left(1 + \frac{\delta^2 R^2}{4\pi^2 m^2}\right) = \frac{\sin\dfrac{i\delta R}{2}}{\dfrac{i\delta R}{2}} = O\left(e^{\frac{\delta}{2}R}\right),$$

also, gleichmäßig in $y$,

$$g(y) = O(e^{\delta R}).$$

## Satz 1.

**Voraussetzung:** *Es habe*

$$\sum_{n=0}^{\infty} a_n x^n$$

*den Konvergenzradius* 1. *Es gebe ein* $\vartheta$ *mit* $0 < \vartheta < 1$ *und zu jedem ganzen* $h > 0$ *ein ganzes* $p_h \geqq 0$ *und ein reelles* $\gamma_h$, *so daß die* $p_h$ *wachsen und* $\Re\left(a_n e^{-\gamma_h i}\right)$ *für* $(1-\vartheta) p_h \leqq n \leqq (1+\vartheta) p_h$ *nur* $o(p_h)$ *Zeichenwechsel (von* $+$ *zu* $-$ *oder* $-$ *zu* $+$; *Nullen werden weggelassen) hat und*

$$\varlimsup_{h=\infty} \sqrt[p_h]{\left|\Re\left(a_{p_h} e^{-\gamma_h i}\right)\right|} \geqq 1$$

(also $= 1$).

**Behauptung:** 1 *ist singulärer Punkt.*

**Beweis:** Da man sukzessive eine solche Teilfolge auswählen kann, sei ohne Beschränkung der Allgemeinheit $p_1 > 0$ und für $h > 0$ erstens

$$p_{h+1} > \frac{1+\vartheta}{1-\vartheta} p_h,$$

so daß die Intervalle

$$(I_h) \qquad\qquad ((1-\vartheta) p_h \ldots (1+\vartheta) p_h)$$

getrennt liegen; zweitens

$$p_{h+1} > 2(1+\vartheta) p_h;$$

drittens

$$\prod_{\mu \geqq (1-\vartheta) p_{h+1}} \left(1 - \frac{p_h^2}{(\mu+\tfrac{1}{2})^2}\right) > \left(1 - \frac{1}{h}\right)^{p_h}.$$

Diejenigen Werte $n$ mit $\Re\left(a_n e^{-\gamma_h i}\right) \neq 0$ in allen Intervallen $I_h$, auf die in dem betreffenden $I_h$ ein Zeichenwechsel folgt, seien, der Größe nach geordnet und um je $\tfrac{1}{2}$ vermehrt, mit $r_1, r_2, \ldots$ bezeichnet. Es sei $g(y)$ die ganze Funktion

$$g(y) = \prod_{m=1}^{\infty} \left(1 - \frac{y^2}{r_m^2}\right)$$

bzw. das entsprechende endliche oder gar leere Produkt.

Die Anzahl der Zeichenwechsel von $\Re\left(a_n e^{-\gamma_h i}\right)$ in $I_h$ heiße $q_h$. Falls es unendlich viele $r_m$ gibt, werde $h = h(m)$ dadurch bestimmt, daß $r_m$ in $I_h$ liegt; dann ist

$$m \leqq q_1 + \cdots + q_h = o(p_1 + \cdots + p_h) = o\left(p_h \sum_{\mu=0}^{\infty} \frac{1}{2^\mu}\right) = o(p_h) = o(r_m),$$

also nach Hilfssatz 5 bei jedem $\delta > 0$ für $|y| = R \to \infty$ gleich-mäßig

$$g(y) = O(e^{\delta R}).$$

Falls es nicht unendlich viele $r_m$ gibt, ist dies trivial.

Es ist

$$|g(p_h)| = \Pi_1\left(\left(\frac{p_h}{r_m}\right)^2 - 1\right) \cdot \Pi_2\left|\left(\frac{p_h}{r_m}\right)^2 - 1\right| \cdot \Pi_3\left(1 - \left(\frac{p_h}{r_m}\right)^2\right),$$

wo sich $\Pi_1$ auf $I_1, \ldots, I_{h-1}$; $\Pi_2$ auf $I_h$; $\Pi_3$ auf $I_{h+1}, \ldots$ bezieht. In $\Pi_1$ ist

$$\left(\frac{p_h}{r_m}\right)^2 - 1 > \left(\frac{p_h}{(1+\vartheta)\,p_{h-1}}\right)^2 - 1 > 3;$$

also ist

$$\Pi_1 \geqq 1.$$

Ferner ist

$$\Pi_3 \geqq \prod_{\mu \,\geqq\, (1-\vartheta)\,p_{h+1}} \left(1 - \frac{p_h^2}{(\mu + \frac{1}{2})^2}\right) > \left(1 - \frac{1}{h}\right)^{p_h}.$$

Sind $t_h$ bzw. $u_h$ unter den $q_h$ Zahlen $r_m$ in $I_h$ kleiner bzw. größer als $p_h$, so ist, da ihre sukzessiven Abstände von $p_h$ bzw. $\geqq \frac{1}{2}, \frac{3}{2}, \ldots, t_h - \frac{1}{2}$ bzw. $u_h - \frac{1}{2}$ sind und für ganzes $w \geqq 0$

$$\prod_{\mu=1}^{w} (\mu - \tfrac{1}{2}) = \frac{1}{w + \frac{1}{2}} \prod_{\mu=1}^{w+1} (\mu - \tfrac{1}{2}) \geqq \frac{1}{w + \frac{1}{2}}\, \tfrac{1}{2}\, w! = \frac{w!}{2w + 1}$$

ist,

$$\Pi_2 = \prod_{I_h} \frac{p_h + r_m}{r_m}\, \frac{|p_h - r_m|}{r_m} \geqq \prod_{I_h} \frac{|p_h - r_m|}{2 p_h} \geqq \frac{t_h!\, u_h!}{(2t_h + 1)(2u_h + 1)(2p_h)^{q_h}}$$

$$\geqq \frac{t_h^{t_h} e^{-t_h} u_h^{u_h} e^{-u_h}}{e^{2t_h} e^{2u_h} 2^{q_h} p_h^{t_h} p_h^{u_h}} = (2e^3)^{-q_h} \left(\frac{t_h}{p_h}\right)^{t_h} \left(\frac{u_h}{p_h}\right)^{u_h},$$

$$\sqrt[p_h]{\Pi_2} \geqq (2e^3)^{-\frac{q_h}{p_h}} \left(\frac{t_h}{p_h}\right)^{\frac{t_h}{p_h}} \left(\frac{u_h}{p_h}\right)^{\frac{u_h}{p_h}}.$$

Wegen $q_h = o(p_h)$ ist $t_h = o(p_h)$, $u_h = o(p_h)$, also

$$\varliminf_{h=\infty} \sqrt[p_h]{|g(p_h)|} \geqq \varliminf_{h=\infty} \sqrt[p_h]{\Pi_2} \geqq 1.$$

Die sicher für $|x| < 1$ konvergente Potenzreihe

$$F(x) = \sum_{n=0}^{\infty} a_n\, g(n)\, x^n$$

hat den Konvergenzradius 1; denn

$$\varlimsup_{n=\infty} \sqrt[n]{|a_n||g(n)|} \geqq \varlimsup_{h=\infty} \sqrt[p_h]{|a_{p_h}|} \varlimsup_{h=\infty} \sqrt[p_h]{|g(p_h)|}$$

$$\geqq \varlimsup_{h=\infty} \sqrt[p_h]{\left|\Re\left(a_{p_h} e^{-\gamma_h i}\right)\right|} \geqq 1.$$

Auf jedem $I_h$ hat nach Konstruktion von $g(y)$ die Folge $g(n)\,\Re(a_n e^{-\gamma_h i})$ keinen Zeichenwechsel. Daher ist

$$\left| \sum_{(1-\vartheta)p_h \leqq n \leqq (1+\vartheta)p_h} \frac{p_h!\,p_h!}{n!\,(2p_h-n)!}\, a_n\, g(n) \right|$$

$$\geqq \left| \sum_{(1-\vartheta)p_h \leqq n \leqq (1+\vartheta)p_h} \frac{p_h!\,p_h!}{n!\,(2p_h-n)!}\, g(n)\, \Re(a_n e^{-\gamma_h i}) \right|$$

$$\geqq \left| g(p_h)\, \Re(a_{p_h} e^{-\gamma_h i}) \right|,$$

$$\varlimsup_{\lambda=\infty} \sqrt[\lambda]{\left| \sum_{(1-\vartheta)\lambda \leqq n \leqq (1+\vartheta)\lambda} \frac{\lambda!\,\lambda!}{n!\,(2\lambda-n)!}\, a_n\, g(n) \right|}$$

$$\geqq \varlimsup_{h=\infty} \sqrt[p_h]{|g(p_h)|} \varlimsup_{h=\infty} \sqrt[p_h]{\left|\Re(a_{p_h} e^{-\gamma_h i})\right|} \geqq 1.$$

Nach Hilfssatz 2 ist also 1 singuläre Stelle von $F(x)$, also nach Hilfssatz 4 von $f(x)$.

**Satz 2.**

**Voraussetzung:** *Es wachse das ganze* $p_h \geqq 0$ $(h = 1, 2, \ldots)$, *und es sei*

$$h = o(p_h).$$

*Es habe*

$$\sum_{h=1}^{\infty} a_{p_h} x^{p_h}$$

*den Konvergenzradius* 1.

**Behauptung:** *Die Funktion ist in 1 singulär.*

**Vorbemerkungen:** 1) Bezeichnet $N(t)$ die Anzahl der $p_h \leqq t$, so ist die Annahme $h = o(p_h)$ mit $N(t) = o(t)$ identisch. Denn aus $h = o(p_h)$ folgt $N(t) = o(p_{N(t)}) = o(t)$, und aus $N(t) = o(t)$ folgt $h = N(p_h) = o(p_h)$.

2) Ist $p_{h+1} - p_h \to \infty$ $\left(\text{z. B. } \varlimsup\limits_{h=\infty} \dfrac{p_{h+1}}{p_h} > 1\right)$, so ist sicher die Annahme $h = o(p_h)$ erfüllt; denn für jedes $\omega > 0$ ist bei passendem ganzem $\mu = \mu(\omega)$

$$p_{h+1} - p_h > 2\,\omega \text{ für } h \geqq \mu,$$

also für $h > 2\mu$

$$\frac{p_h}{h} \geqq \frac{p_h - p_\mu}{h} > \frac{2(h-\mu)\,\omega}{h} = 2\omega - \frac{2\mu\,\omega}{h} > \omega.$$

**Beweis:** Satz 1 ist mit den gegebenen $p_h$ und $\vartheta = \tfrac{1}{2}$ anwendbar, wenn das reelle $\gamma_h$ so bestimmt wird, daß

$$a_{p_h}\,e^{-\gamma_h i} = |a_{p_h}|$$

ist. Auf $\dfrac{p_h}{2} \leqq n \leqq \dfrac{3}{2}\,p_h$ gibt es nämlich höchstens $N\!\left(\dfrac{3}{2}\,p_h\right) = o\,(p_h)$ Zahlen $p_\mu$, also nur $o\,(p_h)$ Werte $n$, denen ein Koeffizient $a_n \neq 0$ von $x^n$ entspricht. Daher hat $\Re\left(a_n\,e^{-\gamma_h i}\right)$ dort nur $o\,(p_h)$ Zeichenwechsel; außerdem ist

$$\varlimsup_{h=\infty} \sqrt[p_h]{\left|\Re\left(a_{p_h}\,e^{-\gamma_h i}\right)\right|} = \varlimsup_{h=\infty} \sqrt[p_h]{|a_{p_h}|} = 1.$$

**Satz 3.**

**Voraussetzung:** *Es habe*

$$f(x) = \sum_{n=0}^{\infty} a_n x^n$$

*den Konvergenzradius 1.*
*Es sei*

$$a_n = |a_n|\,e^{\varphi_n i}, \quad \varphi_n \gtreqless 0.$$

*Es gebe ein $\vartheta$ mit $0 < \vartheta < 1$ und wachsende ganze $p_h \geqq 0$ $(h = 1, 2, \ldots)$ von folgender Eigenschaft: Läuft $n$ durch die wachsend geordneten ganzzahligen Werte, für die mit passendem $h$*

$$(1-\vartheta)\,p_h \leqq n, \quad n+1 \leqq (1+\vartheta)\,p_h$$

*ist, so ist*

$$\varphi_{n+1} - \varphi_n \to 0.$$

*Es sei*

$$\varlimsup_{h=\infty} \sqrt[p_h]{|a_{p_h}|} = 1.$$

**Behauptung:** 1 *ist singuläre Stelle von* $f(x)$.

**Vorbemerkungen:** 1) Hierin steckt $(\vartheta = \tfrac{1}{2},\ p_h = h)$ insbesondere der Satz: *Es habe*

$$f(x) = \sum_{n=0}^{\infty} a_n x^n$$

*den Konvergenzradius* 1; *es sei*

$$a_n = |a_n|\, e^{\varphi_n i}, \quad \varphi_n \gtreqless 0,$$
$$\varphi_{n+1} - \varphi_n \to 0.$$

*Dann ist* 1 *singuläre Stelle von* $f(x)$.

2) Im Spezialfall 1) steckt insbesondere der Satz: *Es sei*

$$\frac{a_{n+1}}{a_n} \to 1$$

(so daß

$$f(x) = \sum_{n=0}^{\infty} a_n x^n$$

den Konvergenzradius 1 hat und die $\varphi_n$ mit

$$a_n = |a_n|\, e^{\varphi_n i}, \quad \varphi_n \gtreqless 0,$$
$$\varphi_{n+1} - \varphi_n \to 0$$

wählbar sind). *Dann ist* 1 *singuläre Stelle von* $f(x)$.

**Beweis:** Es genügt, zu $\vartheta$ und den $p_h$ für große $h$ reelle $\gamma_h$ anzugeben, so daß die Voraussetzungen des Satzes 1 erfüllt sind.

Man wähle zu jedem hinreichend großen $h$ ein ganzes $\mu = \mu(h)$ mit

$$\operatorname*{Max.}_{(1-\vartheta)\,p_h \,\leqq\, n \,\leqq\, (1+\vartheta)\,p_h - 1} |\varphi_{n+1} - \varphi_n| \leqq \frac{1}{\mu},$$
$$\mu \to \infty \text{ bei } h \to \infty.$$

Man teile die Peripherie des Einheitskreises in $4\,\mu$ gleiche Teile, so daß kein $e^{\varphi_n i}$ für die $n$ aus

$$(I_h) \qquad\qquad ((1-\vartheta)\,p_h \ldots (1+\vartheta)\,p_h)$$

Teilpunkt wird. Die Länge jedes Teilbogens ist $\dfrac{2\,\pi}{4\,\mu} > \dfrac{1}{\mu}$. Jeder der höchstens $2\,\vartheta\,p_h$ Bogen $\left(e^{\varphi_n i} \ldots e^{\varphi_{n+1} i}\right)$ mit

$$(1-\vartheta)\,p_h \leqq n \leqq (1+\vartheta)\,p_h - 1$$

(wobei der kleinere Bogen, der $\leqq 1 < \pi$ ist, gemeint ist) enthält also (und zwar innen) höchstens einen Teilpunkt. Unter den $\mu$ Quadrupeln von Teilpunkten, die ein Quadrat $\varepsilon,\ i\varepsilon,\ -\varepsilon,\ -i\varepsilon$ bilden, wähle man eines, dessen vier Punkte zusammen zu weniger als $2\,\dfrac{p_h}{\mu}$ jener Bogen gehören; das geht wegen $\mu\cdot 2\,\dfrac{p_h}{\mu} > 2\,\vartheta\,p_h$. Aus diesem Quadrupel kann man eine Zahl $e^{\gamma_h i}$ mit

$$|\varphi_{p_h} - \gamma_h| \leqq \frac{\pi}{4}$$

wählen. Dann ist

$$\Re\left(a_{p_h}\, e^{-\gamma_h i}\right) = |a_{p_h}| \cos\left(\varphi_{p_h} - \gamma_h\right) \geqq \frac{|a_{p_h}|}{\sqrt{2}},$$

$$\varlimsup_{h=\infty} \sqrt[p_h]{\left|\Re\left(a_{p_h}\, e^{-\gamma_h i}\right)\right|} \geqq \varlimsup_{h=\infty} \sqrt[p_h]{|a_{p_h}|} = 1.$$

Auf $I_h$ hat

$$\Re\left(a_n\, e^{-\gamma_h i}\right) = |a_n| \cos\left(\varphi_n - \gamma_h\right)$$

nicht mehr Zeichenwechsel als die (sämtlich von 0 verschiedenen) Zahlen $\cos\left(\varphi_n - \gamma_h\right)$, also weniger als $2\,\dfrac{p_h}{\mu} = o\,(p_h)$ Zeichenwechsel; denn bei jedem Zeichenwechsel von $\cos\left(\varphi_n - \gamma_h\right)$, etwa beim Übergang von $n = m$ zu $n = m+1$, enthält der Bogen $\left(e^{\varphi_m i} \dots e^{\varphi_{m+1} i}\right)$ einen Punkt unseres Quadrupels.

Nach Satz 1 ist also 1 singuläre Stelle von $f(x)$.

## § 20.

# Satz von Pólya.

*Es habe*

$$f(x) = a_0 + a_1 x + \cdots + a_n x^n + \cdots$$

*den Konvergenzradius 1. Dann gibt es eine Folge*

$$\varepsilon_0,\ \varepsilon_1,\ \dots,\ \varepsilon_n,\ \dots,$$

*wo jedes $\varepsilon_n = \pm 1$ ist, derart, daß die Reihe*

$$\varepsilon_0 a_0 + \varepsilon_1 a_1 x + \cdots + \varepsilon_n a_n x^n + \cdots$$

*nicht über den Einheitskreis fortsetzbar ist.*

**Beweis:** Nach dem Spezialfall $p_{h+1} > 2 p_h$ des Satzes 2 aus § 19 ist jede Reihe

$$Q(x) = b_{p_1} x^{p_1} + \cdots + b_{p_h} x^{p_h} + \cdots$$

mit dem Konvergenzradius 1, bei der stets $p_{h+1} > 2 p_h$ ist, nicht fortsetzbar.

Aus $f(x)$ kann ich wegen

$$\varlimsup_{n=\infty} \sqrt[n]{|a_n|} = 1$$

solche Glieder $a_{n_h} x^{n_h}$ ($h = 1, 2, \ldots$) herausgreifen, daß

$$\lim_{h=\infty} \sqrt[n_h]{|a_{n_h}|} = 1, \quad n_{h+1} > 2\, n_h$$

ist. Es werde

$$R(x) = a_{n_1} x^{n_1} + \cdots + a_{n_h} x^{n_h} + \cdots$$

und

$$f(x) - R(x) = f_0(x)$$

gesetzt. (Sollte $f_0(x)$ identisch 0 sein, so ist die Behauptung trivial; die $\varepsilon_n$ dürften dann sogar beliebig $\pm 1$ sein.)

$R(x)$ werde irgendwie in unendlich viele Potenzreihen mit je
unendlich vielen Gliedern gespalten:

$$R(x) = f_1(x) + f_2(x) + \cdots + f_\nu(x) + \cdots.$$

(Jedes Glied $a_{n_h} x^{n_h}$ gehört also genau einem $f_\nu(x)$ mit $\nu \geqq 1$ an,
jedes Glied $a_n x^n$ genau einem $f_\nu(x)$ mit $\nu \geqq 0$.)

Jetzt betrachte ich sämtliche Potenzreihen

$$F(x) = f_0(x) + \delta_1 f_1(x) + \cdots + \delta_\nu f_\nu(x) + \cdots, \qquad \delta_\nu = \pm 1,$$

jede nach wachsenden Potenzen geordnet gedacht. Jedes $F(x)$ ist
eine Potenzreihe der Gestalt

$$\varepsilon_0 a_0 + \cdots + \varepsilon_n a_n x^n + \cdots, \qquad \varepsilon_n = \pm 1.$$

Ich behaupte, daß mindestens eines jener $F(x)$ nicht fortsetzbar
ist. Anderenfalls — da die $F(x)$ die Mächtigkeit des Kontinuums
haben und jede irgendwo über den Einheitskreis fortsetzbare Funktion in einer Einheitswurzel regulär ist, es aber nur abzählbar
viele Einheitswurzeln gibt — gäbe es zwei $F(x)$, die in einem und
demselben Randpunkte $\xi$ regulär wären. Ihre Differenz wäre also
auch in $\xi$ regulär. Sie hat aber die Gestalt

$$\eta_1 f_1(x) + \cdots + \eta_\nu f_\nu(x) + \cdots,$$

wo alle $\eta_\nu = 0, +2, -2$, aber nicht alle $= 0$ sind. Dies ist aber
eine Potenzreihe vom oben genannten Typus $Q(x)$, da jeder folgende Exponent größer als das Doppelte des vorangehenden ist
und die Reihe (wegen $\lim\limits_{h=\infty} \sqrt[n_h]{|a_{n_h}|} = 1$) den Konvergenzradius 1
hat. Diese Funktion wäre also doch in $\xi$ singulär.

# Maximum und Mittelwert des absoluten Betrages einer analytischen Funktion auf Kreisen.

## § 21.
## Hadamardscher Dreikreisesatz.

**Voraussetzung:** *Es sei $0 < r_1 < r_2 < r_3$. Es sei $f(x)$ für $r_1 \leq |x| \leq r_3$ eindeutig und regulär. Es bezeichnen $M_1$, $M_2$, $M_3$ die Maxima von $|f(x)|$ auf den Kreisen $|x| = r_1$, $r_2$, $r_3$.*

**Behauptung:**
$$M_2^{\log \frac{r_3}{r_1}} \leq M_1^{\log \frac{r_3}{r_2}} M_3^{\log \frac{r_2}{r_1}}.$$

**Vorbemerkung:** Die Behauptung läßt sich auch so schreiben:
$$\begin{vmatrix} \log M_1 & \log r_1 & 1 \\ \log M_2 & \log r_2 & 1 \\ \log M_3 & \log r_3 & 1 \end{vmatrix} \leq 0$$

und besagt: Bei jeder in einem Ring $\varrho < r < \mathsf{P}$ eindeutig-regulären, nicht identisch verschwindenden Funktion ist $\log M(r) = \log \operatorname*{Max}_{|x|=r} |f(x)|$ für $\varrho < r < \mathsf{P}$ eine konvexe[1]) Funktion von $\log r$.

---

1) Hierbei heißt eine im Intervall $\tau < t < \tau_1$ definierte reelle Funktion $g(t)$ konvex, wenn für zwei beliebige Punkte $t_1$, $t_3$ des Intervalls mit $t_1 < t_3$ allen dazwischenliegenden $t$ ein $g(t)$ entspricht, welches nicht oberhalb der Sehne von $(t_1, g(t_1))$ zu $(t_3, g(t_3))$ liegt. D. h. für $\tau < t_1 < t_2 < t_3 < \tau_1$ soll sein:
$$g(t_2) \leq g(t_1) + \frac{t_2 - t_1}{t_3 - t_1}(g(t_3) - g(t_1)),$$
$$(t_2 - t_3) g(t_1) + (t_3 - t_1) g(t_2) + (t_1 - t_2) g(t_3) \leq 0,$$
$$\begin{vmatrix} g(t_1) & t_1 & 1 \\ g(t_2) & t_2 & 1 \\ g(t_3) & t_3 & 1 \end{vmatrix} \leq 0.$$

Hinreichend für Konvexität ist bekanntlich $g''(t) \geq 0$; doch wird dies Kriterium im obigen Text nicht brauchbar sein.

Für ganzes $f(x)$ ist dies also bei allen $r > 0$ gültig; für Potenzreihen, die im Kreis $|x| < P$ konvergieren, bei allen positiven $r < P$.

**Beweis:** $f(x)$ darf als nicht identisch 0 angenommen werden, so daß $M_1$, $M_2$, $M_3 > 0$ sind.

Es sei $\alpha$ irgend eine reelle Zahl. $x^\alpha f(x)$ ist für $r_1 \leqq |x| \leqq r_3$ regulär, aber nicht notwendig eindeutig; $|x^\alpha f(x)|$ ist dort eindeutig und stetig. Auf $|x| = r_1$ ist

$$|x^\alpha f(x)| \leqq r_1^\alpha M_1,$$

auf $|x| = r_3$

$$|x^\alpha f(x)| \leqq r_3^\alpha M_3.$$

Auf dem Rande des Ringes $r_1 \leqq |x| \leqq r_3$ ist daher

$$|x^\alpha f(x)| \leqq \text{Max.} \ (r_1^\alpha M_1, \ r_3^\alpha M_3).$$

Dies muß auch im Innern des Ringes gelten (weil jeder Zweig von $x^\alpha f(x)$ an jeder Stelle des Ringes regulär ist). Also, wenn es auf $|x| = r_2$ angewendet wird,

$$r_2^\alpha M_2 \leqq \text{Max.} \ (r_1^\alpha M_1, \ r_3^\alpha M_3),$$

$$M_2 \leqq \text{Max.} \left( \left( \frac{r_1}{r_2} \right)^\alpha M_1, \ \left( \frac{r_3}{r_2} \right)^\alpha M_3 \right).$$

Hierin setze ich speziell

$$\alpha = \log \frac{M_3}{M_1} : \log \frac{r_1}{r_3};$$

dann ergibt sich, da beide Zahlen hinter Max. gleich werden,

$$M_2 \leqq M_1 \left( \frac{r_1}{r_2} \right)^{\log \frac{M_3}{M_1} : \log \frac{r_1}{r_3}} = M_1 \left( \frac{M_3}{M_1} \right)^{\log \frac{r_2}{r_1} : \log \frac{r_3}{r_1}}$$

$$= M_1^{\log \frac{r_3}{r_2} : \log \frac{r_3}{r_1}} \ M_3^{\log \frac{r_2}{r_1} : \log \frac{r_3}{r_1}}.$$

**Zusatz:** $x = y - x_0$ transformiert den Satz in den entsprechenden Wortlaut für drei Kreise mit dem Mittelpunkt $x_0$.

## § 22.

# Satz von Jentzsch.

### Ein älterer Hurwitzscher Satz.

**Voraussetzung:** *Eine nicht konstante Potenzreihe*

$$f(x) = \sum_{n=0}^{\infty} a_n x^n$$

*konvergiere überall oder habe einen endlichen positiven Konvergenzradius.*

**Behauptung:** *Die Menge der Nullstellen von $f(x)$ im Innern des Konvergenzgebietes ist identisch mit den diesem Innern angehörigen Punkten der Menge $\mathfrak{O}$ der Häufungspunkte der Nullstellen[1] der Abschnitte*

$$f_n(x) = \sum_{v=0}^{n} a_v x^v,$$

*wenn hierbei jede Nullstelle so oft gezählt wird, als sie auftritt (also eventuell unendlich oft).*

**Vorbemerkung:** $\mathfrak{O}$ ist so erklärt, daß ein Punkt dann und nur dann dazu gehört, wenn es zu jeder Umgebung unendlich viele $n$ gibt, so daß $f_n(x)$ dort eine Nullstelle hat.

**Erster Beweis:** 1) Es sei

$$f(\xi) = 0$$

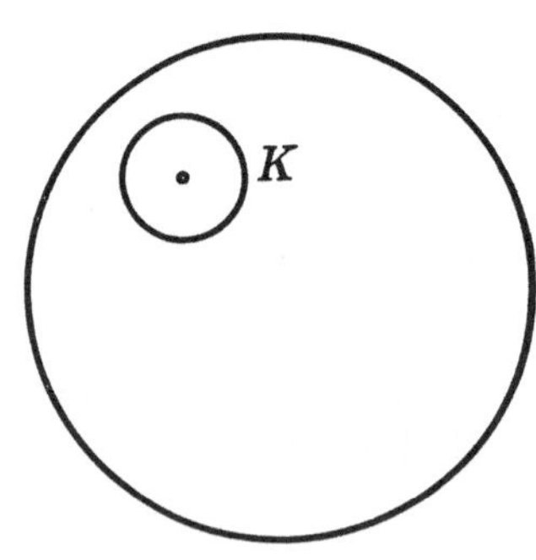


und überdies im Falle eines endlichen Radius $r$ der Punkt $\xi$ dem Kreise $|x| < r$ angehörig. Es sei $\delta > 0$ gegeben und gleich so klein angenommen, daß der Kreis $|x - \xi| \leqq \delta$ (Kreis $K$) erstens im Innern des Konvergenzgebietes liegt und zweitens einschließlich seines Randes keine weitere Nullstelle von $f(x)$ als den Mittelpunkt $\xi$ enthält. Dann ist auf dem Rande von $K$

$$|f(x)| > \varepsilon$$

---

1) Es sind alle $f_n(x)$ von einem $n_0 > 0$ an (wo zuerst $a_{n_0} \neq 0$ ist) nicht konstant, haben also eine Wurzel. Es ist für $\mathfrak{O}$ unerheblich, ob eine $k$fache Nullstelle eines $f_n(x)$ einmal oder $k$ mal gezählt wird.

bei passender Wahl eines $\varepsilon = \varepsilon(\delta) > 0$. Wegen der gleichmäßigen Konvergenz der Potenzreihe auf der Kreisfläche $K$ ist bei passender Wahl eines $\nu = \nu(\delta)$ für $n > \nu$ und die Fläche $K$

$$|f_n(x) - f(x)| < \frac{\varepsilon}{2},$$

also auf dem Rande von $K$

$$|f_n(x)| > \frac{\varepsilon}{2},$$

im Mittelpunkt $\xi$ von $K$

$$|f_n(x)| < \frac{\varepsilon}{2}.$$

$f_n(x)$ hat also in $K$ eine Wurzel. Da dies für jedes hinreichend kleine $\delta > 0$ gilt, ist $\xi$ ein Punkt von $\mathfrak{Q}$.

2) Es sei $\xi$ im Innern des Konvergenzgebietes gelegen und

$$f(\xi) \neq 0.$$

Dann ist ein Kreis $K$ um $\xi$ mit dem Radius $\delta$ so wählbar, daß er im Innern des Konvergenzgebietes liegt und überhaupt keine Nullstelle von $f(x)$ enthält. Auf der Kreisfläche $K$ ist also

$$|f(x)| > \varepsilon > 0.$$

Wegen der gleichmäßigen Konvergenz auf $K$ ist dort bei passender Wahl von $\nu$ für $n > \nu$

$$|f_n(x) - f(x)| < \varepsilon,$$

also

$$f_n(x) \neq 0.$$

$\xi$ ist also kein Punkt von $\mathfrak{Q}$.

**Zweiter Beweis:** Es sei $\xi$ ein Punkt im Innern des Konvergenzgebietes und $\delta_0$ so gewählt, daß der Kreis $|x - \xi| \leq \delta_0$ dem Innern des Konvergenzgebietes angehört und abgesehen von der etwaigen Nullstelle $\xi$ keine Wurzel von $f(x)$ enthält. Für jedes $\delta$ der Strecke $0 < \delta \leq \delta_0$ ist alsdann bei Integration über die Kreisperipherie $K$ um $\xi$ mit dem Radius $\delta$ der Ausdruck

$$\frac{1}{2\pi i} \int_K \frac{f'(x)}{f(x)}\, dx$$

gleich der Vielfachheit $V$ der Nullstelle $\xi$ (also eine ganze Zahl $\geq 0$). Da nun $f_n(x)$ längs $K$ gleichmäßig gegen $f(x)$ strebt (und infolgedessen für hinreichend großes $n > n_0 = n_0(\delta)$ längs $K$ absolut oberhalb einer von $x$ und $n$ freien positiven Schranke liegt) und da $f_n'(x)$ längs $K$ gleichmäßig gegen $f'(x)$ konvergiert, so konvergiert $\dfrac{f_n'(x)}{f_n(x)}$ längs $K$ gleichmäßig gegen $\dfrac{f'(x)}{f(x)}$. Die Wurzelzahl

$$\frac{1}{2\pi i}\int_K \frac{f_n'(x)}{f_n(x)}\,dx$$

von $f_n(x)$ innerhalb $K$ strebt also für $n \to \infty$ gegen $V$, ist also $= V$ für alle $n > n_1 = n_1(\delta)$. Wenn also $V = 0$ ist, so gibt es um $\xi$ einen Kreis, in dem für $n > n_1$ kein $f_n(x)$ verschwindet; wenn $V > 0$ ist, so haben in jedem hinreichend kleinen Kreise um $\xi$ unendlich viele $f_n(x)$ (sogar alle von einer Stelle an) $V$ Wurzeln (mehrfache immer mehrfach gezählt), so daß $\xi$ zu $\mathfrak{Q}$ gehört.

### Satz von Jentzsch.

**Voraussetzung:** *Es habe*

$$y = f(x) = \sum_{n=0}^{\infty} a_n x^n$$

*den Konvergenzradius* 1.

**Behauptung:** $x = 1$ *ist Punkt von* $\mathfrak{Q}$.

**Vorbemerkung:** Daraus folgt natürlich $(x = z\,x_0)$, daß bei jeder Potenzreihe mit endlichem Konvergenzradius jeder Punkt des Randes zu $\mathfrak{Q}$ gehört.

**Beweis:** Anderenfalls gäbe es ein $\varepsilon$ der Strecke $0 < \varepsilon < 1$ und ein $n_0$, so daß für $n > n_0$ im Kreise $|x-1| \leqq \varepsilon$ die Funktion

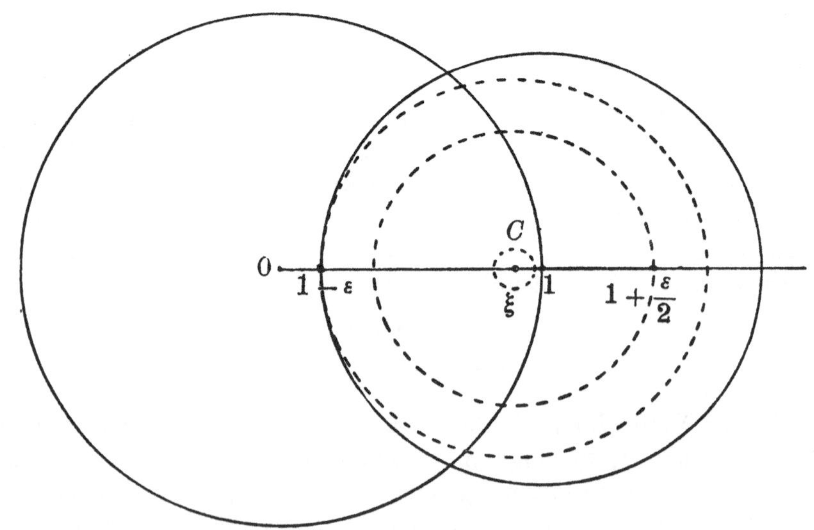

$f_n(x)$ nicht verschwindet. Ich setze $\xi = 1 - \dfrac{\varepsilon}{8}$. Nach dem Hur-
witzschen Satz ist eo ipso $f(\xi) \neq 0$.

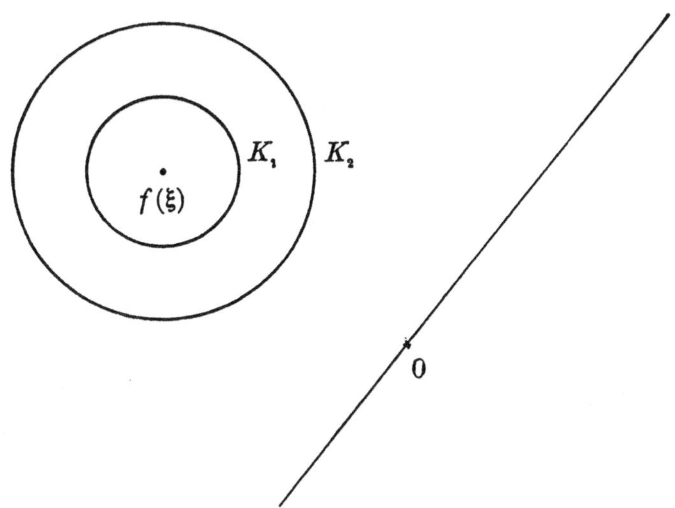


In der $y$-Ebene ziehe ich um $y = f(\xi)$ die zwei Kreise $K_1$, $K_2$
mit den Radien $\dfrac{|f(\xi)|}{4}$, $\dfrac{|f(\xi)|}{2}$. Beide Kreise gehören einer Halb-
ebene in Bezug auf die senkrecht zu $0 \ldots f(\xi)$ durch 0 gezogene
Gerade an. Diese Halbebene kann mit

$$\alpha < \operatorname{arc} y < \alpha + \pi$$

bezeichnet werden. Um $\xi$ ziehe ich einen Kreis $C$ mit so kleinem
Radius $\varrho$, daß erstens $\varrho < \dfrac{\varepsilon}{8}$ ist (also $C$ dem Innern des Einheits-
kreises und des Kreises $|x - 1| \leqq \varepsilon$ angehört) und daß zweitens
$f(x)$ im Kreise $K_1$ liegt, wenn $x$ in $C$ liegt. Wegen der gleichmäßigen Konvergenz von $f_n(x)$ in $C$ gibt es ein $n_1 > n_0$, so daß
$f_n(x)$ für $C$ und alle $n > n_1$ in $K_2$ liegt. In $C$ kann also gesetzt
werden

$$f(x) = e^{g(x)},$$
$$f_n(x) = e^{g_n(x)} \qquad\qquad (n > n_1),$$

wo $g(x)$, $g_n(x)$ regulär sind und

$$\alpha < \Im y(x) < \alpha + \pi, \quad \alpha < \Im g_n(x) < \alpha + \pi$$

ist. $g_n(x)$ ist sogar für $|x - 1| \leqq \varepsilon$ regulär. In $C$ ist gleichmäßig

$$\lim_{n = \infty} f_n(x) = f(x),$$

also (wegen der obigen Ungleichungen für die imaginären Teile) gleichmäßig

$$\lim_{n=\infty} g_n(x) = g(x),$$

folglich (wegen der Beschränktheit von $g(x)$ in $C$) gleichmäßig

$$\lim_{n=\infty} \frac{1}{n} g_n(x) = 0.$$

Ich setze nun für $|x-1| \leqq \varepsilon$, $n > n_1$

$$e^{\frac{1}{n} g_n(x)} - 1 = h_n(x).$$

(Das ist ein dort regulärer Zweig von $\sqrt[n]{f_n(x)} - 1$.) Und ich wende den Hadamardschen Dreikreisesatz auf die Funktion $h_n(x)$ und die (in der Figur punktierten) Kreise mit dem Mittelpunkt $\xi$ und den Radien $\varrho$, $\frac{5}{8}\varepsilon$, $\frac{7}{8}\varepsilon$ an. Auf dem zweiten Kreis liegt der Punkt $1 + \frac{\varepsilon}{2}$; der dritte gehört auch noch ganz der Kreisfläche $|x-1| \leqq \varepsilon$ an. Wenn $M_1^{(n)}$ und $M_3^{(n)}$ die Maxima von $|h_n(x)|$ für $|x-\xi| = \varrho$ und $|x-\xi| = \frac{7}{8}\varepsilon$ bezeichnen, ist nach der Hadamardschen Ungleichung

$$\left| h_n\left(1 + \frac{\varepsilon}{2}\right) \right| \leqq (M_1^{(n)})^{1-\vartheta} (M_3^{(n)})^{\vartheta},$$

wo $0 < \vartheta < 1$ und $\vartheta$ von $n$ frei ist (nämlich nur von $\varrho$ und $\varepsilon$ abhängt). Nun ist wegen

$$\overline{\lim_{m=\infty}} \sqrt[m]{|a_m|} = 1$$

für alle $m > 0$

$$|a_m| < A^m,$$

wo $A > 1$ von $m$ frei ist, also für $n > 0$, $|x-1| \leqq \varepsilon$

$$|f_n(x)| \leqq |a_0| + |a_1|(1+\varepsilon) + \cdots + |a_n|(1+\varepsilon)^n \leqq |a_0| + n A^n (1+\varepsilon)^n < A_1^n,$$

wo $A_1 > 0$ nicht von $x$ und $n$ abhängt. Für $n > n_1$ ist also auf der Kreisfläche $|x-1| \leqq \varepsilon$

$$|h_n(x)| \leqq \sqrt[n]{|f_n(x)|} + 1 < A_1 + 1,$$

folglich

$$(M_3^{(n)})^{\vartheta} < (A_1 + 1)^{\vartheta} < A_1 + 1.$$

Andererseits ist für $|x-\xi| = \varrho$ nach dem obigen gleichmäßig

$$\lim_{n=\infty} h_n(x) = 0,$$

also

$$\lim_{n=\infty} M_1^{(n)} = 0,$$

$$\lim_{n=\infty} (M_1^{(n)})^{1-\vartheta} = 0.$$

Die Hadamardsche Ungleichung liefert also

$$\lim_{n=\infty} h_n\left(1 + \frac{\varepsilon}{2}\right) = 0,$$

$$\lim_{n=\infty} e^{\frac{1}{n} g_n\left(1 + \frac{\varepsilon}{2}\right)} = 1,$$

$$\lim_{n=\infty} \left| e^{\frac{1}{n} g_n\left(1 + \frac{\varepsilon}{2}\right)} \right| = \lim_{n=\infty} \sqrt[n]{\left| f_n\left(1 + \frac{\varepsilon}{2}\right) \right|} = 1.$$

Für $n \geqq n_2$ ist also

$$\left| f_n\left(1 + \frac{\varepsilon}{2}\right) \right| < \left(1 + \frac{\varepsilon}{4}\right)^n,$$

folglich für $n > n_2$

$$\left| f_{n-1}\left(1 + \frac{\varepsilon}{2}\right) \right| < \left(1 + \frac{\varepsilon}{4}\right)^{n-1} < \left(1 + \frac{\varepsilon}{4}\right)^n,$$

$$\left| a_n\left(1 + \frac{\varepsilon}{2}\right)^n \right| = \left| f_n\left(1 + \frac{\varepsilon}{2}\right) - f_{n-1}\left(1 + \frac{\varepsilon}{2}\right) \right| < 2\left(1 + \frac{\varepsilon}{4}\right)^n.$$

$$\overline{\lim_{n=\infty}} \sqrt[n]{|a_n|} \leqq \frac{1 + \frac{\varepsilon}{4}}{1 + \frac{\varepsilon}{2}} < 1,$$

entgegen der Annahme, daß $f(x)$ den Konvergenzradius 1 hat.


§ 23.

# Hardyscher Mittelwertsatz.

Es sei eine nicht konstante Funktion

$$f(x) = \sum_{n=0}^{\infty} a_n x^n$$

für $|x| < R$ regulär. Dann wächst

$$M(r) = \operatorname*{Max.}_{|x|=r} |f(x)| \qquad (0 \leqq r < R)$$

bekanntlich mit $r$, und $\log M(r)$ ist (nach dem Hadamardschen Dreikreisesatz) für $0 < r < R$ eine konvexe Funktion von $\log r$.

Beide Eigenschaften kommen auch dem Mittelwert

$$H(r) = \frac{1}{2\pi} \int_0^{2\pi} \left| f\left(r\, e^{\varphi i}\right) \right|^2 d\varphi$$

von $|f(x)|^2$ für $|x| = r$ zu, wie aus der Identität

$$H(r) = \sum_{n=0}^{\infty} |a_n|^2\, r^{2n}$$

hervorgeht. Die rechte Seite wächst ja offenbar mit $r$, und sie ist die $M$-Funktion, bezogen auf

$$F(x) = \sum_{n=0}^{\infty} |a_n|^2\, x^{2n},$$

so daß $\log H(r)$ für $0 < r < R$ eine konvexe Funktion von $\log r$ ist.

Hardy hat nun bewiesen, daß beide Eigenschaften von $M(r)$ und $H(r)$ auch dem Mittelwert des absoluten Betrages von $f(x)$ selbst zukommen, oder, was dasselbe besagt, seinem $2\pi$ fachen

$$I(r) = \int_0^{2\pi} \left| f\left(r\, e^{\varphi i}\right) \right| d\varphi.$$

Also lautet die

**Behauptung:** *$I(r)$ wächst mit $r$ für $0 \leqq r < R$, und $\log I(r)$ ist eine konvexe Funktion von $\log r$ für $0 < r < R$.*

**Vorbemerkung:** Bei einer ganzen Funktion $f(x)$ gilt dies also für alle $r \geqq 0$ bzw. für alle $r > 0$.

**Beweis:** Ich zeige zunächst $I(0) < I(r_2)$ für $0 < r_2 < R$. Da $f(x)$ nicht konstant ist, ist es für $|x| = r_2$ auf keinem Halbstrahl von $0$ nach $\infty$ gelegen, also

$$I(0) = 2\pi\, |f(0)| = \left| \int_0^{2\pi} f\left(r_2\, e^{\varphi i}\right) d\varphi \right| < \int_0^{2\pi} \left| f\left(r_2\, e^{\varphi i}\right) \right| d\varphi = I(r_2).$$

Es bezeichne $F(x)$ die für $|x| < R$ reguläre Funktion

$$\int_0^{2\pi} f\left(x\, e^{\varphi i}\right) \frac{\left| f\left(r_2\, e^{\varphi i}\right) \right|}{f\left(r_2\, e^{\varphi i}\right)}\, d\varphi.$$

Dann ist für $|x| = \varrho < R$

$$|F(x)| \leqq \int_0^{2\pi} \left| f\left(x\, e^{\varphi i}\right) \right| d\varphi = I(\varrho).$$

1) Wegen

$$|F(0)| \leqq I(0) < I(r_2) = F(r_2)$$

ist also $F(x)$ nicht konstant. Für $0 < r_2 < r_3 < R$ ist daher

$$I(r_2) = F(r_2) < \operatorname*{Max.}_{|x| = r_3} |F(x)| \leqq I(r_3).$$

2) Für $0 < r_1 < r_2 < r_3 < R$ ist nach dem Hadamardschen Dreikreisesatz

$$(I(r_2))^{\log \frac{r_3}{r_1}} = (F(r_2))^{\log \frac{r_3}{r_1}} \leqq \left( \operatorname*{Max.}_{|x| = r_1} |F(x)| \right)^{\log \frac{r_3}{r_2}} \left( \operatorname*{Max.}_{|x| = r_3} |F(x)| \right)^{\log \frac{r_2}{r_1}}$$

$$\leqq (I(r_1))^{\log \frac{r_3}{r_2}} (I(r_3))^{\log \frac{r_2}{r_1}}.$$

## Siebentes Kapitel

# Der Picardsche Ideenkreis.

### § 24.
### Der Blochsche Satz.

**Hilfssatz.**

**Voraussetzung:** *Es sei $R > 0$, $f(x)$ für $|x| \leqq R$ regulär,*

$$f(0) = 0,$$

$$|f'(0)| \geqq a > 0,$$

$$|f'(x)| \leqq M \text{ für } |x| \leqq R.$$

*Es sei*

$$f(x) \neq \gamma \text{ für } |x| < R.$$

**Behauptung:** $\qquad |\gamma| \geqq \dfrac{a^2 R}{4 M}.$

**Vorbemerkung:** In $|x| < R$ wird also die ganze Kreisfläche

$$|\gamma| < \frac{a^2 R}{4 M}$$

angenommen.

**Beweis:** Zunächst folgt

$$|f(x)| \leqq R M \text{ für } |x| \leqq R.$$

Da $\gamma \neq 0$ und $1 - \dfrac{f(x)}{\gamma}$ für $|x| < R$ regulär ist und nicht verschwindet, gibt es eine für $|x| < R$ reguläre Funktion

$$h(x) = 1 - \frac{f'(0)}{2\gamma} x + \cdots$$

mit

$$h^2(x) = 1 - \frac{f(x)}{\gamma} = 1 - \frac{f'(0)}{\gamma} x + \cdots .$$

Für $|x| < R$ ist

$$|h^2(x)| \leqq 1 + \frac{RM}{|\gamma|}.$$

Daher ist

$$1 + \frac{a^2}{4\,|\gamma|^2}\,R^2 \leqq 1 + \frac{|f'(0)|^2}{4\,|\gamma|^2}\,R^2 \leqq 1 + \frac{RM}{|\gamma|},$$

$$|\gamma| \geqq \frac{a^2 R}{4\,M}.$$

### Satz 1.

**Voraussetzung:** *Es sei* $f(x)$ *für* $|x| \leqq 1$ *regulär,* $|f'(0)| \geqq 1$.

**Behauptung:** $f(x)$ *nimmt in* $|x| < 1$ *alle Werte eines gewissen Kreisinnern mit Radius* $\dfrac{1}{16}$ *an.*

**Beweis:** Wird

$$M(r) = \operatorname*{Max.}_{|x|\,\leqq\,r} |f'(x)| \text{ für } 0 \leqq r \leqq 1$$

gesetzt, so beginnen die Zahlen

$$\frac{1}{2^k}\,M\left(1 - \frac{1}{2^k}\right), \quad k \geqq 0 \text{ ganz,}$$

mit $M(0) \geqq 1$ und streben $\left(\text{wegen } M\left(1 - \dfrac{1}{2^k}\right) \leqq M(1)\right)$ bei $k \to \infty$ gegen 0. Ich nehme die letzte jener Zahlen, die $\geqq 1$ ist, habe also, $\dfrac{1}{2^k} = r$ gesetzt, ein $r$ mit

$$0 < r \leqq 1, \quad r\,M(1-r) \geqq 1 > \frac{r}{2}\,M\left(1 - \frac{r}{2}\right).$$

Man wähle $\xi$ mit

$$|\xi| \leqq 1 - r, \quad |f'(\xi)| = M(1-r).$$

Die Funktion

$$g(x) = f(x + \xi) - f(\xi)$$

ist für $|x| \leqq r$ regulär; es ist

$$g(0) = 0,$$

$$|g'(0)| = |f'(\xi)| \geqq \frac{1}{r}$$

und für $|x| \leqq \dfrac{r}{2}$ $\left(\text{wegen } |x + \xi| \leqq 1 - \dfrac{r}{2}\right)$

$$|g'(x)| = |f'(x + \xi)| \leqq M\left(1 - \frac{r}{2}\right) \leqq \frac{2}{r}.$$

Nach dem Hilfssatz bedeckt also das $g$-Bild von $|x| < \dfrac{r}{2}$ den Kreis

$$|\gamma| < \frac{\dfrac{1}{r^2}\,\dfrac{r}{2}}{4\,\dfrac{2}{r}} = \frac{1}{16},$$

also das $f$-Bild von $|x - \xi| < \dfrac{r}{2}$, also das von $|x| < 1$ den Kreis

$$|\gamma - f(\xi)| < \frac{1}{16}.$$

§ 25.

# Sätze von Picard, Landau und Schottky.

## Satz 2.

**Voraussetzung:** *Es sei $\Re$ entweder ein Kreis $|x| \leqq R$, $R > 0$, oder die ganze $x$-Ebene. Es sei $F(x)$ in $\Re$ regulär und dort*

$$F(x) \neq 0, \quad F(x) \neq 1.$$

**Behauptung:** *Es gibt ein in $\Re$ reguläres $f(x)$ und eine nur von $F(0)$ abhängige Zahl $\beta$ mit folgenden Eigenschaften:*

1) $F(x) = -e^{\dfrac{\pi i}{2}\left(e^{2f(x)} + e^{-2f(x)}\right)}$ ;

2) $f(0) = \beta$;

3) $f(x)$ *nimmt in $\Re$ kein Kreisinneres des Radius 1 an.*

**Beweis:** 1) Es gibt in $\Re$ reguläre Funktionen $h(x)$, $u(x)$, $v(x)$, $f(x)$ mit folgenden Eigenschaften:

$$
\begin{aligned}
F(x) &= e^{2\pi i\,h(x)} &&(\text{wegen } F(x) \neq 0),\\
h(x) &= u^2(x) &&(\text{wegen } F(x) \neq 1,\ h(x) \neq 0),\\
h(x) - 1 &= v^2(x) &&(\text{wegen } F(x) \neq 1,\ h(x) \neq 1),\\
u(x) - v(x) &= e^{f(x)} &&(\text{wegen } u^2(x) - v^2(x) = 1,\ u(x) - v(x) \neq 0).
\end{aligned}
$$

Nunmehr ist

$$u(x) + v(x) = \frac{1}{u(x) - v(x)} = e^{-f(x)},$$

$$2u(x) = e^{f(x)} + e^{-f(x)},$$

$$2\pi i\,h(x) = \frac{\pi i}{2}(2u(x))^2 = \frac{\pi i}{2}\left(e^{2f(x)} + e^{-2f(x)}\right) + \pi i,$$

$$F(x) = -e^{\dfrac{\pi i}{2}\left(e^{2f(x)} + e^{-2f(x)}\right)}.$$

2) Klar.

3) Die Zahlen

$$\gamma = \pm \log(\sqrt{m} + \sqrt{m-1}) + \frac{n\pi i}{2}, \quad m \geqq 1 \text{ ganz}, \ n \text{ ganz},$$

liegen so, daß kein Kreisinneres des Radius 1 von ihnen frei ist. Denn die Differenz zweier sukzessiver Ordinaten ist $\frac{\pi}{2} < \sqrt{3}$, und die Differenz zweier sukzessiver Abszissen ist $< 1$ wegen

$$\log(\sqrt{m+1} + \sqrt{m}) - \log(\sqrt{m} + \sqrt{m-1}) \begin{cases} = \log(\sqrt{2}+1) < 1 & \text{für } m = 1, \\ < \log\sqrt{\frac{m+1}{m-1}} \leqq \log\sqrt{3} < 1 & \text{für } m > 1; \end{cases}$$

zu jedem $\alpha$ gibt es also ein $\gamma$ mit

$$|\Re\gamma - \Re\alpha| < \tfrac{1}{2}, \ |\Im\gamma - \Im\alpha| < \frac{\sqrt{3}}{2},$$

$$|\gamma - \alpha| < \sqrt{\tfrac{1}{4} + \tfrac{3}{4}} = 1.$$

$f(x)$ läßt in $\Re$ alle Zahlen $\gamma$ aus; denn sonst wäre dort einmal

$$e^{f(x)} = (\sqrt{m} + \sqrt{m-1})^{\pm 1} i^n = i^n(\sqrt{m} \pm \sqrt{m-1}),$$

$$e^{-f(x)} = i^{-n}(\sqrt{m} \mp \sqrt{m-1}),$$

$$e^{2f(x)} + e^{-2f(x)} = (-1)^n(2m + 2(m-1)) = 2(-1)^n(2m-1),$$

$$F(x) = -e^{\pi i(-1)^n(2m-1)} = 1.$$

### Picardscher Satz 3.

**Voraussetzung:** $F(x)$ *sei ganz und nirgends* 0 *oder* 1.

**Behauptung:** $F(x)$ *ist konstant.*

**Vorbemerkung:** Jede ganze, nicht konstante Funktion $F(x)$ läßt also höchstens einen Wert aus. Denn ist $a \neq b$ und wäre $F(x)$ nie $a$ und nie $b$, so ließe die ganze Funktion $\frac{F(x) - a}{b - a}$ die Werte 0 und 1 aus, wäre also konstant, und somit wäre auch $F(x)$ konstant.

**Beweis:** Das $f(x)$ des Satzes 2 (wo für $\Re$ die ganze $x$-Ebene zu setzen ist) ist ganz. Wäre $F(x)$ nicht konstant, so wäre $f(x)$ nicht konstant. Man wähle $\xi$ mit $f'(\xi) \neq 0$. Dann nähme die ganze Funktion

$$\frac{f\left(\frac{16}{f'(\xi)}x + \xi\right)}{16} = \frac{f(\xi) + \frac{16}{f'(\xi)}f'(\xi)x + \cdots}{16} = a_0 + x + \cdots$$

nach Satz 2 kein Kreisinneres des Radius $\dfrac{1}{16}$ an, gegen Satz 1.

### Landauscher Satz 4.

*Es gibt ein $\varphi(\alpha) > 0$, so daß*

$$F(x) = \alpha + x + \cdots$$

*nicht für $|x| \leqq \varphi(\alpha)$ regulär, $\neq 0$ und $\neq 1$ sein kann.*

**Vorbemerkung:** Satz 4 enthält den Satz 3. Denn ist $G(x)$ ganz und nicht konstant, so wähle man $\eta$ mit $G'(\eta) \neq 0$. Dann ist

$$F(x) = G\left(\frac{x}{G'(\eta)} + \eta\right) = G(\eta) + x + \cdots$$

ganz, also für $|x| \leqq \varphi(G(\eta))$ regulär und kann bereits hier nicht durchweg von 0 und von 1 verschieden sein.

**Beweis:** Ist für $|x| \leqq R$, wo $R > 0$,

$$F(x) = \alpha + x + \cdots \text{ regulär}, \neq 0 \text{ und } \neq 1,$$

so ist das $f(x)$ des Satzes 2 für $|x| \leqq R$ regulär, bedeckt kein Kreisinneres des Radius 1, und $f(0)$ hängt nur von $\alpha$ ab; ferner ist

$$F'(x) = F(x)\,\pi i \left(e^{2f(x)} - e^{-2f(x)}\right) f'(x),$$
$$1 = \alpha \pi i \left(e^{2f(0)} - e^{-2f(0)}\right) f'(0),$$

also $f'(0) \neq 0$ und nur von $\alpha$ abhängig.

Für $|x| \leqq 1$ ist

$$\frac{f(Rx)}{Rf'(0)} = a_0 + x + \cdots$$

regulär und bedeckt kein Kreisinneres des Radius $\dfrac{1}{R|f'(0)|}$. Nach Satz 1 ist also

$$\frac{1}{R|f'(0)|} > \frac{1}{16},$$

also,

$$\varphi(\alpha) = \frac{16}{|f'(0)|}$$

gesetzt,

$$R < \varphi(\alpha).$$

Für $R = \varphi(\alpha)$ ist dies nicht wahr.

## Schottkyscher Satz 5.

*Zu jedem $\alpha$ und jedem $\vartheta$ mit $0 \leqq \vartheta < 1$ gibt es ein $\Phi(\alpha, \vartheta)$, so daß aus*

$$F(x) = \alpha + \cdots \ regulär, \ \neq 0 \ und \ \neq 1 \ für \ |x| \leqq 1$$

*folgt*

$$|F(x)| < \Phi(\alpha, \vartheta) \ für \ |x| \leqq \vartheta.$$

**Vorbemerkung:** Satz 5 enthält Satz 4; denn aus

$$R > 0, \ G(x) = \alpha + x + \cdots \ regulär, \ \neq 0 \ und \ \neq 1 \ für \ |x| \leqq R$$

folgt

$$F(x) = G(Rx) = \alpha + Rx + \cdots regulär, \ \neq 0 \ und \ \neq 1 \ für \ |x| \leqq 1,$$
$$R \leqq 2 \operatorname*{Max.}_{|x| = \frac{1}{2}} |F(x)| < 2\,\Phi(\alpha, \tfrac{1}{2}).$$

**Beweis:** Für $|\xi| \leqq \vartheta$ ist in der Bezeichnung des Satzes 2, falls $f'(\xi) \neq 0$, die Funktion

$$\frac{f\big(\xi + (1-\vartheta)x\big)}{(1-\vartheta)\,f'(\xi)} = a_0 + x + \cdots$$

im Kreis $|x| \leqq 1$ regulär und bedeckt für $|x| < 1$ kein Kreisinneres des Radius $\dfrac{1}{(1-\vartheta)\,|f'(\xi)|}$. Nach Satz 1 ist also

$$\frac{1}{(1-\vartheta)\,|f'(\xi)|} > \frac{1}{16},$$
$$|f'(\xi)| < \frac{16}{1-\vartheta}.$$

Falls $f'(\xi) = 0$, gilt dies auch.
Jedenfalls ist also für $|x| \leqq \vartheta$

$$|f(x) - f(0)| \leqq \frac{16}{1-\vartheta}\,\vartheta < \frac{16}{1-\vartheta},$$
$$|f(x)| < |f(0)| + \frac{16}{1-\vartheta} = \Phi_1(\alpha, \vartheta),$$
$$|F(x)| < e^{\frac{\pi}{2}\left(e^{2\Phi_1(\alpha, \vartheta)} + e^{2\Phi_1(\alpha, \vartheta)}\right)} = \Phi(\alpha, \vartheta).$$

## Verschärfter Schottkyscher Satz 6.

*Zu jedem $\omega$ und jedem $\vartheta$ mit $0 \leqq \vartheta < 1$ gibt es ein $\Psi(\omega, \vartheta)$, so daß aus*

$$F(x) = \alpha + \cdots \ regulär, \ \neq 0 \ und \ \neq 1 \ für \ |x| \leqq 1$$

*nebst*

$$|\alpha| \leqq \omega$$

*folgt*

$$|F(x)| < \Psi(\omega, \vartheta) \ \text{für} \ |x| \leqq \vartheta.$$

**Vorbemerkung:** Satz 6 enthält natürlich Satz 5; denn man setze $\omega = |\alpha|$.

**Beweis:** Ohne Beschränkung der Allgemeinheit sei

$$\omega \geqq 2.$$

1) Es sei

$$|\alpha| \geqq \frac{1}{\omega}.$$

In

$$F(x) = e^{2\pi i h(x)}$$

legen wir $h(x)$ durch

$$-\tfrac{1}{2} < \Re h(0) \leqq \tfrac{1}{2}$$

fest; dann ist

$$|h(0)| \leqq \tfrac{1}{2} + \frac{|\log|\alpha||}{2\pi} \leqq \tfrac{1}{2} + \frac{\log \omega}{2\pi} = P_1(\omega),$$

also in den Bezeichnungen vom Beweise des Satzes 2

$$|u(0)| = \sqrt{|h(0)|} < P_2(\omega),$$
$$|v(0)| = \sqrt{|h(0)-1|} < P_3(\omega),$$
$$|u(0) - v(0)| < P_4(\omega),$$
$$\frac{1}{|u(0)-v(0)|} = |u(0) + v(0)| < P_5(\omega).$$

In

$$u(x) - v(x) = e^{f(x)}$$

legen wir $f(x)$ durch

$$-\pi < \Im f(0) \leqq \pi$$

fest; dann ist

$$|f(0)| \leqq |\log|u(0) - v(0)|| + \pi < P_6(\omega),$$

also für $|x| \leqq \vartheta$

$$|f(x)| < |f(0)| + \frac{16}{1-\vartheta} < \Psi_1(\omega, \vartheta),$$

$$|F(x)| < e^{\frac{\pi}{2}\left(e^{2\Psi_1(\omega, \vartheta)} + e^{2\Psi_1(\omega, \vartheta)}\right)} = \Psi_2(\omega, \vartheta).$$

2) Es sei

$$|\alpha| < \frac{1}{\omega}.$$

Dann ist

$$|\alpha| < \tfrac{1}{2},$$
$$\tfrac{1}{2} \leqq |1 - \alpha| \leqq 2.$$

Nach 1), auf $1 - F(x)$ statt $F(x)$ und 2 statt $\omega$ angewendet, ist also für $|x| \leqq \vartheta$

$$|1 - F(x)| < \Psi_2(2, \vartheta) = \Psi_3(\vartheta),$$
$$|F(x)| < 1 + \Psi_3(\vartheta) = \Psi_4(\vartheta).$$

## § 26.

## Der große Picardsche Satz.

**Voraussetzung:** $f(x)$ *sei für* $0 < |x - x_0| < \varrho$ *eindeutig-regulär,* $\neq a$ *und* $\neq b$ *(wo* $a \neq b$ *ist).*

**Behauptung:** $x_0$ *ist keine wesentlich singuläre Stelle (sondern regulär oder ein Pol).*

**Vorbemerkungen:** Mit anderen Worten: In jeder Nähe jeder isolierten wesentlich singulären Stelle läßt eine (in der Umgebung dieser Stelle eindeutige) Funktion höchstens einen Wert aus.

Dieser Satz enthält den (kleinen) Picardschen Satz, wie die Substitution $x - x_0 = \dfrac{1}{y}$ lehrt. Überhaupt ist der große Picardsche Satz völlig gleichwertig mit der Aussage: Jede für $|x| > \mathrm{P}$ eindeutig-reguläre Funktion, die für $x = \infty$ weder regulär ist noch dort einen Pol hat, läßt für $|x| > \mathrm{P}$ höchstens einen Wert aus.

**Beweis:** Ohne Beschränkung der Allgemeinheit sei $x_0 = 0$, $\varrho = 1$, $a = 0$, $b = 1$. (Denn sonst betrachte man

$$\frac{f(x_0 + \varrho y) - a}{b - a} \text{ .)}$$

Es sei also $f(x)$ für $0 < |x| < 1$ eindeutig, regulär, $\neq 0$ und $\neq 1$. Ich nehme an, 0 sei doch eine wesentlich singuläre Stelle, und werde einen Widerspruch herleiten.

Nach Weierstraß kann ich eine Punktfolge $x_1, x_2, \ldots, x_n,$ $\ldots$ so wählen, daß

$$e^{-4\pi} > |x_1| > |x_2| > \cdots > |x_n| > \cdots, \quad x_n \to 0$$

und

$$|f(x_n) - 2| < \tfrac{1}{2}$$

ist.

Ich bestimme für jedes $n$ die Zahl $t_n$ durch

$$e^{t_n} = x_n, \quad -\pi < \Im t_n \leqq \pi$$

und betrachte die für $\Re t < 0$ eindeutig-reguläre, von 0 und 1 verschiedene Funktion

$$f(x) = f(e^t) = g(t).$$

Sie hat die Periode $2\pi i$. Es ist

$$-4\pi > \Re t_1 > \Re t_2 > \cdots > \Re t_n > \cdots, \quad \Re t_n \to -\infty.$$

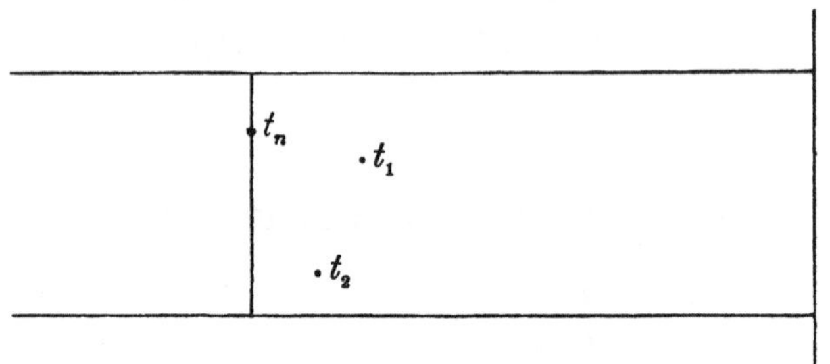

Das Bild der im Streifen $-\pi \leqq \Im t \leqq \pi$ durch $t_n$ gelegten Vertikalstrecke ist der Kreis $|x| = |x_n|$ der $x$-Ebene. Ich wende Satz 6 des § 25 auf die Funktion

$$g(t_n + 4\pi y) = h(y)$$

an; wegen

$$h(0) = g(t_n) = f(x_n)$$

ist

$$|h(0) - 2| < \tfrac{1}{2},$$

also, da $h(y)$ für $|y| \leqq 1$ weder 0 noch 1 ist, für $|y| \leqq \tfrac{1}{2}$

$$|h(y)| < P,$$

wo $P$ (bereits auf Grund des Schottkyschen Teils des Satzes 6 in § 25) eine absolute Konstante ist.

Auf der Vertikalstrecke durch $t_n$, die dem Kreise $|t - t_n| \leqq 2\pi$ angehört, ist also

$$|g(t)| < P;$$

daher ist für jedes $n$ auf dem Kreise $|x| = |x_n|$

$$|f(x)| < P.$$

Diese Ungleichung muß also auch in dem Ring zwischen zweien dieser Kreise gelten. Für $0 < |x| \leqq |x_1|$ ist also, da jedes derartige $x$ einem Ringe $|x_{n+1}| \leqq |x| \leqq |x_n|$ angehört,

$$|f(x)| < P,$$

im Gegensatz zu der Annahme, daß 0 eine wesentlich singuläre Stelle ist.

Achtes Kapitel.

# Schlichte Funktionen.

### § 27.

## Koebescher Verzerrungssatz.

### Satz 1.

**Voraussetzung:** *Es sei*

$$f(x) = \frac{1}{x} + \sum_{n=0}^{\infty} a_n x^n$$

*für* $0 < |x| < 1$ *regulär-schlicht.*

**Behauptung:**

$$\sum_{n=0}^{\infty} n |a_n|^2 \leqq 1,$$

*also insbesondere*

$$|a_1| \leqq 1.$$

**Beweis:** Ohne Beschränkung der Allgemeinheit sei $a_0 = 0$ (sonst betrachte man $f(x) - a_0$) und $a_1 \geqq 0$ (sonst betrachte man $\varepsilon f(\varepsilon x)$ bei passendem $\varepsilon$ mit $|\varepsilon| = 1$).

Es sei $0 < \delta < 8$. Man wähle $\eta = \eta(\delta)$, so daß

$$0 < \eta < 1, \ \eta \sqrt{2a_1} < 1, \ \left| \sum_{n=2}^{\infty} a_n x^{n-1} \right| < \frac{\delta}{10} \ \text{für} \ |x| < \eta.$$

Für jeden Bildpunkt $U + Vi$ ($U$, $V$ reell) von $x = u + vi$ ($u$, $v$ reell) mit $0 < |x| = \varrho < \eta$ gilt

$$\left| U + Vi - \frac{1}{x} - a_1 x \right| = \left| U - \frac{u}{\varrho} \left( \frac{1}{\varrho} + a_1 \varrho \right) + i \left( V + \frac{v}{\varrho} \left( \frac{1}{\varrho} - a_1 \varrho \right) \right) \right| < \frac{\delta}{10} \varrho,$$

$$\left| U - \frac{u}{\varrho} \left( \frac{1}{\varrho} + a_1 \varrho \right) \right| < \frac{\delta}{10} \varrho, \ \left| V + \frac{v}{\varrho} \left( \frac{1}{\varrho} - a_1 \varrho \right) \right| < \frac{\delta}{10} \varrho,$$

also $\left(\text{wegen } 2\,a_1\,\varrho^2 \leqq 2\,a_1\,\eta^2 < 1, \ \dfrac{1}{\varrho} - a_1\,\varrho > \dfrac{1}{2\,\varrho}\right)$

$$\frac{|U|}{\dfrac{1}{\varrho} + a_1\,\varrho} < \frac{|u|}{\varrho} + \frac{\delta}{10}\,\varrho^2, \qquad \frac{|V|}{\dfrac{1}{\varrho} - a_1\,\varrho} < \frac{|v|}{\varrho} + \frac{\delta}{5}\,\varrho^2,$$

$$\left(\frac{U}{\dfrac{1}{\varrho} + a_1\,\varrho}\right)^2 + \left(\frac{V}{\dfrac{1}{\varrho} - a_1\,\varrho}\right)^2 < \frac{u^2}{\varrho^2} + \frac{\delta}{5}\,\varrho^2 + \frac{\delta^2}{100}\,\varrho^4 + \frac{v^2}{\varrho^2} + \frac{2\delta}{5}\,\varrho^2 + \frac{\delta^2}{25}\,\varrho^4$$

$$= 1 + \frac{3\delta}{5}\,\varrho^2 + \frac{\delta^2}{20}\,\varrho^4 < 1 + \frac{3\delta}{5}\,\varrho^2 + \frac{8\delta}{20}\,\varrho^2 = 1 + \delta\varrho^2.$$

$U + Vi$ gehört also einer Ellipse mit dem Mittelpunkt 0 und den Halbachsen $\left(\dfrac{1}{\varrho} \pm a_1\,\varrho\right)\sqrt{1 + \delta\varrho^2}$ an.

Ist P mit $0 < \text{P} < 1$ fest und $0 < \varrho \leqq \eta_1(\delta)$, wo $\eta_1(\delta) > 0$, $< \text{P}$ und $< \eta(\delta)$ gewählt werden kann, so gehört auch das Bild von $|x| = \text{P}$ jener Ellipse an, da ihre Halbachsen bei $\varrho \to 0$ ins Unendliche wachsen.

Für $0 < \varrho \leqq \eta_1(\delta)$ gehört also das ganze Bild von $\varrho \leqq |x| \leqq \text{P}$ jener Ellipse an (denn sonst müßte der Bildpunkt eines Randpunktes des Kreisringes außerhalb der Ellipse liegen).

Für $0 < \varrho < \text{P} < 1$ hat das $f$-Bild von $\varrho \leqq |x| \leqq \text{P}$ (was sich unter Benutzung der Schlichtheit fast wörtlich wie in § 13 ergibt) den Inhalt

$$\pi\left(\frac{1}{\varrho^2} - \frac{1}{\text{P}^2} + \sum_{n=1}^{\infty} n\,|a_n|^2\left(\text{P}^{2n} - \varrho^{2n}\right)\right).$$

Da die Ellipse den Inhalt

$$\pi\left(\frac{1}{\varrho^2} - a_1^2\,\varrho^2\right)(1 + \delta\varrho^2) \leqq \frac{\pi}{\varrho^2}(1 + \delta\varrho^2) = \frac{\pi}{\varrho^2} + \pi\delta$$

hat, ist also für $0 < \varrho \leqq \eta_1(\delta)$

$$\pi\left(-\frac{1}{\text{P}^2} + \sum_{n=1}^{\infty} n\,|a_n|^2\,(\text{P}^{2n} - \varrho^{2n})\right) \leqq \pi\delta.$$

$\varrho \to 0$ gibt

$$\sum_{n=1}^{\infty} n\,|a_n|^2\,\text{P}^{2n} \leqq \frac{1}{\text{P}^2} + \delta.$$

$\text{P} \to 1$ gibt

$$\sum_{n=1}^{\infty} n\,|a_n|^2 \leqq 1 + \delta.$$

$\delta \to 0$ gibt

$$\sum_{n=1}^{\infty} n\,|a_n|^2 \leqq 1.$$

## Hilfssatz 1.

*Ist*

$$f(x) = x + a_2 x^2 + \cdots$$

*für* $|x| < 1$ *regulär-schlicht, so gibt es ein für* $|x| < 1$ *regulär-schlicht-ungerades*

$$g(x) = x + \frac{a_2}{2}\,x^3 + \cdots$$

*mit*

$$f(x^2) = g^2(x).$$

**Beweis:** 1) In

$$f(x^2) = x^2(1 + a_2 x^2 + \cdots)$$

ist die Klammer rechts für $|x| < 1$ regulär, gerade und $\neq 0$, also das Quadrat einer regulären, geraden Funktion

$$h(x) = 1 + \frac{a_2}{2}\,x^2 + \cdots.$$

Die Funktion

$$g(x) = x\,h(x) = x + \frac{a_2}{2}\,x^3 + \cdots$$

ist für $|x| < 1$ regulär-ungerade und genügt der Gleichung

$$f(x^2) = g^2(x).$$

2) Dies $g(x)$ ist in $|x| < 1$ schlicht; denn der Wert 0 wird nur in 0 angenommen, und aus

$$g(x_1) = g(x_2), \quad 0 < |x_1| < 1, \quad 0 < |x_2| < 1$$

folgt

$$f(x_1^2) = g^2(x_1) = g^2(x_2) = f(x_2^2),$$
$$x_1^2 = x_2^2,$$
$$x_1 = \pm x_2,$$

und hier gilt das obere Zeichen wegen

$$g(-x_1) = -g(x_1),$$
$$g(-x_1) \neq g(x_1).$$

## Satz 2.

**Voraussetzung:** *Es sei*

$$f(x) = x + a_2 x^2 + \cdots$$

*für* $|x| < 1$ *regulär-schlicht.*

**Behauptung:**

$$|a_2| \leqq 2.$$

**Beweis:** Nach Hilfssatz 1 ist

$$\frac{1}{g(x)} = \frac{1}{x + \dfrac{a_2}{2}\,x^3 + \cdots} = \frac{1}{x} - \frac{a_2}{2}\,x + \cdots$$

für $0 < |x| < 1$ regulär-schlicht. Nach Satz 1 ist also

$$\left| -\frac{a_2}{2} \right| \leqq 1,$$

$$|a_2| \leqq 2.$$

**Gemeinsame Voraussetzung der Sätze 3 bis 8:** *Es sei $f(x)$ für $|x| < 1$ regulär-schlicht, $f(0) = 0$, $f'(0) = 1$.*

**Satz 3.**

*Für $0 \leqq x < 1$ ist*

$$\left| \frac{f''}{f'}(x) - \frac{2x}{1 - x^2} \right| \leqq \frac{4}{1 - x^2}.$$

**Beweis:** Es sei $x$ mit $0 \leqq x < 1$ fest. Die Funktion

$$\frac{z + x}{1 + x z}$$

ist für $|z| < 1$ schlicht und absolut $< 1$. Daher ist

$$g(z) = f\!\left( \frac{z + x}{1 + x z} \right) = A_0 + A_1 z + A_2 z^2 + \cdots$$

für $|z| < 1$ regulär-schlicht. Es ist

$$g'(z) = f'\!\left( \frac{z + x}{1 + x z} \right) \frac{1 - x^2}{(1 + x z)^2},$$

$$g''(z) = f''\!\left( \frac{z + x}{1 + x z} \right) \frac{(1 - x^2)^2}{(1 + x z)^4} - f'\!\left( \frac{z + x}{1 + x z} \right) 2 x \frac{1 - x^2}{(1 + x z)^3},$$

$$A_1 = g'(0) = f'(x)(1 - x^2),$$

$$A_2 = \tfrac{1}{2} g''(0) = \tfrac{1}{2}\left( f''(x)(1 - x^2)^2 - 2 f'(x) x (1 - x^2) \right).$$

Da

$$\frac{g(z) - A_0}{A_1} = z + \frac{A_2}{A_1}\,z^2 + \cdots$$

für $|z| < 1$ regulär-schlicht ist, ist nach Satz 2

$$\left| \frac{1}{2}\left( \frac{f''}{f'}(x)(1 - x^2) - 2 x \right) \right| = \left| \frac{A_2}{A_1} \right| \leqq 2.$$

## Satz 4.

$$\frac{1-r}{(1+r)^3} \leqq |f'(x)| \leqq \frac{1+r}{(1-r)^3} \ \textit{für} \ |x| = r < 1.$$

**Vorbemerkungen:** 1) Beide Ungleichungen gelten also für $|x| \leqq r < 1$; denn $f'(x)$ und $\dfrac{1}{f'(x)}$ sind für $|x| < 1$ regulär.

2) Für $|x_1| \leqq r < 1$, $|x_2| \leqq r$ ist also

$$\left(\frac{1-r}{1+r}\right)^4 \leqq \left|\frac{f'(x_1)}{f'(x_2)}\right| \leqq \left(\frac{1+r}{1-r}\right)^4.$$

**Beweis:** Es genügt, die Behauptung für $x = r$ zu beweisen (sonst betrachte man $\dfrac{f(\varepsilon x)}{\varepsilon}$ mit $|\varepsilon| = 1$).

Nach Satz 3 ist für $0 \leqq r < 1$

$$\left|\log|f'(r)| + \log(1-r^2)\right| = \left|\Re\int_0^r \frac{f''}{f'}(x)\,dx + \log(1-r^2)\right|$$

$$\leqq \left|\int_0^r \frac{f''}{f'}(x)\,dx - \int_0^r \frac{2x}{1-x^2}\,dx\right| \leqq \int_0^r \frac{4}{1-x^2}\,dx = 2\log\frac{1+r}{1-r},$$

$$\log|f'(r)| \begin{cases} \leqq -\log(1-r^2) + 2\log\dfrac{1+r}{1-r} = \log\dfrac{1+r}{(1-r)^3}, \\[2ex] \geqq -\log(1-r^2) - 2\log\dfrac{1+r}{1-r} = \log\dfrac{1-r}{(1+r)^3}. \end{cases}$$

## § 28.

# Schranken für $|f(x)|$.

## Satz 5.

$$|f(x)| \leqq \frac{r}{(1-r)^2} \ \textit{für} \ |x| \leqq r < 1.$$

**Beweis:** Es genügt, die Behauptung für $x = r$ zu beweisen. Nach Satz 4 ist

$$|f(r)| \leqq \int_0^r |f'(x)|\,dx \leqq \int_0^r \frac{1+x}{(1-x)^3}\,dx = \frac{r}{(1-r)^2}.$$

## Satz 6.

$f(x)$ *nimmt für* $|x| < 1$ *alle* $\gamma$ *mit* $|\gamma| < \frac{1}{4}$ *an.*

**Beweis:** Aus

$$f(x) = x + a_2 x^2 + \cdots,$$
$$f(x) \neq \gamma \ \text{für} \ |x| < 1$$

folgt, da $\gamma \neq 0$, daß

$$g(x) = \frac{f(x)}{1 - \dfrac{f(x)}{\gamma}} = \frac{x + a_2 x^2 + \cdots}{1 - \dfrac{x}{\gamma} + \cdots} = x + \left(a_2 + \frac{1}{\gamma}\right) x^2 + \cdots$$

für $|x| < 1$ regulär-schlicht ist. Zweimalige Anwendung des Satzes 2 ergibt

$$|a_2| \leqq 2, \quad \left|a_2 + \frac{1}{\gamma}\right| \leqq 2,$$

$$\left|\frac{1}{\gamma}\right| \leqq 4,$$

$$|\gamma| \geqq \tfrac{1}{4}.$$

### Satz 7.

$$|f(x)| \geqq \frac{r}{4} \quad \textit{für} \ \ 0 < |x| = r < 1.$$

**Vorbemerkung:** Für jedes $r$ wird Satz 8 schärfer sein.

**Beweis:** $\qquad \dfrac{f(rx)}{r} = x + \cdots$

nimmt nach Satz 6 für $|x| < 1$ alle $\gamma$ mit $|\gamma| < \tfrac{1}{4}$ an; $f(x)$ also für $|x| < r$ alle $\gamma$ mit $|\gamma| < \dfrac{r}{4}$. Wegen der Schlichtheit kann also kein solches $\gamma$ auf $|x| = r$ angenommen werden.

### Hilfssatz 2.

$k(x) = \dfrac{x}{(1-x)^2}$ *nimmt für* $|x| < 1$ *genau alle* $\gamma$ *an, die nicht* $\leqq -\tfrac{1}{4}$ *sind.*

**Vorbemerkung:** In Satz 6 kann also $\tfrac{1}{4}$ durch keine größere Weltkonstante ersetzt werden.

**Beweis:** $\gamma = 0$ wird für $x = 0$ angenommen.
Für $\gamma \neq 0$ ist

$$\frac{x}{(1-x)^2} = \gamma$$

mit

$$x^2 - \left(2 + \frac{1}{\gamma}\right) x + 1 = 0$$

identisch. Das Produkt beider Wurzeln dieser Gleichung ist 1. Dann und nur dann liegt keine Wurzel in $|x| < 1$, wenn beide Wurzeln auf dem Rande des Einheitskreises liegen und konjugiert komplex sind. Das bedeutet genau

$$-2 \leqq 2 + \frac{1}{\gamma} \leqq 2,$$

d. h.

$$-4 \leqq \frac{1}{\gamma} \leqq 0,$$

d. h.

$$\gamma \leqq -\tfrac{1}{4}.$$

### Hilfssatz 3.

*Es sei* $x = K(y)$ *die zu* $y = k(x)$, $|x| < 1$, *inverse Funktion* (die nach Hilfssatz 2 die von $-\tfrac{1}{4}$ nach $-\infty$ aufgeschlitzte $y$-Ebene schlicht auf $|x| < 1$ abbildet). *Es sei*

$$0 < r < 1, \quad p = \frac{4r}{(1+r)^2}$$

(*also* $0 < p < 1$). *Dann ist*

$$x = F(z) = K(p\,k(z))$$

*für* $|z| < 1$ *regulär-schlicht und bildet* $|z| < 1$ *auf den von* $-r$ *nach* $-1$ *aufgeschlitzten Kreis* $|x| < 1$ *ab. Für* $x \to -r$ *von rechts strebt die inverse Funktion von rechts gegen* $-1$.

**Beweis:** 1) Für $|z| < 1$ ist $p\,k(z)$ regulär-schlicht und nimmt dort genau die Werte an, die nicht $\leqq -\dfrac{p}{4}$ sind; alle diese sind nicht $\leqq -\tfrac{1}{4}$. $F(z)$ ist also für $|z| < 1$ regulär-schlicht und absolut $< 1$.

2) $$\frac{1}{k(x)} = x + \frac{1}{x} - 2$$

fällt für $-1 < x < 0$; $k(x)$ steigt also dort. Bei $x \to -1$ (von rechts) ist

$$k(x) \to -\tfrac{1}{4};$$

ferner ist

$$k(-r) = -\frac{r}{(1+r)^2} = -\frac{p}{4}.$$

$F(z)$ nimmt also für $|z| < 1$ genau die Werte $x$ mit $|x| < 1$ außer denen auf $-1 < x \leqq -r$ an. Und wenn $x$ von rechts gegen $-r$ strebt, so strebt von rechts $p\,k(z) = k(x)$ gegen $-\dfrac{p}{4}$, also $k(z)$ gegen $-\tfrac{1}{4}$, also $z$ gegen $-1$.

## Satz 8.

$$|f(x)| \geqq \frac{r}{(1+r)^2} \ \textit{für} \ |x| = r < 1.$$

**Beweis:** Es genügt, die Behauptung für $-1 < x = -r < 0$ zu zeigen. Mit dem $F(z)$ aus Hilfssatz 3 ist

$$h(z) = \frac{f(F(z))}{p} = z + \cdots$$

für $|z| < 1$ regulär-schlicht. Es sei $0 < \varrho < 1$. Nach Satz 7 ist für $-1 < z < -\varrho$

$$|h(z)| \geqq \frac{|z|}{4} > \frac{\varrho}{4};$$

bei passendem $\eta = \eta(\varrho) > 0$ ist nach Hilfssatz 3 für $-r < x < -r + \eta$

$$-1 < z < -\varrho,$$

also

$$\frac{|f(x)|}{p} > \frac{\varrho}{4}.$$

Daher ist

$$\frac{|f(-r)|}{p} \geqq \frac{\varrho}{4},$$

und $\varrho \to 1$ gibt

$$|f(-r)| \geqq \frac{p}{4} = \frac{r}{(1+r)^2}.$$

# Literaturverzeichnis.


### Bieberbach, L.

1. *Über die Koeffizienten derjenigen Potenzreihen, welche eine schlichte Abbildung des Einheitskreises vermitteln.* Sitzungsberichte der Königlich Preussischen Akademie der Wissenschaften, Berlin, Jahrgang 1916, S. 940—955.
2. *Aufstellung und Beweis des Drehungssatzes für schlichte konforme Abbildungen.* Mathematische Zeitschrift, Bd. 4, S. 295—305; 1919.

### Bloch, A.

1. *Les théorèmes de M. Valiron sur les fonctions entières, et la théorie de l'uniformisation.* Comptes rendus hebdomadaires des séances de l'Académie des Sciences, Paris, Bd. 178, S. 2051—2052; 1924.
2. *Les théorèmes de M. Valiron sur les fonctions entières et la théorie de l'uniformisation.* Annales de la Faculté des Sciences de l'Université de Toulouse, Ser. 3, Bd. 17, S. 1—22; 1925.

### Blumenthal, O.

*Über ganze transzendente Funktionen.* Jahresbericht der Deutschen Mathematiker-Vereinigung, Bd. 16, S. 97—109; 1907.

### Bohr, H.

1. *A Theorem concerning Power Series.* Proceedings of the London Mathematical Society, Ser. 2, Bd. 13, S. 1—5; 1914.
2. *Über die Koeffizientensumme einer beschränkten Potenzreihe.* Nachrichten von der Königlichen Gesellschaft der Wissenschaften zu Göttingen, mathematisch-physikalische Klasse, Jahrgang 1916, S. 276—291; Jahrgang 1917, S. 119—128.

### Bohr, H. und Landau, E.

*Über das Verhalten von $\zeta(s)$ und $\zeta_x(s)$ in der Nähe der Geraden $\sigma = 1$.* Nachrichten von der Königlichen Gesellschaft der Wissenschaften zu Göttingen, mathematisch-physikalische Klasse, Jahrgang 1910, S. 303—330.

### Borel, É.

*Démonstration élémentaire d'un théorème de M. Picard sur les fonctions entières.* Comptes rendus hebdomadaires des séances de l'Académie des Sciences, Paris, Bd. 122, S. 1045—1048; 1896.

### Carathéodory, C.

*Über die gegenseitige Beziehung der Ränder bei der konformen Abbildung des Inneren einer Jordanschen Kurve auf einen Kreis.* Mathematische Annalen, Bd. 73, S. 305—320; 1913.

### Cesàro, E.

*Sur la multiplication des séries.* Bulletin des Sciences mathématiques, Ser. 2, Bd. 14, Teil 1, S. 114—120; 1890.

### Dienes, P.

*Essai sur les singularités des fonctions analytiques.* Journal de Mathématiques pures et appliquées, Ser. 6, Bd. 5, S. 327—413; 1909.

### Eneström, G.

*Härledning af en allmän formel för antalet pensionärer, som vid en godtycklig tidpunkt förefinnas inom en sluten pensionskassa.* Öfversigt af Kongl. Vetenskaps-Akademiens Förhandlingar, Bd. 50, S. 405—415; 1893.

### Faber, G.

1. *Über die Nicht-Fortsetzbarkeit gewisser Potenzreihen.* Sitzungsberichte der mathematisch-physikalischen Klasse der Königlich Bayerischen Akademie der Wissenschaften, Jahrgang 1904, S. 63—74.
2. *Über das Anwachsen analytischer Funktionen.* Mathematische Annalen, Bd. 63, S. 549—551; 1907.
3. *Über stetige Funktionen (zweite Abhandlung).* Mathematische Annalen, Bd. 69, S. 372—443; 1910.
4. *Neuer Beweis eines Koebe-Bieberbachschen Satzes über konforme Abbildung.* Sitzungsberichte der mathematisch-physikalischen Klasse der Königlich Bayerischen Akademie der Wissenschaften, Jahrgang 1916, S. 39—42.

### Fabry, E.

*Sur les points singuliers d'une fonction donnée par son développement en série et l'impossibilité du prolongement analytique dans des cas très généraux.* Annales scientifiques de l'École normale supérieure, Ser. 3, Bd. 13, S. 367—399; 1896.

### Fatou, P.

*Séries trigonométriques et séries de Taylor.* Acta Mathematica, Bd. 30, S. 335—400; 1906.

### Fejér, L.

1. *Über gewisse Potenzreihen an der Konvergenzgrenze.* Sitzungsberichte der mathematisch-physikalischen Klasse der Königlich Bayerischen Akademie der Wissenschaften, Jahrgang 1910, No. 3, 17 S.
2. *La convergence sur son cercle de convergence d'une série de puissance effectuant une représentation conforme du cercle sur le plan simple.* Comptes rendus hebdomadaires des séances de l'Académie des Sciences, Paris, Bd. 156, S. 46—49; 1913.
3. *Über gewisse durch die Fouriersche und Laplacesche Reihe definierten Mittelkurven und Mittelflächen.* Rendiconti del Circolo Matematico di Palermo, Bd. 38, S. 79—97; 1914.
4. *Über die Konvergenz der Potenzreihe an der Konvergenzgrenze in Fällen der konformen Abbildung auf die schlichte Ebene.* Mathematische Abhandlungen, Hermann Amandus Schwarz zu seinem fünfzigjährigen Doktorjubiläum am 6. August 1914 gewidmet von Freunden und Schülern, S. 42—53; Berlin (Springer), 1914.

### Fekete, M.

*Sur les séries de Dirichlet.* Comptes rendus hebdomadaires des séances de l'Académie des Sciences, Paris, Bd. 150, S. 1033—1036; 1910.

### Gronwall, T. H.

*Some remarks on conformal representation.* Annals of Mathematics, Ser. 2, Bd. 16, S. 72—76 und S. 138; 1914—1915.

### Hadamard, J.

1. *Sur les fonctions entières.* Bulletin de la Société mathématique de France, Bd. 24, S. 186—187; 1896.
2. *Notice sur les travaux scientifiques de M. Jacques Hadamard,* Teil 2. 91 S.; Paris (Hermann), 1912.

### Hardy, G. H.

1. *A theorem concerning Taylor's series.* The quarterly Journal of pure and applied Mathematics, Bd. 44, S. 147—160; 1913.
2. *The Mean Value of the Modulus of an Analytic Function.* Proceedings of the London Mathematical Society, Ser. 2, Bd. 14, S. 269—277; 1915.

### Hardy, G. H. und Littlewood, J. E.

1. *Contributions to the Arithmetic Theory of Series.* Proceedings of the London Mathematical Society, Ser. 2, Bd. 11, S. 411—478; 1913.
2. *Some theorems concerning Dirichlet's series.* The Messenger of Mathematics, Ser. 2, Bd. 43, S. 134—147; 1914.
3. *Tauberian Theorems concerning Power Series and Dirichlet's Series whose Coefficients are Positive.* Proceedings of the London Mathematical Society, Ser. 2, Bd. 13, S. 174—191; 1914.

### Hölder, O.

*Grenzwerthe von Reihen an der Convergenzgrenze.* Mathematische Annalen, Bd. 20, S. 535—549; 1882.

### Hurwitz, A.

1. *Ueber die Nullstellen der Bessel'schen Function.* Mathematische Annalen, Bd. 33, S. 246—266; 1889.
2. *Über die Anwendung der elliptischen Modulfunktionen auf einen Satz der allgemeinen Funktionentheorie.* Vierteljahrsschrift der Naturforschenden Gesellschaft in Zürich, Bd. 49, S. 242—253; 1904.

### Hurwitz, A. und Pólya, G.

*Zwei Beweise eines von Herrn Fatou vermuteten Satzes.* Acta Mathematica, Bd. 40, S. 179—183; 1916.

### Jentzsch, R.

*Untersuchungen zur Theorie der Folgen analytischer Funktionen.* Inaugural-Dissertation, 39 S.; Berlin, 1914.

### Knopp, K.

*Grenzwerte von Reihen bei der Annäherung an die Konvergenzgrenze.* Inaugural-Dissertation, 50 S.; Berlin, 1907.

**Koebe, P.**

1. *Ueber die Uniformisierung beliebiger analytischer Kurven.* Nachrichten von der Königlichen Gesellschaft der Wissenschaften zu Göttingen, mathematisch-physikalische Klasse, Jahrgang 1907, S. 191—210.
2. *Ueber die Uniformisierung der algebraischen Kurven durch automorphe Funktionen mit imaginärer Substitutionsgruppe.* Nachrichten von der Königlichen Gesellschaft der Wissenschaften zu Göttingen, mathematisch-physikalische Klasse, Jahrgang 1909, S. 68—76.

**Landau, E.**

1. *Über eine Verallgemeinerung des Picard schen Satzes.* Sitzungsberichte der Königlich Preussischen Akademie der Wissenschaften, Berlin, Jahrgang 1904, S. 1118—1133.
2. *Über einen Satz von Tschebyschef.* Mathematische Annalen, Bd. 61, S. 527—550; 1905.
3. *Über die Konvergenz einiger Klassen von unendlichen Reihen am Rande des Konvergenzgebietes.* Monatshefte für Mathematik und Physik, Bd. 18, S. 8—28; 1907.
4. *Abschätzung der Koeffizientensumme einer Potenzreihe.* Archiv der Mathematik und Physik, Ser. 3, Bd. 21, S. 42—50 und S. 250—255; Bd. 24, S. 250—260; 1913 und 1916.
5. *Über einen Fejér schen Satz.* Nachrichten von der Gesellschaft der Wissenschaften zu Göttingen, Mathematisch-Physikalische Klasse, Jahrgang 1925, S. 22.
6. *Der Picard-Schottkysche Satz und die Blochsche Konstante.* Sitzungsberichte der Preussischen Akademie der Wissenschaften, Berlin, physikalisch-mathematische Klasse, Jahrgang 1926, S. 467—474.
7. *Über die Blochsche Konstante und zwei verwandte Weltkonstanten.* Mathematische Zeitschrift, Bd. 30, S. 608—634; 1929.

**Lebesgue, H.**

*Leçons sur l'intégration et la recherche des fonctions primitives*, 1. Aufl.; Paris (Gauthier-Villars), 1904.

**Lindelöf, E.**

*Sur le théorème de M. Picard dans la théorie des fonctions monogènes.* Compte rendu du congrès des mathématiciens tenu à Stockholm 22—25 septembre 1909, S. 112—136; Leipzig und Berlin (Teubner), 1910.

**Littlewood, J. E.**

*The Converse of Abel's Theorem on Power Series.* Proceedings of the London Mathematical Society, Ser. 2, Bd. 9, S. 434—448; 1911.

**Löwner, K.**

*Über Extremumsätze bei der konformen Abbildung des Äußeren des Einheitskreises.* Mathematische Zeitschrift, Bd. 3, S. 65—77; 1919.

**Lukács, F.**

*Eine Eigenschaft des Konvergenzkreises der Potenzreihen.* Archiv der Mathematik und Physik, Ser. 3, Bd. 23, S. 34—35; 1915.

## Lusin, N.

*Über eine Potenzreihe.* Rendiconti del Circolo Matematico di Palermo, Bd. 32, S. 386—390; 1911.

## Mittag-Leffler, G.

*Über die analytische Darstellung eines eindeutigen Zweiges einer monogenen Funktion.* Sitzungsberichte der mathematisch-physikalischen Klasse der Königlich Bayerischen Akademie der Wissenschaften, Jahrgang 1915, S. 109—164.

## Neder, L.

*Über die Koeffizientensumme einer beschränkten Potenzreihe.* Mathematische Zeitschrift, Bd. 11, S. 115—123; 1921.

## Nevanlinna, R.

*Über die schlichten Abbildungen des Einheitskreises.* Översikt av Finska Vetenskaps-Societetens Förhandlingar, Bd. 62 A, No. 7, 14 S.; 1919—1920.

## Picard, É.

1. *Sur une propriété des fonctions entières.* Comptes rendus hebdomadaires des séances de l'Académie des Sciences, Paris, Bd. 88, S. 1024—1027; 1879.
2. *Sur les fonctions analytiques uniformes dans le voisinage d'un point singulier essentiel.* Comptes rendus hebdomadaires des séances de l'Académie des Sciences, Paris, Bd. 89, S. 745—747; 1879.

## Pólya, G. und Szegő, G.

*Aufgaben und Lehrsätze aus der Analysis,* Bd. 1; Berlin (Springer), 1925.

## Pringsheim, A.

1. *Ueber Functionen, welche in gewissen Punkten endliche Differentialquotienten jeder endlichen Ordnung, aber keine Taylor'sche Reihenentwickelung besitzen.* Mathematische Annalen, Bd. 44, S. 41—56; 1894.
2. *Über einige funktionentheoretische Anwendungen der Eulerschen Reihen-Transformation.* Sitzungsberichte der mathematisch-physikalischen Klasse der Königlich Bayerischen Akademie der Wissenschaften, Jahrgang 1912, S. 11—92.
3. *Kritisch-historische Bemerkungen zur Funktionentheorie, I (Über den sogenannten Vivanti-Dienes'schen Satz).* Sitzungsberichte der mathematisch-naturwissenschaftlichen Abteilung der Bayerischen Akademie der Wissenschaften, Jahrgang 1928, S. 343—358.

## Riesz, M.

1. *Sur un problème d'Abel.* Rendiconti del Circolo Matematico di Palermo, Bd. 30, S. 339—345; 1910.
2. *Über einen Satz des Herrn Fatou.* Journal für die reine und angewandte Mathematik, Bd. 140, S. 89—99; 1911.
3. *Neuer Beweis des Fatouschen Satzes.* Nachrichten von der Königlichen Gesellschaft der Wissenschaften zu Göttingen, mathematisch-physikalische Klasse, Jahrgang 1916, S. 62—65.

## Rogosinski, W.

*Über Bildschranken bei Potenzreihen und ihren Abschnitten.* Mathematische Zeitschrift, Bd. 17, S. 260—276; 1923.

### Schnee, W.

*Die Identität des Cesàroschen und Hölderschen Grenzwertes.* Mathematische Annalen, Bd. 67, S. 110—125; 1909.

### Schottky, F.

*Über den Picard'schen Satz und die Borel'schen Ungleichungen.* Sitzungsberichte der Königlich Preussischen Akademie der Wissenschaften, Berlin, Jahrgang 1904, S. 1244—1262.

### Schur, I.

1. *Über die Äquivalenz der Cesàroschen und Hölderschen Mittelwerte.* Mathematische Annalen, Bd. 74, S. 447—458; 1913.
2. *Über Potenzreihen, die im Innern des Einheitskreises beschränkt sind.* Journal für die reine und angewandte Mathematik, Bd. 147, S. 205—232; 1917.

### Sierpiński, W.

*O szeregu potęgowym, który na swem kole zbieżności jest zbieżnym w jednym tylko punkcie (Sur une série de puissances qui converge sur son cercle de convergence dans un point seulement).* Sprawozdania z posiedzeń Towarzystwa Naukowego Warszawskiego, Bd. 5, wydział nauk matematycznych i przyrodniczych, S. 153—157; 1912.

### Steffensen, J. F.

*Über Potenzreihen, im besonderen solche, deren Koeffizienten zahlentheoretische Funktionen sind.* Rendiconti del Circolo Matematico di Palermo, Bd. 38, S. 376—386; 1914.

### Szász, O.

1. *Ungleichungen für die Koeffizienten einer Potenzreihe.* Mathematische Zeitschrift, Bd. 1, S. 163—183; 1918.
2. *Über Singularitäten von Potenzreihen und Dirichletschen Reihen am Rande des Konvergenzbereiches.* Mathematische Annalen, Bd. 85, S. 99—110; 1922.

### Tauber, A.

*Ein Satz aus der Theorie der unendlichen Reihen.* Monatshefte für Mathematik und Physik, Bd. 8, S. 273—277; 1897.

### Valiron, G.

*Sur les théorèmes de MM. Bloch, Landau, Montel et Schottky.* Comptes rendus hebdomadaires des séances de l'Académie des Sciences, Paris, Bd. 183, S. 728 —730; 1926.

### Vivanti, G.

1. *Sulle serie di potenze.* Rivista di Matematica, Bd. 3, S. 111—114; 1893.
2. *Theorie der eindeutigen analytischen Funktionen.* Umarbeitung unter Mitwirkung des Verfassers deutsch herausgegeben von A. Gutzmer; Leipzig (Teubner), 1906.

# Anhang I

## Bemerkungen und Hinweise
## zu den Themen des Buches von Landau

*Dieter Gaier*

### Bemerkungen und Hinweise zu §1

1. Zunächst sei bemerkt, daß die in §1 bis §4 behandelten Sätze Analoga besitzen, in denen die Voraussetzung $|f(z)| \leq 1$ $(z \in \mathbb{D})$ ersetzt ist durch $\operatorname{Re} f(z) \leq 1$ oder $|\operatorname{Re} f(z)| \leq 1$ $(z \in \mathbb{D})$; siehe Rajagopal [271]. Die Sätze 1 und 3 von §1 lassen sich übertragen, wenn der Wertevorrat von $f$ in einem beliebigen konvexen Gebiet liegt; Basgöze, Frank und Keogh [19].

2. Eine Übertragung der Sätze 1 bis 3 auf $H^p$-Normen $(p \geq 1)$ findet man bei Nabetani [233], [234] und U [345].

3. Daß $\frac{1}{2}$ in Satz 3 bestmöglich ist, zeigen schon die Funktionen

$$f(z) = \frac{z+\alpha}{1+\alpha z} = \alpha + (1-\alpha^2)z + \dots, \quad \text{wenn } \alpha > 0 \text{ hinreichend nahe an 1 ist.}$$

Läßt man nur $n \geq 2$ zu, so verbessert sich die Konstante $\frac{1}{2}$ zu $\sqrt{\frac{3}{8}}$, und es ist allgemein $|s_j(z)| \leq 1$ für $|z| \leq r_n$, falls $j \geq n$ verlangt wird. Die Radien $r_n < 1$ sind bei Schur-Szegö [308] studiert. Man hat z.B. $r_n = 1 - \dfrac{1}{n}(\log n - \log \log n + \log 2) + o\left(\dfrac{1}{n}\right)$. Auch für die Cesàro-Mittel $\sigma_n^{(k)}(z)$ gibt es solche Radien $r_n^{(k)} < 1$, wenn $0 < k < 1$ ist; natürlich ist $r_n^{(1)}$ immer gleich 1. Siehe auch Szegö [327].

4. Ist $f$ in $\mathbb{D}$ regulär, in $\bar{\mathbb{D}}$ stetig (Klasse $A$), so folgt aus Satz 1 $\sigma_n(z) \Rightarrow f(z)$ $(n \to \infty,\ z \in \bar{\mathbb{D}})$. Zygmund [368] zeigte schärfer $\|f - \sigma_n\| \leq A\omega\left(\dfrac{2\pi}{n}\right)$ mit absoluter Konstanten $A$, wenn $\omega$ der Stetigkeitsmodul von $f$ auf $\partial\mathbb{D}$ ist. Anderer Beweis bei Gaier [99]. Zygmund bemerkt, daß dies auch für die $C_k$-Mittel $\sigma_n^{(k)}(z)$ gilt $(k > 0)$.

5. Dies kann funktionalanalytisch gelesen werden: Im Banach-Raum $A$ gibt es eine Folge endlich-dimensionaler Operatoren $T_n$ mit $\|T_n\| \leq \lambda$ und $T_n f \to f$ für alle $f \in A$. Hier ist $T_n = \sigma_n$ und $\lambda = 1$, also hat $A$ die $\lambda$-Approximationseigenschaft mit $\lambda = 1$. Für $H^\infty$ statt $A$ ist dies nicht bekannt; siehe Pelczynski [250], S. 65ff.

6. Ist $G$ ein Jordangebiet, so kann man eine Funktion $f \in A(\bar{G})$ (regulär in $G$, stetig in $\bar{G}$) in eine Faber-Reihe $\Sigma a_n F_n(z)$ entwickeln, und es fragt sich dann, ob in Analogie zum Fejérschen Satz die arithmetischen Mittel $\sigma_n$ ihrer Teilsummen gleichmäßig gegen $f$ konvergieren: $\sigma_n(z) \Rightarrow f(z)$ $(n \to \infty, z \in \bar{G})$. Will man von $f$ nichts weiter fordern, so scheint dies allgemein nicht bekannt zu sein. Die Aussage gilt aber, wenn $\partial G$ „stark glatt" ist; dies bedeutet, daß der Stetigkeitsmodul $j(t)$ des Tangentenwinkels $\vartheta(s)$ der Integralbedingung

$$\int_0^1 j(t) |\log t| \frac{dt}{t} < \infty$$

genügt (Al'per [12]). Fordert man etwas mehr von $f$, so können Randkurven $\partial G$ von beschränkter Drehung $(BR)$ zugelassen werden; vgl. Gaier [100], S. 55. Ist $G$ von einem Polygon berandet, so gilt $\sigma_n \Rightarrow f$ für jedes $f \in A(\bar{G})$, sofern alle Innenwinkel $< \dfrac{3\pi}{2}$ sind (Dincen [64]).

Dies ist enthalten in einem neueren Resultat von Anderson und Clunie [12a]. Dort wird gezeigt, daß der Faber-Operator $T$ von $A(\mathbb{D})$ nach $A(\bar{G})$ bijektiv ist, wenn $\partial G$ eine rektifizierbare Jordankurve von beschränkter Drehung und ohne Spitzen ist. Daraus folgt für solche Gebiete, daß $\sigma_n \Rightarrow f$ für jedes $f \in A(\bar{G})$ gilt.

7. Das Analogon zum Fejérschen Satz für Polynome $P_n$, die eine Funktion $f \in A$ in den $(n+1)$-ten Einheitswurzeln interpolieren, ist überraschenderweise falsch; siehe Vértesi [346] [347].

## Bemerkungen und Hinweise zu § 2

1. Das im Satz von Landau behandelte Problem ist enthalten in der allgemeinen Aufgabe, $\max \left| \sum_{k=0}^{n} c_k a_k \right|$ in der Klasse aller Funktionen $f(z) = \sum_{k=0}^{\infty} a_k z^k$ mit $|f(z)| \leq 1$ $(z \in \mathbb{D})$ zu bestimmen, wobei $c_k \neq 0$ vorgegebene Konstanten sind. Dies gelang Golusin in [111].

2. Den richtigen Einblick in diese Extremalaufgaben erhält man jedoch erst durch weitere Verallgemeinerung und die Heranziehung funktionalanalytischer Methoden. Für $f \in H^p$ $(1 \leq p \leq \infty)$ und mit einer Kernfunktion $k(e^{i\varphi}) \in L^q$ $(p^{-1} + q^{-1} = 1)$ wird das Funktional

$$\Phi(f) = \frac{1}{2\pi i} \int_{|z|=1} f(z) k(z) \, dz$$

betrachtet; beispielsweise liefert $k(z) = \sum_{j=0}^{n} c_j z^{-j-1}$ das Funktional $\Phi(f) = \sum_{j=0}^{n} c_j a_j$. Hauptergebnis ist dann eine Dualitätsbeziehung

$$\sup\left\{|\Phi(f)| : f \in H^p, \|f\|_p \leq 1\right\} = \inf\left\{\|k - g\|_q : g \in H^q\right\},$$

welche das ursprüngliche in ein „duales" Extremalproblem überführt. Oft können Extremalfunktionen angegeben und so $|\Phi(f)|$ maximiert werden. Eine schöne und bis ins einzelne gehende Darstellung findet der Leser bei Duren [68], Kap. 8. Wichtige Arbeiten hierzu von Golusin [112], Macintyre und Rogosinski [213] und Rogosinski und Shapiro [285].

Ein Einzelresultat soll hervorgehoben werden (Egerváry [75]):

$$\max\left\{\left|\sum_{k=0}^{n} a_k\right| : \|f\|_1 \leq 1\right\} = \left(2\sin\frac{\pi}{2(2n+3)}\right)^{-1} \approx \frac{2}{\pi} n \, .$$

Dieselbe Schranke ergibt sich bei der Maximierung von $\sum_{k=0}^{n} |a_k|$ für $\|f\|_1 \leq 1$. Da $\sum_{k=0}^{n} |a_k| \leq n+1$ trivial ist, bringt das scharfe Ergebnis nicht besonders viel.

3. Eine Erweiterung des Satzes von Landau in anderer Richtung untersucht Havinson [134]. Wieder sei $f$ in $\mathbb{D}$ regulär und $|f(z)| \leq 1$ $(z \in \mathbb{D})$. Die $n$-te Teilsumme der Potenzreihenentwicklung von $f$ an der Stelle $\alpha$, $0 < \alpha < 1$, genommen für $z = 1$, sei $S_{n,\alpha}$, und $G_n(\alpha) = \sup\{|S_{n,\alpha}| : \|f\|_\infty \leq 1\}$ gesetzt. Havinson findet $G_n(\alpha) \cong \frac{1}{2\pi} \log n$ $(n \to \infty)$. Eine Erweiterung hiervon behandelt Mordasova [227].

4. Wie verhält sich $\Gamma_n = \sup\left\{\sum_{k=0}^{n} |a_k| : \|f\|_\infty \leq 1\right\}$ für $n \to \infty$? Diese Frage hatte erstmals Szász [321] gestellt und gezeigt, daß $\frac{1}{\sqrt{2}} \leq \varliminf \frac{\Gamma_n}{\sqrt{n}} \leq \varlimsup \frac{\Gamma_n}{\sqrt{n}} \leq 1$ ist. Da es sogar Polynome $P_n(z) = \sum_{k=0}^{n} a_k z^k$ gibt mit $|P_n(z)| \leq 1$ $(z \in \mathbb{D})$, für die

$$\sum_{k=0}^{n} |a_k| \geq \sqrt{n} - 3n^{0.3} \log n$$

gilt, sobald $n$ hinreichend groß ist (Beller und Newman [25]), gilt jedenfalls $\frac{\Gamma_n}{\sqrt{n}} \to 1$ $(n \to \infty)$.

5. Für jede feste Funktion $f \in H^\infty$ gilt jedoch $\sum_{k=0}^{n} |a_k| = o(\sqrt{n})$ $(n \to \infty)$, und dies ist bestmöglich (Szász [321]).

6. Der Hilfssatz von Eneström kann in verschiedener Weise verallgemeinert werden; siehe etwa Marden [217], S. 136. Eine wichtige Verallgemeine-

rung ist die von Ruscheweyh [295]. Es sei $c_0 \geq c_1 \geq \ldots \geq c_n > 0$, und $\{h_k\}$ so, daß $h(z) = z \cdot \sum_{k=0}^{\infty} h_k z^k$ genügt $\mathrm{Re}\,\{zh'(z)/h(z)\} \geq \frac{1}{2}$ für $z \in \mathbb{D}$. Dann ist $\sum_{k=0}^{n} h_k c_k z^k \neq 0$ für $z \in \mathbb{D}$. Siehe auch Ruscheweyh [296], S. 136 ff.

## Bemerkungen und Hinweise zu § 3

1. Wieder sei $A$ die Klasse aller Funktionen $f(z) = \sum_{k=0}^{\infty} a_k z^k$, die in $\mathbb{D}$ regulär und in $\overline{\mathbb{D}}$ stetig sind. Fejérs Beispiel liefert ein $f \in A$, für das die Folge der Teilsummen $s_n = \sum_{k=0}^{n} a_k$ unbeschränkt ist. Jedoch ist $\{s_n\}$ $C_k$-limitierbar für jede Ordnung $k > 0$. Für die (für $f \in A$ äquivalenten) Kreisverfahren $S_\alpha, T_\alpha$, Euler und Borel gibt es wieder Beispiele $f \in A$, für die $\sum_0^{\infty} a_k$ nicht summierbar ist (Gaier [91]).

2. Das Verhalten der sicher beschränkten Folge $\{b_n\}$ mit $b_n = s_n/\log n$ studiert Berg [26].

3. Welche Folgen $\{\lambda_n\}$ eine Reihe $\Sigma a_n z^n \in A$ in eine für $\mathbb{D}$ gleichmäßig konvergente Reihe $\Sigma a_n \lambda_n z^n$ transformieren, untersucht Lippus [202].

4. Erhebliche Impulse hat die Theorie durch eine Arbeit von Turán [342] erhalten. In $f(z) = \Sigma a_k z^k$ $(z \in \mathbb{D})$ werde $z = T(w) = \dfrac{w - \zeta}{1 - \bar{\zeta} w}$ gesetzt, was eine lineare Selbstabbildung von $\mathbb{D}$ ist, welche $z_0 = 1$ in $w_0 = \dfrac{1 + \zeta}{1 + \bar{\zeta}}$ überführt. Man hat also

$$f(z) = \Sigma a_k z^k = \Sigma a_k [T(w)]^k = \Sigma b_k w^k = g(w) \ ,$$

$f \circ T = g$, $b_k = b_k(\zeta)$; dabei ist $\zeta \in \mathbb{D}$ fest. Turán fragt: Welche Konvergenz- oder Summierungseigenschaften von $\Sigma a_k z^k$ in $z_0 = 1$ übertragen sich auf die „äquivalente" Potenzreihe $\Sigma b_k w^k$ im Punkt $w_0$? Er selbst zeigt, daß sich die Konvergenz von $\Sigma a_k$ nicht zu übertragen braucht, und stellt die Frage, ob dies auch für ein $f \in A$ vorkommen kann, und ob sich die absolute Konvergenz von $\Sigma a_k$ überträgt.

Halász [124] liefert ein $f$ mit konvergenter Reihe $\Sigma a_k$, für das $\Sigma b_k(\zeta) w_0^k$ für jedes $\zeta \in \mathbb{D} \backslash \{0\}$ divergiert, während bei Schwarz [309] nur Funktionen $f \in A$ zugelassen werden und $\{\zeta : \Sigma b_k(\zeta) w_0^k \text{ divergiert}\}$ dicht in $\mathbb{D}$ sein kann; sehr schöne Anwendung des Satzes von Banach-Steinhaus. Selbst dann, wenn $f \in A$ ist und vom Stetigkeitsmodul $\omega(t) = O(|\log t|^{-1})$ verlangt wird, braucht sich die Konvergenz nicht zu übertragen (Indlekofer [156], Alpár [10]).

Ist $\Sigma a_k$ $C_\varrho$-summierbar ($\varrho \geq 0$), so ist $\Sigma b_k w_0^k$ $C_{\varrho'}$-summierbar für $\varrho' \geq \varrho + \frac{1}{2}$, aber nicht immer für $\varrho' < \varrho + \frac{1}{2}$ (Alpár [8]). Konvergiert $\Sigma a_k$, so ist $\Sigma b_k w_0^k$ sicher $E_q$-summierbar, wenn $q > 0$ ist (Warlimont [353]).

Konvergiert $\Sigma a_k$ absolut, so konvergiert $\Sigma b_k w^k$ stets gleichmäßig für $|w| = 1$, braucht aber nicht absolut zu konvergieren (Alpár [9]). Es gibt sogar ein $f \in A$, welches aus $\mathrm{Lip}\frac{1}{2}$ ist für $|z| = 1$, für das $\Sigma |a_k| < \infty$ aber $\Sigma |b_k| = \infty$ ist, obwohl natürlich auch $g \in \mathrm{Lip}\frac{1}{2}$ ist (Halász [127]).

Analoge Fragen können natürlich auch für Fourier-Reihen von Funktionen gestellt werden, deren Argument einer analytischen Substitution unterworfen wird (Alpár [11]).

## Bemerkungen und Hinweise zu § 4

1. Das Verhalten der Funktion $\mathfrak{M}(r) = \sum_{k=0}^{\infty} |a_k| r^k$ kann in anderen Funktionenklassen untersucht werden. Für $f \in H^2$ siehe Ricci [278], für Funktionen $f$ mit $\mathrm{Re} f(z) < 1$ ($z \in \mathbb{D}$) siehe Rajagopal [272], und für $f \in H^1$ siehe Egerváry [75] und Golusin [112]. So ist zum Beispiel $\mathfrak{M}(r) \leq (1 - r^2)^{-1}$ scharf, wenn $f \in H^1$, $\|f\|_1 \leq 1$ ist. Bei Golusin werden sogar die Ableitungen $\mathfrak{M}^{(n)}(r)$ abgeschätzt.

2. Bei Ricci [279] und Rizzonelli [282] werden nur Funktionen $f(z) = \Sigma a_k z^k$ zugelassen, für die $a_0 = a_1 = \ldots = a_p = 0$ ist, mit $|f(z)| < 1$ in $\mathbb{D}$, und der Satz von Bohr entsprechend verschärft.

3. Wintner [361] und Schlenstedt [303] vergleichen das Verhalten von $f(z) = \Sigma a_n z^n$ und $g(z) = \Sigma |a_n| z^n$ in $\mathbb{D}$.

4. Ist $f$ in $\mathbb{D}$ regulär, beschränkt und schlicht, so ist bekanntlich (§ 13) $\Sigma k |a_k|^2 < \infty$, während beim Beweis des Satzes von Hardy nur $\Sigma |a_k|^2 < \infty$ verwendet wurde. Dementsprechend ergibt sich bei schlichtem $f$ schärfer $\mathfrak{M}(r) = o(|\log(1 - r)|^{1/2}) \ (r \to 1 -)$. Dies hat eine geometrische Folgerung. Die Länge $l(r)$ des Bildes von $[0, r]$ unter $f$ ist

$$l(r) = \int_0^r |f'(x)| dx = \int_0^r \left| \sum_1^\infty k a_k x^{k-1} \right| dx$$

$$\leq \int_0^r \sum_1^\infty k |a_k| x^{k-1} dx = \sum_1^\infty |a_k| r^k \leq \mathfrak{M}(r) \ ,$$

also ist $l(r) = o(|\log(1 - r)|^{1/2}) \ (r \to 1 -)$. Dies geht auf Keogh [179] zurück; die Aussage ist nicht verbesserbar (Kennedy [177], Jenkins [164]).

## Bemerkungen und Hinweise zu § 5

1. Der Satz von Fatou steht am Anfang vieler ausgedehnter Untersuchungen über das mögliche Randverhalten holomorpher Funktionen im Einheitskreis. An Lehrbüchern nennen wir Priwalow [269], Collingwood-Lohwater [54] und Noshiro [242], sowie Duren [68] und Garnett [105] für die Theorie der $H^p$-Räume. Bei Gaier ([100], S. 151 ff.) werden einige Aspekte des Randverhaltens im Zusammenhang mit Approximation im Komplexen behandelt.

Andere Beweise des Satzes von Fatou stützen sich zumeist auf den Satz von Lebesgue, daß eine im Intervall monotone Funktion dort fast überall differenzierbar ist (siehe Riesz-Nagy [281], S. 3 ff.). Der Satz von Fatou selbst folgt dann nach Meier [221] besonders einfach. Der Beweis bei Hayman ([136], S. 176) stützt sich auf Tatsachen aus der Fourier-Theorie.

2. Von den vielen feinen Untersuchungen, das Randverhalten betreffend, erwähnen wir nur zwei.

a. Ein Punkt $\zeta \in \partial \mathbb{D}$ heißt *Plessner-Punkt* für die in $\mathbb{D}$ meromorphe Funktion $f$, wenn für jeden Winkelraum $W \subset \mathbb{D}$ mit Spitze in $\zeta$ die cluster set von $f$ bei Annäherung an $\zeta$ in $W$ gleich $\widehat{\mathbb{C}}$ ist. Der Satz von Plessner (1927) besagt dann: Es ist $\partial \mathbb{D} = E_1 \cup E_2 \cup E_3$, wobei $E_1$ aus lauter Plessner-Punkten besteht und $f$ an den Punkten von $E_2$ endliche Winkelgrenzwerte besitzt, während $E_3$ vom Lebesgue-Maß Null ist. Siehe Priwalow [269], S. 217 oder Pommerenke [265], S. 324. Für beschränktes $f$ ist $E_1$ leer, der Satz von Fatou folgt.

b. Herzog und Piranian [147] und Rosenbloom [286] studierten die Frage: Zu welchen Mengen $E \subset \partial \mathbb{D}$ gibt es eine in $\mathbb{D}$ holomorphe Funktion $f$, für die $\lim_{r \to 1} f(re^{i\varphi})$ *genau* für $e^{i\varphi} \in E$ existiert? Solche Mengen heißen Mengen radialer Stetigkeit.

3. Die Existenz radialer Randwerte fast überall ist sogar in allen Hardy-Klassen $H^p$ ($0 < p \le \infty$) richtig. Darüber hinaus sind stärkere Konvergenz- oder Summierbarkeitsaussagen bewiesen worden.

a. Ist $f \in H^\infty$, also in $\mathbb{D}$ beschränkt, so sind die Verfahren $A$ (Abel) und $C_\varepsilon$ (Cesàro) für $\varepsilon > 0$ äquivalent; Literaturangaben bei Gaier [91].

b. Für $f \in H^p$ ($0 < p < \infty$) brauchen die Punkte $\zeta \in \partial \mathbb{D}$, wo radiale Grenzwerte existieren, nicht mit denen zusammenzufallen, wo Winkelgrenzwerte existieren (Cargo [45]). Aber man hat für $f \in H^p$ ($1 < p \le \infty$) nach dem Theorem von Carleson und Hunt (siehe etwa Mozzochi [228], S. 9) die Konvergenz der Potenzreihe von $f$ in fast allen Punkten von $\partial \mathbb{D}$.

c. Für $f \in H^p$ ($0 < p < 1$) ist die Potenzreihe von $f$ in fast allen Punkten von $\partial \mathbb{D}$ $C_\alpha$-summierbar mit $\alpha = \dfrac{1}{p} - 1$ (Zygmund [367]); die Aussage wird falsch für kleineres $\alpha$. Für $f \in H^1$ hat man anscheinend nicht mehr als die $C_\varepsilon$-Summierbarkeit fast überall, für jedes $\varepsilon > 0$.

4. Zur Schärfe des Satzes von Fatou gibt es zweierlei zu sagen.

a. Zu jeder positiven und monoton gegen $\infty$ wachsenden Funktion $p(r)$ gibt es eine in $\mathbb{D}$ holomorphe Funktion $f$ mit $\max\limits_{|z|=r} |f(z)| \le p(r)$ $(0 < r < 1)$, die *keine* radialen Grenzwerte besitzt; siehe MacLane [215], Schneider [306] oder Hwang und Campbell [153]. Die Forderung „$f$ beschränkt" im Satz von Fatou kann also nicht abgeschwächt werden.

b. Zu jeder Nullmenge $E \subset \partial\mathbb{D}$ gibt es eine in $\mathbb{D}$ holomorphe und beschränkte Funktion $f$, für die $\lim\limits_{r \to 1} f(re^{i\varphi})$ nicht existiert, wenn $e^{i\varphi} \in E$ ist. Das Ergebnis stammt von Lusin (1919), und Schneider [306] gibt einen kürzeren Zugang.

5. Ist $f$ in $\mathbb{D}$ holomorph und $f(\mathbb{D})$ von beschränkter Fläche, also $\iint\limits_{\mathbb{D}} |f'|^2 db < \infty$, so folgt leicht $\int\limits_0^{2\pi} V(\varphi)^2 d\varphi < \infty$, wobei

$$V(\varphi) = \int\limits_0^1 |f'(re^{i\varphi})| dr$$

die Variation von $f$ auf dem Radius von 0 nach $e^{i\varphi}$ ist. Insbesondere ist $V(\varphi) < \infty$ fast überall, was als $|A|$-Summierbarkeit von $\Sigma a_n z^n$ im Punkt $e^{i\varphi}$ gelesen werden kann.

Verlangt man von $f$ aber nur die Beschränktheit in $\mathbb{D}$, so wird dies falsch: Es gibt Blaschke-Produkte und in $\mathbb{D}$ holomorphe, in $\overline{\mathbb{D}}$ stetige Funktionen, für die $V(\varphi) = \infty$ ist für fast alle $\varphi$, und ein $f \in \bigcap\limits_{p>0} H^p$, für das $V(\varphi) = \infty$ für *alle* $\varphi$ ist; siehe Rudin [293].

6. Eng zusammenhängend mit dem Satz von Fatou sind Identitätssätze: Hat $f$ viele Randwerte 0 in gewissem Sinne, so ist $f = 0$. Hier weisen wir nur auf Priwalow [269], S. 206 ff. hin und auf Schneider [306], wo die Schärfe solcher Sätze behandelt wird. Übrigens hat das „radiale Dirichlet-Problem" stets mindestens eine Lösung: Zu jeder auf $\partial\mathbb{D}$ meßbaren Funktion $g$ gibt es eine in $\mathbb{D}$ holomorphe Funktion $f$, für die $\lim\limits_{r \to 1} f(re^{i\varphi}) = g(e^{i\varphi})$ für fast alle $\varphi$ gilt; siehe hierzu Gaier [100], S. 154.

## Bemerkungen und Hinweise zu § 6

1. Der Äquivalenzsatz von Knopp und Schnee gilt sogar für $k > -1$ und kann auf verschiedene Weise bewiesen werden; siehe Hardy [129], S. 103 und S. 264, Peyerimhoff [252], S. 48 und Zeller-Beekmann [364], S. 107 ff. Über Mercer-Sätze, die dabei verwandt werden, siehe Hardy [129], S. 106 und Zeller-Beekmann [364], S. 76.

2. Bei Limitierbarkeit zum Wert $\infty$ gilt die Äquivalenz $C_k \approx H_k$ nicht mehr. Vielmehr zeigte Basu [20]: Für $0 < k < 1$ folgt aus $H_k - \lim s_n = \infty$ stets

$C_k - \lim s_n = \infty$, aber nicht umgekehrt; für $-1 < k < 0$ und $k > 1$ folgt aus $C_k - \lim s_n = \infty$ stets $H_k - \lim s_n = \infty$, aber nicht umgekehrt.

3. Zeigen die $C_k$-Transformationen $\sigma_n^{(k)}$ und die $H_k$-Transformationen $\tau_n^{(k)}$ schwankendes Verhalten, etwa

$$c_k = \underline{\lim}\, \sigma_n^{(k)}\;,\qquad C_k = \overline{\lim}\, \sigma_n^{(k)} \quad \text{und} \quad h_k = \underline{\lim}\, \tau_n^{(k)}\;,\qquad H_k = \overline{\lim}\, \tau_n^{(k)}\;,$$

so gilt

$$h_k \le c_k \le C_k \le H_k \qquad \text{falls}\quad 0 < k < 1\;,$$

und

$$c_k \le h_k \le H_k \le C_k \qquad \text{falls}\quad -1 < k < 0 \quad \text{oder} \quad k > 1\;;$$

siehe Basu [21]. Definiert man daher $C_\infty - \lim s_n = s$ [bzw. $H_\infty - \lim s_n = s$] durch $\lim c_k = \lim C_k = s$ [bzw. $\lim h_k = \lim H_k = s$], so folgt aus $C_\infty - \lim s_n = s$ stets $H_\infty - \lim s_n = s$. Die Umkehrung braucht nicht zu gelten, wie Garten und Knopp ([107], S. 387) erstmals bemerkten; $C_\infty$ und $H_\infty$ sind nicht äquivalent.

Zwischen den Schwankungen $C_k - c_k$ und $H_k - h_k$ bestehen Beziehungen, auch für die Hölderschen und Cesàroschen Integral-Mittel; siehe Garten [106] und dort angegebene Literatur.

4. Der Äquivalenzsatz für Hölder- und Cesàro-Mittel gilt auch für Integraltransformationen; siehe Knopp [182].

## Bemerkungen und Hinweise zu §7

1. Ein Beispiel der verlangten Art wird auch durch $f(z) = (1 - z)$ $\cdot \exp\!\left(\dfrac{i}{1 - z}\right) = \Sigma a_n z^n$ gegeben. Denn $\lim\limits_{x \to 1-} f(x)$ existiert, und $C_k - \Sigma a_n$ kann nicht vorhanden sein, weil sonst $\lim f(z)$ für $z \to 1$ im Winkelraum existieren müßte. Das ist nicht der Fall: $f(z) = \dfrac{i}{w}\, e^w$, $w = \dfrac{i}{1 - z}$.

2. Hierher gehört noch ein Beispiel von Offord ([245], S. 479): Zu $k$ mit $0 < k < \frac{1}{2}$ gibt es $f(z) = \Sigma a_n z^n$, für das $a_n \to 0$ $(n \to \infty)$ und $f(z) \to 0$ $(z \to 1$ im Winkelraum) gelten, aber $C_k - \Sigma a_n$ nicht existiert. Fordert man allerdings schärfer, daß $\lim f(z)$ existiert bei *beliebiger* Annäherung an $z = 1$ in $\mathbb{D}$, so reicht $a_n = o(n^k)$ $(n \to \infty)$ für $C_k - \Sigma a_n = f(1)$ aus (Offord [245], S. 474). Siehe hierzu auch §18.

## Bemerkungen und Hinweise zu §8

1. Das die Paragraphen 8 bis 13 umfassende Kapitel III ist Tauber-Sätzen für das Abel-Verfahren gewidmet; einige Worte zur Person Taubers sind daher angebracht. Er lebte 1866 bis 1942, war ab 1891 Privatdozent und ab

1908 Professor an der Universität Wien. In seinen Vorlesungen und seinen über 70 wissenschaftlichen Arbeiten beschäftigte er sich mit Potentialtheorie, Funktionentheorie, gewöhnlichen Differentialgleichungen und vor allem mit Problemen der Versicherungsmathematik. Von 1892 bis 1908 war er Chefmathematiker einer Versicherungsgesellschaft. Im Juni 1942 wurde Tauber nach Theresienstadt deportiert und verstarb dort einen Monat später. Näheres findet der Leser bei Ch. Binder [33].

2. Taubers Satz war der Anfang für viele Untersuchungen, in denen allgemein vom asymptotischen Verhalten der Transformation einer Funktion auf das Verhalten der Funktion selbst zurückgeschlossen wird. Dies ist meist nur unter Zusatzannahmen (Tauberbedingungen) möglich. Wir können hier nur einige wenige Richtungen aufzeigen, in die die Theorie gegangen ist. Lehrbuchliteratur: Hardy [129], Pitt [257], Postnikov [268], Zeller-Beekmann [364]. Umkehrschlüsse vom Tauberschen Typ finden Anwendung in der Zahlentheorie, Wahrscheinlichkeitstheorie, und beim Studium der asymptotischen Verteilung von Eigenwerten von Differentialoperatoren.

Gelegentlich wird übersehen, daß Tauber 1897 mehr als seinen $o$-Satz bewiesen hat. Er zeigte, daß $\Sigma a_n = s$ *genau dann* gilt, wenn $f(x) = \Sigma a_n x^n \to s$ für $x \to 1 -$ und

$$\frac{1}{n} \sum_{k=1}^{n} k a_k \to 0 \qquad (n \to \infty)$$

erfüllt sind. Der $o$-Taubersatz, mit $na_n \to 0$ $(n \to \infty)$, ist ein Korollar davon.

3. Zunächst versuchte man, die Tauberbedingung $a_n = o\left(\frac{1}{n}\right)$ in verschiedener Richtung abzuschwächen; siehe dazu § 10. Um 1951 und danach traten Taubersätze *mit Restglied* in den Vordergrund; die ersten Arbeiten sind von Freud [87], Korevaar [185] und Postnikov [267]. Dieses Thema wird umfassend dargestellt in den Monographien von Ganelius [104], Postnikov [268] und Subhankulov [319].

Ein besonders allgemeines Ergebnis von Korevaar [186] hat folgende Form: Ist $a_n > -\varphi(n)$ $(n = 1, 2, \ldots)$ und $|f(x) - s| < \omega(x)$ $(x > 0)$, wo $f(x) = \Sigma a_n e^{-nx}$, so gilt $|s_n - s| < \varrho(n)$ $(n = 1, 2, \ldots)$, wo $s_n = \sum_{k \leq n} a_k$. Dabei bestimmt sich $\varrho$ aus $\varphi$ und $\omega$; die Abschätzung ist im wesentlichen bestmöglich. Konkret ergibt sich etwa (Ganelius [104], S. 2): Gilt mit einem $\delta > 0$

$$\Sigma a_n x^n = O((1-x)^\delta) \text{ für } x \to 1 - \text{ und } na_n \leq 1 \text{ für } n = 1, 2, \ldots,$$

so folgt
$$\sum_{n < x} a_n = O\left(\frac{1}{\log x}\right) \qquad (x \to \infty) \ .$$

Eine Verallgemeinerung auf Cesàro-Mittel ist möglich (Freud [88]).

Geht die Fehlerfunktion zu schnell gegen Null, so ergeben sich *Identitätssätze*. Ist etwa

$$a_n = O(n^p) \ (p > 0) \quad \text{und} \quad f(x) = \Sigma a_n x^n = O\left(\exp\left(-\frac{\omega(x)}{1-x}\right)\right) \quad (x \to 1 -)$$

mit $\overline{\lim} \, \omega(x) = \infty$, so folgt $f = 0$. Bei Ganelius ([104], Kap. 6) wird dies mit Methoden der Fourier-Transformation erheblich verallgemeinert.

Auf komplexe Taubersätze mit Restglied gehen wir bei § 18 ein.

4. Der Beweis des $o$-Taubersatzes und der Zusatz auf S. 53 zeigen, daß die Menge der Häufungspunkte der Folge $\{s_n\}$ mit der Menge der Häufungspunkte der Funktion $f(x) = \Sigma a_n x^n$ für $x \to 1 -$ auch dann zusammenfällt, wenn $\lim f(x)$ nicht existiert, *sofern* $na_n \to 0$ $(n \to \infty)$. Hadwiger [122] fragte als erster, was gesagt werden kann, wenn nur $\overline{\lim} \, n|a_n| = K < \infty$ angenommen wird, und eröffnete damit die Serie der sog. „Distanztheoreme", die neben Hadwiger vor allem Agnew bearbeitet hat.

Allgemein sucht man dabei Abschätzungen der Form

$$\overline{\lim} \, |f(x) - s_n| \le A \cdot K$$

mit möglichst kleiner Tauber-Konstanten $A$; hier strebt links $x \to 1 -$ und $n \to \infty$, meist miteinander gekoppelt. Exemplarisch nennen wir folgendes allgemeines, aber noch übersichtliches Ergebnis von Jakimovski [159]. Es seien $q > 0$, $0 \le \beta \le 1$ gegeben und $a_n^{(\beta)}$ die Cesàro-Mittel der Ordnung $\beta$ der Folge $\{na_n\}$, ferner seien $x$ und $n$ durch $n(1 - x) \to q$ gekoppelt. Dann gilt

$$\overline{\lim} \, |f(x) - s_n| \le A(q, \beta) \, \overline{\lim} \, |a_n^{(\beta)}|$$

mit einer angebbaren, besten Konstanten $A(q, \beta)$. Die Sonderfälle $\beta = 0$ und $\beta = 1$ hatten schon Agnew [2], Hadwiger [123] und Hartman [132] behandelt. Eine entsprechende Ungleichung gibt es auch für die Cesàro-Mittel $\sigma_n^{(\alpha)}$ statt $s_n$. Weitere Arbeiten zu diesem Thema: Agnew [3] [4], Ščeglov [299] [300] und die Übersicht bei Zeller-Beekmann [364], S. 98 und S. 178.

5. Varianten des Abel-Verfahrens entstehen, wenn man die Variable $x$ in $f(x) = \Sigma a_n x^n$ *diskret*, durch reelle oder komplexe Werte, gegen 1 rücken läßt. So heißt etwa

$$A_I - \Sigma a_n = s \ , \quad \text{wenn} \quad \lim_{n \to \infty} f\left(1 - \frac{1}{n}\right) = s$$

gilt. Nach den Überlegungen S. 53 sind die beiden Verfahren $A$ [d.h. $\lim\limits_{x \to 1-} f(x) = s$] und $A_I$ äquivalent, sofern $a_n = o\left(\dfrac{1}{n}\right)$. Die Äquivalenz gilt aber sogar, wenn $a_n = O(\exp c \sqrt{n})$ ist mit $c < \sqrt{2\pi}$; für $c = \sqrt{2\pi}$ wird die Aussage falsch (Gaier [95]).

Aus $\lim f(z_n) = s$ folgt $\lim\limits_{x \to 1-} f(x) = s$ unter der Tauber-Bedingung $a_n = O\left(\dfrac{1}{n}\right)$, wenn $z_n \to 1$ im Winkelraum strebt und dabei

$$|1 - z_n| / |1 - z_{n+1}| \to 1 \quad (n \to \infty) \ .$$

Für solche Folgen gilt also sogar der $O$-Taubersatz, auf den wir in § 10 eingehen; siehe Delange [57] [58] und Evans [82]. Aber für jede reelle Folge $z_n = x_n \to 1$, für die $(1 - x_n)/(1 - x_{n+1})$ unbeschränkt ist, wird sogar der $o$-Satz falsch; siehe Ščeglov [299].

### Bemerkungen und Hinweise zu § 9

1. Die Verallgemeinerung des Tauberschen Satzes auf krummlinige Annäherung bringt erhebliche Schwierigkeiten mit sich. Hier wird also $\lim_{x \to 1-} f(x) = s$ durch

$$(*) \qquad f(z) \to s \quad \text{für} \quad z \to 1 \quad \text{längs} \quad \Gamma$$

ersetzt, wobei $\Gamma$ ein in $\mathbb{D}$ liegender Jordanbogen mit Endpunkt 1 ist. In § 9 vorne wird $\Gamma$ schlicht über der $x$-Achse angenommen, monoton gegen 1 fallend; bei Titchmarsh ([332], S. 231) ist $\Gamma$ ähnlich eingeschränkt.

Hardy und Littlewood [130] haben aber schon 1923 allgemein gezeigt: Gilt für $f(z) = \Sigma a_n z^n$ $(z \in \mathbb{D})$ erstens $a_n = O\left(\dfrac{1}{n}\right)$ und zweitens $(*)$ für einen beliebigen Jordanbogen $\Gamma \subset \mathbb{D}$ mit Endpunkt 1, so folgt $\Sigma a_n = s$. Hierfür gab Tsuji [336] einen einfacheren Beweis, der mit funktionentheoretischen Mitteln arbeitet. Er folgert nämlich zuerst $\lim_{x \to 1-} f(x) = s$, wodurch der allgemeine auf den speziellen Fall reduziert ist.

2. Heute kann man aber so schließen. Wegen $|a_n| \leq \dfrac{M}{n}$ ist

$$|f'(z)| \leq \Sigma n |a_n| |z|^{n-1} \leq \frac{M}{1 - |z|} \; ,$$

$f$ also eine Bloch-Funktion, also eine normale Funktion. Aus $(*)$ folgt daher $\lim_{x \to 1-} f(x) = s$; siehe z. B. Pommerenke [265], S. 268.

### Bemerkungen und Hinweise zu § 10

1. Landau bemerkt vorne S. 58: „Dieser Satz liegt sehr tief". Es wundert daher nicht, daß in der Folgezeit vielfach versucht wurde, andere Methoden zu finden, die *vereinfachte Beweise* gestatten oder *Verallgemeinerungen* bringen. Zunächst fand Karamata [176] eine erhebliche Vereinfachung des Beweises des $O$-Umkehrsatzes. Wiener zeigte 1932, daß sich der Satz von Hardy und Littlewood in eine allgemeine Theorie der Taubersätze einbauen läßt [359], und Wielandt [358] gab 1952 eine weitere Vereinfachung des

Beweises von Karamata. Dies ist heute der kürzeste Zugang zum Satz von Hardy-Littlewood.

Die Grundidee ist dabei in einer Approximationsaufgabe zu sehen. Betrachtet wird der lineare Raum $H$ aller Funktionen $h$, für die

$$\Sigma a_n h(x^n) \quad \text{für} \quad |x| < 1 \quad \text{konvergiert und} \quad \lim_{x \to 1-} \Sigma a_n h(x^n) = 0$$

ist. Die Voraussetzung $\lim_{x \to 1-} \Sigma a_n x^n = 0$ zeigt, daß $H$ alle Polynome ohne konstantes Glied enthält. Verwendet man die Tauberbedingung $n|a_n| \leq 1$ oder $na_n \leq 1$ bei reellen Koeffizienten, so findet man durch Approximation, daß auch die Stufenfunktion

$$g(x) = \begin{cases} 0 & 0 \leq x < \tfrac{1}{2} \\ 1 & \tfrac{1}{2} \leq x \leq 1 \end{cases}$$

zu $H$ gehört. Daraus folgt sofort $\sum_{n=0}^{N} a_n \to 0$ für $N \to \infty$.

Diese Methode erlaubt es auch, Taubersätze mit Restglied zu gewinnen; siehe die Hinweise zu §8. Der funktionentheoretische Zugang zu Taubersätzen wird in Anhang II, §1 näher ausgeführt.

2. Von den zahlreichen Verallgemeinerungen des $O_L - A \to K$-Satzes erwähnen wir zwei. Die erste (Hardy [129], S. 164) enthält als Tauberbedingung

$$\text{(i)} \qquad \liminf_{n \to \infty} \sum_{k=n}^{m} a_k \geq 0, \quad \text{wobei} \quad m > n \quad \text{und} \quad \frac{m}{n} \to 1 \ ;$$

sie ist schwächer als $ka_k \geq -1$ bei Hardy-Littlewood und ist andererseits für die Konvergenz von $\Sigma a_k$ notwendig. Die andere Tauberbedingung lautet (Szász [322])

$$\text{(ii)} \qquad \sum_{k=1}^{n} k^p |a_k|^p = O(n) \quad (n \to \infty) \quad \text{für ein} \quad p > 1 \ .$$

Die Höldersche Ungleichung zeigt, daß (i) aus (ii) folgt. Tatsächlich ist (ii) sogar hinreichend für die $C_k$-Summierbarkeit, wenn $k > -1 + \dfrac{1}{p}$ ist (Szász). Für $p = 1$ ist (ii) keine Tauberbedingung mehr (Renyi [276]).

Auf Lehrbücher hatten wir schon bei §8 hingewiesen; siehe vor allem Hardy [129], Kap. VII. Ein besonders allgemeiner Satz von Delange [57] [58] gilt für Laplace-Stieltjes-Integrale, enthält eine Schwankungsbedingung als Tauberbedingung, und läßt Annäherung an $z = 0$ längs einer diskreten Punktfolge zu.

3. Zum Tauberschen Satz gibt es ein absolutes Analogon. Aus $|A| - \Sigma a_n = s$ [d.h. $f(x) = \Sigma a_n x^n$ ist auf $(0,1)$ schwankungsbeschränkt und strebt gegen $s$ für $x \to 1-$] folgt die absolute Konvergenz von $\Sigma a_n$, sofern $\{b_n\}$ mit $b_n = na_n$ eine Nullfolge ist mit $\Sigma |b_{n+1} - b_n| < \infty$. Siehe Hyslop [154] und Slepenčuk [314].

4. Schon Littlewood (1911) war bekannt, daß $n|a_n| \leq \Phi(n)$ keine Tauberbedingung ist, wenn $\{\Phi(n)\}$ unbeschränkt ist. Mehrere Autoren haben gezeigt, daß dies auch dann gilt, wenn dazu noch weitere Eigenschaften von $f(z) = \Sigma a_n z^n$ gefordert werden: Turán [343], Shapiro [312], Kennedy-Szüsz [178] und Piranian [255]. So zeigt Piranian: Es gibt ein in $\mathbb{D}$ holomorphes, in $\overline{\mathbb{D}}$ stetiges $f$, welches auf allen Radien $(0, e^{i\varphi})$ von gleichmäßig beschränkter Variation ist, für das $n|a_n| \leq \Phi(n)$ gilt, und für das $\Sigma a_n$ divergiert.

## Bemerkungen und Hinweise zu § 12

1. Dieser Satz von Riesz ist von Gaier [94] nach verschiedenen Richtungen hin weiter untersucht worden. Das wichtigste Ergebnis ist folgende Lokalisierung. Es bezeichne

$$S_2 = S_2(\vartheta_0, \delta_0) = \{z : |z - 1| < \delta_0, \, |\arg(z - 1)| > \vartheta_0\}$$

für $\delta_0 > 0$ und $0 < \vartheta_0 < \frac{\pi}{2}$. Es sei $f(z) = \Sigma a_n z^n$ holomorph in $\mathbb{D} \cup S_2$ und beschränkt in $S_2$, ferner $a_n \to 0$ $(n \to \infty)$ und $\lim\limits_{x \to 1-} f(x)$ vorhanden. Dann konvergiert $\Sigma a_n z^n$ auf einem Bogen von $\partial \mathbb{D}$ um die Stelle $z = 1$ gleichmäßig. Dieser Satz kombiniert die beiden Sätze von Riesz in § 12 und § 18. – (Bemerkung: Nach Pólya ([260], S. 772) heißt die singuläre Stelle $z = 1$ von $f$ *gut zugänglich*, wenn wie oben gefordert $f$ in $\mathbb{D} \cup S_2$ holomorph ist.)

Ersetzt man den Sektor durch eine Kreisscheibe $K_a = \{z : |z + a| < 1 + a\}$ $(a > 0)$, so wird der Satz von Riesz falsch; die Konvergenz von $\Sigma a_n$ bleibt aber erhalten, wenn man statt $\lim\limits_{x \to 1-} f(x)$ stärker die Existenz von $B - \Sigma a_n$ oder $E_p - \Sigma a_n$ (Borel, Euler) fordert. Die Beschränktheit von $f$ in $K_a$ impliziert nämlich $a_n = O\left(\dfrac{1}{\sqrt{n}}\right)$ $(n \to \infty)$.

2. Erdös-Herzog-Piranian [79] haben diese Untersuchungen weiter vertieft. Die genannte Abschätzung $a_n = O\left(\dfrac{1}{\sqrt{n}}\right)$ ist bestmöglich. Fordert man schärfer $|f(z)| \leq M|1 - z|^\alpha$ für $\alpha > \frac{1}{2}$ in einer Scheibe $K_a$, so ist sogar $\Sigma |a_n| < \infty$ und $\Sigma n |a_n|^2 < \infty$. Für $\alpha = \frac{1}{2}$ wird dies falsch. Auch Gebiete, deren Rand den Einheitskreis in $z = 1$ von höherer Ordnung berührt, werden betrachtet.

## Bemerkungen und Hinweise zu § 13

1. Der Satz von Fejér hat auf Grund seiner Einfachheit und guten Anwendbarkeit die Beachtung vieler Mathematiker gefunden. Fejér selbst hat zwar bemerkt [83], daß $\sum\limits_{k=1}^{n} k|a_k| = o(n)$ $(n \to \infty)$ aus $\Sigma k|a_k|^2 < \infty$ folgt,

versäumte es aber, dann direkt Taubers Umkehrbedingung $\dfrac{1}{n}\sum\limits_{k=1}^{n} ka_k \to 0$ $(n \to \infty)$ heranzuziehen und die Konvergenz von $\Sigma a_k$ zu erschließen.

Aus $\Sigma k|a_k|^2 < \infty$ folgt auch $\sum\limits_{k=1}^{n}(k|a_k|)^2 = O(n)$ $(n \to \infty)$, was zusammen mit $\lim\limits_{x \to 1-} f(x) = s$ sogar $C_\alpha - \Sigma a_k = s$ ergibt für $\alpha > -\tfrac{1}{2}$; siehe Hinweis 2 zu § 10.

2. Bildet $f(z) = \Sigma a_n z^n$ den Einheitskreis $\mathbb{D}$ auf ein Gebiet $G$ mit Jordanrand $\partial G$ konform ab, so konvergiert $\Sigma a_n z^n$ nach Fejér's Satz gleichmäßig für $|z| = 1$. Ist $\partial G$ rektifizierbar mit der Länge $L$, so ist überdies $\Sigma|a_n| \le \dfrac{L}{2}$, und der Faktor $\tfrac{1}{2}$ ist bestmöglich (Fejér [84]). Für die Koeffizienten gilt $n|a_n| \le \dfrac{e}{2\pi} L$ (Pommerenke [265], S. 131) und $na_n \to 0$, was bestmöglich ist (Clunie-Keogh [52]).

Ist $f$ in $\mathbb{D}$ nur schlicht und beschränkt, so hat man wegen $\Sigma n|a_n|^2 < \infty$ sicher $a_n = o\left(\dfrac{1}{\sqrt{n}}\right)$, aber sogar $a_n = O\left(\dfrac{1}{n^\alpha}\right)$ für ein $\alpha$ mit $\tfrac{1}{2} + \tfrac{1}{320} \le \alpha < 0{,}83$ (Pommerenke [265], S. 133).

3. Ist $f(z) = \Sigma a_n z^n$ in $\mathbb{D}$ schlicht und $|f(z)| \le 1$ in $\mathbb{D}$, so zeigt der Beweis zu Fejér's Satz, daß für die Teilsummen $s_n(z) = \sum\limits_{k=0}^{n} a_k z^k$ $\limsup\limits_{n \to \infty} \max\limits_{|z|=1} |s_n(z)| \le 1$ ist. Fejér [85] bewies $\max\limits_{|z|=1} |s_n(z)| \le 1 + \dfrac{1}{\sqrt{2}}$ $(n = 0,1,2,\ldots)$; die Schranke rechts wurde durch Szegö [326] auf $1.6160\ldots$ verbessert.

4. Zygmund [366] und Lusin [212] bewiesen mit verschiedenen Methoden lokale Versionen des Fejérschen Satzes. Ist die Fläche des Bildes des Sektors $S = \{z : |z| < 1, |\arg z| < \delta\}$ unter $f(z) = \Sigma a_n z^n$ endlich, und gilt $a_n = o(n^\alpha)$ für $\alpha \ge 0$, so ist $C_\alpha - \Sigma a_n z^n = f(z)$ für alle $z$ mit $|z| = 1$, $|\arg z| < \delta$, für die der radiale Limes existiert. Ist $f$ auf einem Teilbogen stetig, so ist die Summierbarkeit dort gleichmäßig.

Übertragung auf Dirichlet-Reihen durch Waterman [354].

5. Mit dem Satz von Fejér hängt folgendes Ergebnis von Denjoy [62] [63] zusammen. Es sei $f(z) = \Sigma a_n z^n$ in $\mathbb{D}$ holomorph und $\Sigma n|a_n|^2 < \infty$. Dann konvergiert $\Sigma a_n z^n$ auf $\partial \mathbb{D}$ gleichmäßig genau dann, wenn der Rand von $f(\mathbb{D})$ ein „zyklisches Kontinuum" ist.

6. Genügt $f(z) = \Sigma a_n z^n$ der Bedingung $\Sigma n|a_n|^2 < \infty$, so gilt (nach Seidel)

$$(*) \qquad (1 - r^2)|f'(re^{i\varphi})|^2 \le \dfrac{1}{\pi r} \int\limits_{0}^{2\pi} P(z,t)\,dM(t) \quad (|z| = r < 1)\,,$$

wo $P$ den Poisson-Kern und $M$ eine in $(0, 2\pi)$ monoton wachsende Funktion bedeutet.

Daraus folgt erstens

$$\int_{|z|=r} |f'(z)|^2 d\varphi \le \frac{C}{1-r} \quad \text{für} \quad 0 < r < 1 \ ,$$

woraus nach Chow [47] die $|C_\alpha|$-Summierbarkeit ($\alpha > 0$) von $\Sigma a_n z^n$ fast überall auf $|z| = 1$ folgt.

Aus (*) folgt weiter $|f'(re^{i\varphi})| \le \dfrac{C(\varphi)}{\sqrt{1-r}}$ für $0 < r < 1$ und fast alle $\varphi$, und dies wiederum impliziert

$$|f(re^{i\varphi}) - f(e^{i\varphi})| \le D(\varphi)\sqrt{1-r} \quad \text{und} \quad \int_0^1 |f'(re^{i\varphi})| dr < \infty \quad \text{für fast alle} \quad \varphi \ .$$

Das Randverhalten von Potenzreihen $\Sigma a_n z^n$ mit $\Sigma n^p |a_n|^2 < \infty$ behandelt Kinney [181]. Folgerungen aus $\iint_{\mathbb{D}} |f|^p db < \infty$ ($p > 0$) für das Randverhalten von $f$ findet man bei Tsuji [337] und Gehring [108].

7. Schlichtheit als Tauberbedingung wird von Halász [126] und Hayman [137] systematisch studiert. Ist $f$ in $\mathbb{D}$ schlicht und im Intervall $(0,1)$ beschränkt, so gilt $\sigma_n^{(1)} = O(1)$ ($n \to \infty$). Ist sogar $\lim\limits_{x \to 1-} f(x)$ vorhanden, so existiert $C_\alpha - \Sigma a_n$ für $\alpha > 1$, und $C_1 - \Sigma a_n$, falls zusätzlich $a_n = o(n)$ erfüllt ist. Hayman verallgemeinert diese Sätze auch auf $p$-wertige Funktionen.

8. Der Punkt $z = e^{i\varphi}$ heißt *Lusin-Punkt* für $f$, wenn das Bild jeder Kreisscheibe $\{z : |z - re^{i\varphi}| < 1 - r\}$ ($0 < r < 1$) unter $f$ unendliche Bildfläche hat. Lohwater und Piranian [207] konstruieren eine in $\mathbb{D}$ holomorphe, in $\bar{\mathbb{D}}$ stetige Funktion $f$, für die jeder Punkt $e^{i\varphi}$ Lusin-Punkt ist. Bei Piranian [253] und Bagemihl [17] wird dies auf beliebige „tangentielle Gebiete" verallgemeinert.

9. Schließlich soll noch Mihlin's Taubersatz erwähnt werden; siehe Duren [69], S. 165. Es sei $f(z) = \Sigma a_n z^n$ mit $a_0 = 1$ in $\mathbb{D}$ holomorph, und $F(z) = \log f(z) = \Sigma \lambda_n z^n$ für kleine $|z|$; $s_n$ seien die Teilsummen $\sum_{k=0}^n a_k$ und $\sigma_n$ deren arithmetische Mittel. Aus $|f(x)| \to A$ für $x \to 1-$ folgt dann $|s_n| \to A$ und $|\sigma_n| \to A$ ($n \to \infty$), falls die Tauberbedingung $\Sigma n |\lambda_n|^2 < \infty$ erfüllt ist. Der Satz hat wichtige Anwendungen auf Koeffizienten-Aussagen in der Klasse $S$ schlichter Funktionen.


## Bemerkungen und Hinweise zu § 14

1. Während Hardys Konstruktion einer auf $|z| = 1$ gleichmäßig, aber nicht absolut konvergenten Potenzreihe $f(z) = \Sigma a_n z^n$ explizit und mit etwas Rechnung verbunden ist, gibt Gaier [92] eine Methode an, die ohne

Rechnung auskommt. Es sei $C$ eine Jordankurve, die einen Punkt $w_0$ besitze, der aus dem Innern von $C$ durch keinen rektifizierbaren Jordanbogen erreichbar ist. Bildet dann $f(z) = \Sigma a_n z^n$ die Scheibe $\mathbb{D}$ konform auf int $C$ ab, wobei $z = 1$ in $w_0$ übergeht, so konvergiert $\Sigma a_n z^n$ nach dem Fejérschen Satz von §13 gleichmäßig auf $\partial\mathbb{D}$. Dabei ist $\Sigma|a_n| = \infty$, da sonst $\int_0^1 |f'(r)|\,dr < \infty$ wäre und somit $w_0$ durch den rektifizierbaren Bogen $\{f(z): 0 \le z < 1\}$ erreichbar wäre. Dasselbe Beispiel findet sich erneut bei Novinger [244].

2. Das hierbei gewonnene $f$ ist sogar in $\mathbb{D}$ *schlicht*. Bei Erdös, Herzog und Piranian [78] ist $f$ darüber hinaus durch eine Lückenreihe $\Sigma a_k z^{n_k}$ mit $n_{k+1} - n_k \to \infty$ dargestellt. Man beachte, daß für schlichte Potenzreihen $\Sigma a_k z^{n_k}$ mit $\Sigma \dfrac{1}{n_k} < \infty$ stets $\Sigma|a_k| < \infty$ gilt (Pommerenke [263]).

Andere Lückenreihen, die nicht schlicht zu sein brauchen, aber dasselbe leisten wie Hardys Beispiel, gewinnt Erdös [77] mit kombinatorischen und wahrscheinlichkeitstheoretischen Methoden.

Lösch [206] verwendet geeignete Polynomreihen zu einer sehr einfachen Konstruktion gleichmäßig, nicht absolut konvergenter Potenzreihen.

3. Soll $f(z) = \Sigma a_n z^n$ auf $\partial\mathbb{D}$ gleichmäßig konvergieren, so muß wegen $f \in H^2$ sicher $\Sigma|a_n|^2 < \infty$ sein. Turán [340] gibt für jedes $\varepsilon > 0$ ein explizites Beispiel an, wo $\Sigma|a_n|^{2-\varepsilon} = \infty$ ist; dann ist natürlich umso mehr $\Sigma|a_n| = \infty$. Für welche Nullfolgen $\{\varepsilon_n\}$ sogar $\Sigma|a_n|^{2-\varepsilon_n} = \infty$ sein kann, wenn $f$ in $\overline{\mathbb{D}}$ stetig ist, hat Stečkin [317] studiert.

4. Lick [200] hat die Mengen lokal gleichmäßiger Konvergenz charakterisiert. Es sei $K$ die Klasse der Potenzreihen $\Sigma a_n z^n$ mit $a_n \to 0$, $\Sigma|a_n| = \infty$, die auf $\partial\mathbb{D}$ überall konvergieren, und für $f \in K$ sei $L_f$ die Menge aller $\zeta \in \partial\mathbb{D}$, für die es eine Umgebung $U_\zeta \subset \partial\mathbb{D}$ gibt, in der $\Sigma a_n z^n$ gleichmäßig konvergiert. $L_f$ ist nach Definition offen, und umgekehrt gibt es zu jeder offenen Menge $M \subset \partial\mathbb{D}$ ein $f \in K$ mit $L_f = M$. Verwandt dazu ist die Arbeit [199] desselben Autors.

Wählt man $M = \varnothing$, so findet überall Konvergenz, aber auf keinem Bogen von $\partial\mathbb{D}$ gleichmäßige Konvergenz statt. Dabei kann $f$ sogar schlicht in $\mathbb{D}$ sein; siehe Gaier [93].

Mit den folgenden Nummern weisen wir noch auf einige interessante Phänomene, die *absolute* Konvergenz betreffend, hin. Siehe auch die Hinweise 7 und 8 zu Anhang II, §1.

5. Salem und Zygmund [297] zeigten erstmals die Existenz von Potenzreihen $f(z) = \Sigma a_k z^{n_k}$ mit $\Sigma|a_k| < \infty$, für die das Bild von $\partial\mathbb{D}$ unter $f$ eine Peano-Kurve darstellt, also ein Gebiet überdeckt. Weitere Ergebnisse in dieser Richtung von Piranian, Titus und Young [256], Schaeffer [301], MacLane [214], und Bagemihl und Piranian [18].

6. Erfüllt $f(z) = \Sigma a_n z^n$ die Bedingung $\Sigma|a_n| < \infty$, so ist bekanntlich $\int_0^1 |f'(re^{i\varphi})|\,dr < \infty$ für alle $\varphi$. Doch kann $|f'(re^{i\varphi})| \to \infty$ für $r \to 1-$ gelten, für fast alle $\varphi$ (Rudin [292]. Es gibt sogar ein in $\overline{\mathbb{D}}$ schlichtes $f$ mit $\Sigma|a_n| < \infty$, für

das $f'$ auf fast allen Radien unbeschränkt ist; siehe Lohwater, Piranian und Rudin [208].

7. Bemerkenswert ist noch folgende Entdeckung von Piranian [254]. Es gibt eine $w=0$ umlaufende Jordankurve $C$ mit der Eigenschaft: Bildet $f(z) = \Sigma a_n z^n$ die Scheibe $\mathbb{D}$ konform auf das Innere von $C$ ab, so gilt $\Sigma |a_n| < \infty$; bildet $g(z) = \Sigma b_n z^n$ die Scheibe $\mathbb{D}$ konform auf das Innere der am Einheitskreis gespiegelten Kurve $C'$ ab, so gilt $\Sigma |b_n| = \infty$.

## Bemerkungen und Hinweise zu § 15

1. Das Lusinsche Beispiel wurde von verschiedenen Autoren weiter verfeinert; Potenzreihen „vom Lusinschen Typ". Neder [238] zeigte, daß es zu jeder Folge $\{\varrho_n\}$ mit $0 < \varrho_n \searrow 0$ und $\Sigma \varrho_n^2 = \infty$ eine Potenzreihe $\Sigma a_n z^n$ gibt mit $|a_n| = \varrho_n$, die auf $\partial \mathbb{D}$ überall divergiert. Man beachte wieder, daß aus $\Sigma |a_n|^2 < \infty$ die Konvergenz fast überall auf $\partial \mathbb{D}$ folgen würde.

2. Nach Stečkin [318] kann unter obigen Annahmen sogar Real- *und* Imaginärteil der Potenzreihe überall auf $\partial \mathbb{D}$ divergieren. Einen einfacheren Beweis hierfür gab Tandori in [330]. Bei Dvoretzky und Erdös [73] wird eine komplexe Zahlenfolge $\{b_n\}$ mit $|b_n| \searrow 0$ und $\Sigma |b_n|^2 = \infty$ vorgegeben, und es gibt dann eine Potenzreihe $\Sigma a_n z^n$ mit $a_n = b_n$ oder $a_n = 0$, die auf $\partial \mathbb{D}$ überall divergiert.

3. Ferner sei noch ein Resultat von Mazurkiewicz [219] erwähnt: Zu jeder regulären Toeplitz-Matrix $M$ gibt es eine Potenzreihe $\Sigma a_n z^n$ mit $a_n \to 0$, die in keinem Punkt von $\partial \mathbb{D}$ $M$-summierbar ist.

## Bemerkungen und Hinweise zu § 16

1. Die Untersuchungen der §§ 15 und 16 werfen die Frage auf: Für welche Mengen $E \subset \partial \mathbb{D}$ gibt es eine Potenzreihe $\Sigma a_n z^n$, die auf $E$ divergiert und auf $\partial \mathbb{D} \setminus E$ konvergiert; $E$ heißt dann Divergenzpunktmenge. Solche Mengen müssen notwendig vom Typ $G_{\delta\sigma}$ sein (Herzog-Piranian [145]); ob umgekehrt jede $G_{\delta\sigma}$-Menge Divergenzpunktmenge ist, bleibt offen. Piranian schreibt mir dazu: "The problem of sets of divergence of power series is deadlocked. We do not even know whether the union of two sets of divergence is a set of divergence."

2. Nach Mazurkiewicz [220] ist jede offene Menge und jede abgeschlossene Menge Divergenzpunktmenge, nach Herzog und Piranian [145] sogar jede Menge vom Typ $G_\delta$; und jede abzählbare Menge ist Divergenzpunktmenge [146], wobei man von $f(z) = \Sigma a_n z^n$ noch zusätzliches verlangen kann.

Vijayaraghavan [348] gibt ein besonders einfaches Beispiel einer Potenzreihe an, die je auf überall dichten Mengen konvergiert bzw. divergiert.

3. Das weitestgehende Resultat scheint von Staniszewska [316] zu stammen. Hier wird jede $G_{\delta\sigma}$-Menge $E$, mit $E \subset \Phi$, wo $\Phi$ vom logarithmischen Maß Null und vom Typ $F_\sigma$ ist, als Divergenzpunktmenge einer Potenzreihe $f(z) = \Sigma a_n z^n$ nachgewiesen. Dabei ist sogar $f$ in $\overline{\mathbb{D}}$ stetig.

4. Bemerkenswert ist noch, daß die Mengen $E \subset \partial\mathbb{D}$ vollständig charakterisiert sind, für die es eine Potenzreihe $\Sigma a_n z^n$ gibt so, daß $\left\{ \sum_{k=0}^{n} a_k z^k \right\}$ ($n = 1, 2, \ldots$) für $z \in E$ beschränkt, für $z \notin E$ unbeschränkt ist: $E$ muß vom Typ $F_\sigma$ sein. Siehe Herzog und Piranian [148]. Auch die Mengen gleichmäßiger Konvergenz sind charakterisiert, und zwar als die abgeschlossenen Teilmengen von $\partial\mathbb{D}$ [145].

Auf das verwandte Thema der Divergenzpunktmengen bei trigonometrischen und Fourier-Reihen gehen wir nicht ein.

## Bemerkungen und Hinweise zu § 17

1. Manche Autoren betrachten beim Satz von Vivanti-Pringsheim nur Potenzreihen $\Sigma a_n z^n$ mit $a_n \geq 0$. Die von Landau gewählte, auf Pringsheim (1928) zurückgehende Form des Satzes in § 17 läßt auch komplexe Koeffizienten $a_n = |a_n| e^{i\varphi_n}$ zu, die zum Beispiel $\mathrm{Re}\, a_n \geq 0$ und $\sqrt[n]{\cos \varphi_n} \to 1$ ($n \to \infty$) genügen; siehe dazu Biggeri [32] und Perron [251].

2. Indessen brauchen die Koeffizienten nicht notwendig in *einer* Halbebene zu liegen. Vielmehr reicht aus, daß hinreichend lange Blöcke ($\vartheta n_k$-Blöcke) von Koeffizienten um „wesentliche" Koeffizienten $a_{n_k}$ in wechselnden Halbebenen $H_k$ liegen, wie Bieberbach [31], S. 41 aus einem Singularitätstest folgert. Innerhalb dieser Blöcke sind sogar noch Ausnahmen zulässig, wie wir bei den Sätzen von Fabry in § 19 sehen werden.

3. Sind in $f(z) = \Sigma a_n z^n$ (mit Konvergenzradius 1) alle $a_n$ reell, und ist $\Delta$ die Maximaldichte der Koeffizienten, wo ein Vorzeichenwechsel stattfindet, so liegt auf dem Bogen $\{z = e^{i\varphi} : |\varphi| \leq \pi\Delta\}$ mindestens eine Singularität von $f$; siehe Pólya [259], S. 626. Der Fall $\Delta = 0$ liegt vor, wenn die Folge $\{n_k\}$ der Indizes, wo ein Vorzeichenwechsel stattfindet, $n_k/k \to \infty$ genügt.

4. Der spezielle Satz von Vivanti-Pringsheim läßt sich auch so formulieren. Es sei $f(z) = \Sigma a_n z^n$ in $\mathbb{D}$ holomorph und $a_n \geq 0$ für alle $n$. Ist dann $f$ in $z = 1$ holomorph, so auf ganz $\overline{\mathbb{D}}$. Die Eigenschaft $a_n \geq 0$ erlaubt also, eine Güte-Eigenschaft, die bei $z = 1$ gilt, auf den ganzen Kreis $\partial\mathbb{D}$ fortzusetzen.

Von diesem Typ ist auch folgendes Ergebnis von Wiener (siehe Boas [38], S. 242): Besitzt $f(z) = \Sigma a_n z^n$ ($z \in \mathbb{D}$) mit $a_n \geq 0$ Randwerte aus $L^2$ auf einem Teilbogen von $\partial\mathbb{D}$ um $z = 1$, so besitzt $f$ überall auf $\partial\mathbb{D}$ Randwerte aus $L^2(\partial\mathbb{D})$. Für $L^p$ ($0 < p < 2$) ist das entsprechende Resultat jedoch falsch, wie Wainger [349] gezeigt hat.

## Bemerkungen und Hinweise zu § 18

1. Der Satz von Fatou und Riesz kann als *funktionentheoretischer Taubersatz* gedeutet werden: Die Regularität von $f(z) = \Sigma a_n z^n$ im Punkt $z = 1$ dient als Tauberbedingung, um von $a_n \to 0$ auf $\Sigma a_n = f(1)$ zu schließen. Diesen Gesichtspunkt und weitere komplexe Taubersätze findet man in den Monographien von Zeller-Beekmann [364], S. 93, Ganelius [104], Kap. 7, Subhankulov [319], und Postnikov [268], § 17 ff.

2. Die Voraussetzungen des Satzes von Fatou und Riesz können abgeschwächt werden. So kann die Regularität von $f$ in $z = 1$ ersetzt werden dadurch, daß man von $f$ fordert, im Kuchenstück

$$S_2 = S_2(\vartheta_0, \delta_0) = \left\{ z : |z - 1| < \delta_0, |\arg(z - 1)| > \vartheta_0 \right\}$$

für ein $\delta_0 > 0$ und ein $\vartheta_0$ mit $0 < \vartheta_0 < \frac{\pi}{2}$ holomorph und in $\bar{S}_2$ stetig zu sein; siehe Gaier [94]. Darauf hatten wir schon bei § 12 hingewiesen.

Schwächt man $a_n \to 0$ zu $a_n = o(n^k)$ ab, so ist $C_k$-Summierbarkeit von $\Sigma a_n$ zu erwarten; hier sei $k > 0$. Von $f$ muß dann nur noch gefordert werden, daß $f(z) \to f(1)$ gilt für beliebige Annäherung von $z \in \mathbb{D}$ an $z = 1$. Dieses Ergebnis stammt von Dienes und Offord [245]; siehe auch Kogbetliantz [183], S. 44 und das Büchlein von Ilieff [155], § 3.

3. Bei Korevaar [187] wird die *Konvergenzgeschwindigkeit* untersucht. Es sei $\varphi(n) = n^\alpha L(n)$, wo $\alpha \in \mathbb{R}$ und $L$ langsam oszillierend ist. Die Funktion $f(z) = \Sigma a_n z^n$ sei holomorph in $\mathbb{D} \cup \{1\}$, und es gelte $a_n \geq -\varphi(n)$ $(n = 1, 2, \ldots)$. Dann hat man für die Teilsummen $s_n = \sum_{k=0}^{n} a_k$ und ihre $C_1$-Mittel $\sigma_n$

$$|s_n - f(1)| \leq C\varphi(n) \quad \text{und} \quad \left| \sigma_n - f(1) + \frac{f'(1)}{n+1} \right| \leq C' \frac{\varphi(n)}{n} \quad (n = 1, 2, \ldots) \ .$$

Der Beweis erfolgt, da die Koeffizientenbedingung einseitig ist, mit Methoden der reellen Analysis (Approximationsmethode). – Bei Agmon [1] wird zu $\{a_n\}$ eine gewisse Majorantenfolge $\{q_n\}$ erklärt. Ist dann $f$ in $z = 1$ holomorph, so gilt in einer ganzen Umgebung von $z = 1$ $|f(z) - s_n(z)| \leq O(q_n)|z|^n$.

4. Sätze vom Fatou-Riesz-Typ gelten auch für absolute Konvergenz bzw. $|C_k|$-Summierbarkeit. Ist $f(z) = \Sigma a_n z^n$ in $\mathbb{D} \cup \{1\}$ holomorph, so existiert $|C_k| - \Sigma a_n$ $(k > 0)$ genau dann, wenn $\Sigma n^{-k}|a_n| < \infty$ ist; siehe Chow [48]. Und es ist $\Sigma |a_n| < \infty$ genau dann, wenn $\Sigma |a_n - a_{n+1}| < \infty$ ist, die Folge $\{a_n\}$ also von beschränkter Schwankung ist; siehe Jurkat-Peyerimhoff [172] [173].

Das letzte Ergebnis kann so gedeutet werden: Ist $f$ in $z = 1$ holomorph, so ist mit $\{a_n\}$ auch $\{s_n\}$ von beschränkter Variation. Für welche anderen Folgenräume dies gilt, untersuchen Müller und Trautner [229] mit überwiegend funktionentheoretischen Methoden.

5. Wir erwähnen schließlich, daß es auch für den Rand von Summationsgebieten Sätze vom Fatou-Riesz-Typ gibt; Gaier [94]. Ist etwa $z = 1$ regulärer Punkt von $f(z) = \Sigma a_n z^n$ am Rande des Borelschen Summationsgebiets, so folgt aus $B\text{-}\lim a_n = 0$ stets $B - \Sigma a_n = f(1)$.

## Bemerkungen und Hinweise zu § 19

1. An die Fabryschen Sätze, die trotz ihres hohen Alters schon sehr allgemein erscheinen, haben sich zahlreiche weitere Entwicklungen angeschlossen. Ist $f(z) = \Sigma a_n z^n$ vom Konvergenzradius 1, so fragt man: Unter welchen Annahmen über die Koeffizienten $a_n$

ist $f$ an der Stelle $z = 1$ singulär,
ist $f$ über $\partial \mathbb{D}$ hinaus nicht fortsetzbar,
hat $f$ auf dem Bogen $\{z = e^{i\varphi} : |\varphi| \le \alpha\}$ mindestens eine Singularität?

Eine ausführliche Besprechung dieses Themenkreises findet man bei Bieberbach [31], wo sowohl die Fabryschen Beweise (1896, 1898) als auch die anderen Beweisansätze von Faber (1904) und Pólya (1929) oft vollständig dargestellt werden.

Dort finden sich auch Singularitäts-Tests vom Typ der Hilfssätze 1 und 2.

2. *Wann ist $f$ über $\partial \mathbb{D}$ hinaus nicht fortsetzbar?* Ausgangspunkt ist ein schon auf Hadamard zurückgehender Satz. Es gebe eine Indexfolge $\{n_k\}$ mit $\overline{\lim} \sqrt[n_k]{|a_{n_k}|} = 1$ („wesentliche Koeffizienten") und ein $\vartheta > 0$ so, daß $a_n = 0$ ist für $0 < |n - n_k| < \vartheta n_k$ („$\vartheta n_k$-Lücken"). Dann ist $f$ über $\partial \mathbb{D}$ hinaus nicht fortsetzbar. Nach Fabry dürfen in den Lückenintervallen sogar noch Ausnahme-Koeffizienten vorkommen, sofern deren Anzahl $o(n_k)$ ist.

Pólya [258] bemerkt erstmals, daß diese Annahmen nur für einseitige Intervalle $n_k < n < n_k(1 + \vartheta)$ *oder* $n_k(1 - \vartheta) < n < n_k$ gefordert werden müssen. Lösch [205] zeigt, daß die $\vartheta n_k$-Intervalle im allgemeinen nicht verkürzt werden können, sondern nur, wenn die Koeffizienten noch gewissen Abschätzungen genügen. Claus [50] verallgemeinert diese Ergebnisse, und Noble [240] zieht einen Schlußstrich in einem sehr allgemeinen Satz, der in gewisser Weise bestmöglich ist.

Die Ergebnisse von Lösch und Claus werden auch bei Ilieff [155], § 6 behandelt; Skof [313] hat ein zum Satz von Noble ähnliches, aber nicht allgemeineres Resultat. Natürlich gibt es noch eine ganze Reihe andersartiger Kriterien für Nichtfortsetzbarkeit. Hat etwa die Potenzreihe von $f$ nur endlich viele verschiedene Koeffizienten, so ist $f$ entweder rational (und die Koeffizientenfolge schließlich periodisch), oder $f$ ist über $\partial \mathbb{D}$ hinaus nicht fortsetzbar (Szegö 1922). Einen neueren Überblick über Sätze dieser Art gibt Schwarz [310] [311].

3. *Wann ist $f$ an der Stelle $z = 1$ singulär?* Der von Landau als Satz 1 bezeichnete Satz von Fabry (Seite 81) verlangt, daß es $\vartheta n_k$-Blöcke um „wesentliche Koeffizienten" $a_{n_k}$ gibt, in denen $\mathrm{Re}(a_n e^{i\beta_k})$, für geeignete $\beta_k$, höchstens $o(n_k)$ Vorzeichenwechsel aufweist; die Koeffizienten $a_n$ schwanken in diesen Blöcken wenig von einer Halbebene $H_k$ in ihr Komplement. Dann ist $f(z) = \Sigma a_n z^n$ in $z = 1$ singulär.

Einen entsprechenden Satz für halbseitige Blöcke $(1 - \vartheta)n_k < n < n_k$ hat Roux [288]. Über weitere Arbeiten von Ricci und Roux informiert der Übersichtsartikel von Roux [289].

Wie bei Nichtfortsetzbarkeitssätzen kann die Länge der Blöcke verringert werden, wenn alle Koeffizienten noch gewissen Abschätzungen genügen. Hier hat Noble [241] ziemlich abschließende Ergebnisse gewonnen, zum Beispiel: Ist $\Phi$ die kleinste konkave Majorante für $\log(|a_n|+2)$, und gibt es Zahlen $\Delta_k$, $\beta_k$ so, daß

$$\Phi(n_k)=o(\Delta_k) \quad \text{und} \quad |\mathrm{Re}\,(a_{n_k}e^{i\beta_k})|^{1/\Delta_k}\to 1 \ (k\to\infty)\ ,$$

und hat $\mathrm{Re}\,(a_n e^{i\beta_k})$ in den Intervallen $|n-n_k|<\Delta_k$ höchstens $o(\Delta_k)$ Vorzeichenwechsel, so ist $f$ an der Stelle $z=1$ singulär. Weiter ist noch die Arbeit von Agmon [1] relevant.

4. *Wann hat $f$ auf dem Bogen $\{z=e^{i\varphi}:|\varphi|\le\alpha\}$ mindestens eine Singularität?* Schon Fabry (1898) hat in den $\vartheta n_k$-Blöcken mehr als $o(n_k)$ Vorzeichenwechsel der Zahlen $\mathrm{Re}\,(a_n e^{i\beta_k})$ zugelassen. Neben der Forderung $\varlimsup \sqrt[n_k]{|\mathrm{Re}\,(a_{n_k}e^{i\beta_k})|}=1$ („wesentliche Koeffizienten") verlangt Pólya [259] nur noch, daß die Maximaldichte derjenigen Indizes, die in die $\vartheta n_k$-Blöcke fallen und für die $\mathrm{Re}\,(a_n e^{i\beta_k})$ einen Vorzeichenwechsel mitmacht, gleich $\Delta$ ist. Dann liegt auf dem Bogen $\{z=e^{i\varphi}:|\varphi|\le\pi\Delta\}$ mindestens eine Singularität von $f$.

Sätze dieses Typs lassen sich leicht gewinnen, wenn man geeignete Hilfsmittel über ganze Funktionen vom Exponentialtyp zur Verfügung hat; siehe Boas [38], S. 239 ff. Entsprechende Übertragungen auf Dirichlet-Reihen findet man bei Bernstein [28] und Delange [60].

5. Der Fabrysche Lückensatz wird im Anhang II, §2 mit Hilfe des Turánschen Lemmas bewiesen. Der Beweis wird dadurch sehr durchsichtig.

Die Lückenbedingung $\dfrac{n_k}{k}\to\infty$ $(k\to\infty)$ ist bestmöglich.

Für Hadamardsche Lückenreihen gibt es die high indices Theoreme für gewöhnliche und absolute Konvergenz. Darauf und auf die Folgerungen für die Werteverteilung Hadamardscher Lückenreihen (Sätze von Paley) gehen wir in Anhang II, §1 ein; siehe dort die Hinweise 7 und 8.

Hier erwähnen wir zwei neuere bemerkenswerte Resultate über Hadamardsche Lückenreihen $f(z)=\Sigma a_k z^{n_k},\ \dfrac{n_{k+1}}{n_k}\ge q>1$. Genau dann ist $f$ normal in $\mathbb{D}$, wenn $\sup|a_k|<\infty$ ist (Sons und Campbell [315]); und genau dann ist $f$ annular in $\mathbb{D}$, wenn $\sup|a_k|=\infty$ ist (Hwang und Campbell [153]). Dabei heißt $f$ annular in $\mathbb{D}$, wenn es eine Folge $\{J_n\}$ von Jordankurven in $\mathbb{D}$ gibt so, daß

$$J_n\subset\mathrm{int}\,J_{n+1} \quad \text{und} \quad \min\{|z|:z\in J_n\}\to 1 \quad (n\to\infty)$$

gilt, für die $\min\{|f(z)|:z\in J_n\}\to\infty$ $(n\to\infty)$. Siehe auch Murai [232] und Gnuschke-Pommerenke [110], wo sogar bei unbeschränkter Folge $\{a_k\}$ Angaben über die Lage der $J_n$ gemacht werden.

Kurze, aber regelmäßig auftretende Lücken ($a_k=0$ für $k\equiv r \bmod q$) verlangt ein Satz, den man bei Bieberbach [31], S. 56 findet. Schlichte Lückenreihen behandelt Pommerenke [265], S. 148 ff. Schließlich erwähnen wir noch den Zusammenhang mit Überkonvergenz (Bourion [40], Ilieff [155]) und das Büchlein von Mandelbrojt [216].

6. Schon Fabry hatte eine Verallgemeinerung von Satz 3 (Seite 84) dahingehend, daß in den $\vartheta n_k$-Blöcken noch $o(n_k)$ Ausnahmeindizes zugelassen sind. Kürzere Blöcke $\{n : |n - n_k| < \Delta_k\}$ sind erlaubt, wenn alle Koeffizienten $a_n$ noch gewissen Abschätzungen genügen; siehe Noble [241]. Für $\arg a_n = \varphi_n$ wird dann in diesen Blöcken

$$(*) \qquad \max' |\varphi_{n+1} - \varphi_n| \to 0 \quad (k \to \infty)$$

gefordert, wobei $'$ andeutet, daß im $k$-ten Block noch $o(\Delta_k)$ Ausnahmeindizes erlaubt sind. Auch dann ist $z = 1$ singuläre Stelle für $f$.

Bei Ricci [277] geht statt (*) die Schwankung $\Sigma |\varphi_{n+1} - \varphi_n|$ im $k$-ten Block als Voraussetzung ein. Ist $\overline{\lim} |\varphi_{n+1} - \varphi_n| = \alpha < \pi$, wobei $n$ alle Indizes durchläuft, so hat $f$ mindestens eine singuläre Stelle auf dem Bogen $\{z = e^{i\varphi} : |\varphi| \leq \alpha\}$; siehe Delange [61].

7. Zum dritten Fabryschen Satz gibt es zahlreiche *Umkehrsätze*. So ist sofort klar, daß $\dfrac{a_{n+1}}{a_n} \to 1 \; (n \to \infty)$ gilt, wenn $f(z) = \Sigma a_n z^n$ in $\mathbb{D}$ holomorph ist mit Ausnahme eines einzigen Poles an der Stelle $z = 1$. Entsprechende Sätze, eventuell mit Dichte-Aussagen für die Indizes $n$, für die $\dfrac{a_{n+1}}{a_n} \to 1$ strebt, gelten, wenn $f$ mehrere und andere Typen von Singularitäten auf $\partial\mathbb{D}$ hat. Diese Fragen sind bei Bieberbach [31], S. 65 ff. vortrefflich dargestellt.

## Bemerkungen und Hinweise zu § 20

1. Der auf Seite 86 genannte Satz von Pólya garantiert zunächst nur die Existenz einer Vorzeichenfolge $\{\varepsilon_n\}$, für die $\Sigma \varepsilon_n a_n z^n$ über den Einheitskreis hinaus nicht fortsetzbar ist. Agmon [1] gibt ein konstruktives Prinzip an, wie die Faktoren $\pm 1$ zu verteilen sind. Ist $\{n_k\}$ eine Folge von „Hauptindizes" zu der Koeffizientenfolge $\{a_n\}$, mit $n_{k+1} - n_k \to \infty$, so kann man $\varepsilon_n = 1 \; (n \neq n_k)$ und $\varepsilon_n = -1 \; (n = n_k)$ wählen, falls nicht schon die Ausgangsreihe nicht fortsetzbar ist.

2. Fuchs [89] geht von der Frage aus, ob es eine universelle (d. h. von $\{a_n\}$ unabhängige) Vorzeichenfolge $\{\varepsilon_n\}$ gibt, für die $\Sigma \varepsilon_n a_n z^n$ nicht fortsetzbar ist für alle Potenzreihen $\Sigma a_n z^n$ mit Konvergenzradius 1. Die Frage wird verneint: Zu jeder Vorzeichenfolge $\{\varepsilon_n\}$ gibt es Koeffizienten $a_n > 0$ so, daß $\Sigma \varepsilon_n a_n z^n$ über einen offenen Halbkreis von $\partial\mathbb{D}$ hinaus fortsetzbar ist. Einfache Beispiele lehren, daß dies für keinen größeren Bogen von $\partial\mathbb{D}$ zu gelten braucht.

3. Hat man statt $\overline{\lim} \sqrt[n]{|a_n|} = 1$ schärfer $\lim \sqrt[n]{|a_n|} = 1$, so kann man die Faktoren $\varepsilon_n$ aus einer Menge $M \subset \mathbb{C}$ nehmen, deren Elemente einen Abstand

$\geq \delta > 0$ voneinander haben. Nur abzählbar viele Potenzreihen $\Sigma \varepsilon_n a_n z^n$ sind dann über $\partial \mathbb{D}$ hinaus fortsetzbar (Hausdorff [133]). Dies wird aber falsch, wenn nur $\overline{\lim} \sqrt[n]{|a_n|} = 1$ verlangt wird.

4. Indessen müssen die Koeffizienten $a_n$ nur wenig verändert werden, um eine nicht fortsetzbare Reihe zu erzeugen. Wir formulieren ein Ergebnis von Tanaka [329] für Dirichlet-Reihen. Die Reihe $\Sigma a_n e^{-\lambda_n z}$ habe die Konvergenzabszisse $\sigma = 0$. Dann gibt es zwei Dirichlet-Reihen $\Sigma b_n e^{-\lambda_n z}$ und $\Sigma c_n e^{-\lambda_n z}$, die über $\operatorname{Re} z = 0$ hinaus nicht fortsetzbar sind, und für die gilt

$$|b_n| = |a_n| \; , \qquad \arg b_n - \arg a_n \to 0 \quad (n \to \infty)$$

bzw.

$$\arg c_n = \arg a_n \; , \qquad |c_n/a_n| \to 1 \quad (n \to \infty) \; .$$

Beweishilfsmittel ist ein Singularitäts-Test für Dirichlet-Reihen, der auf Ostrowski zurückgeht.

Dirichlet-Reihen haben bekanntlich Konvergenzabszissen $\sigma_c$ und $\sigma_a$ für gewöhnliche und für absolute Konvergenz, $\sigma_c \leq \sigma_a$. Dvoretzky [70] beweist, daß es zu jedem $B$ mit $\sigma_c \leq B \leq \sigma_A$ eine Vorzeichenverteilung $\{\varepsilon_n\}$ gibt, für die $\Sigma \varepsilon_n a_n e^{-\lambda_n z}$ nicht über $\operatorname{Re} z = B$ hinaus fortsetzbar ist.

5. Ostrowski [246] zeigte erstmals, daß es (überabzählbar viele) Vorzeichenfolgen $\{\varepsilon_n\}$ gibt, für die $\Sigma \varepsilon_n a_n z^n$ keiner algebraischen Differentialgleichung genügt. Der Beweis ist analog zu dem des Satzes von Pólya, nur wird statt des Fabryschen Lückensatzes ein Satz von Grönwall verwendet, wonach $\Sigma a_k z^{n_k}$ sicher dann keiner algebraischen Differentialgleichung genügt, wenn $n_{k+1} > k n_k$ gilt. Satz und Beweis finden sich erneut bei Pólya [262]. Bagemihl [16] kombiniert die Sätze von Pólya und Ostrowski, indem er überabzählbar viele Vorzeichenfolgen $\{\varepsilon_n\}$ nachweist, für die $\Sigma \varepsilon_n a_n z^n$ weder über $\partial \mathbb{D}$ hinaus fortsetzbar ist noch einer algebraischen Differentialgleichung genügt.

6. Die Mächtigkeitsüberlegungen, die zum Beweis des Satzes von Pólya führten, legen es nahe, die Menge aller Potenzreihen mit Konvergenzradius 1 mit einer Topologie oder einem Maßbegriff zu versehen und dann zu fragen, wie „häufig" die nichtfortsetzbaren Potenzreihen einer gewissen Klasse vorkommen. So weiß man seit Paley und Zygmund [249], daß die Potenzreihe $\Sigma \pm a_n z^n$ „fast sicher" über ihren Konvergenzkreis hinaus nicht fortsetzbar ist. Dieses Thema ist bei Bieberbach [31], §4 eingehend behandelt. Siehe auch Hinderer [149], [150], Kahane [174] und Walk [350].

## Bemerkungen und Hinweise zu §21

1. Zunächst liegen einige *Verallgemeinerungen* des Dreikreisesatzes nahe. Seine Aussage bleibt richtig, wenn zwar nicht $f$ selbst, wohl aber $|f|$ im Kreisring eindeutig ist. Statt $\log M(r)$ kann man sogar $\max\{u(z) : |z| = r\}$

nehmen, wo $u$ eine beliebige im Kreisring subharmonische Funktion ist. Dies folgt aus dem heute gängigen Beweis mit Hilfe des Maximumprinzips für subharmonische Funktionen und des harmonischen Maßes im Kreisring.

Auch die Übertragung des Dreikreisesatzes auf mehrfach zusammenhängende Gebiete ist so leicht möglich (Dinghas [65], S. 208; Bear [22]).

2. Kennt man zusätzlich zu den normalen Annahmen noch die Mittelwerte $\int_{|z|=r_1} |f(z)|\,|dz|$ und $\int_{|z|=r_3} |f(z)|\,|dz|$, so läßt sich die Aussage des Dreikreisesatzes verschärfen (Schneider [305]).

3. Wichtiger sind jedoch andere *Verschärfungen*. In der Ungleichung des Dreikreisesatzes steht $=$ für ein $r_2 \in (r_1, r_3)$ genau dann, wenn $|f(z)| = A|z|^\alpha$ und folglich $f(z) = Bz^\alpha$ ist mit einem $\alpha$, das sich aus $r_1, r_3$ und $M(r_1)$, $M(r_3)$ bestimmt. Diese Funktion ist jedoch nur bei ganzzahligem $\alpha$ im Kreisring eindeutig, und daher gilt im allgemeinen eine schärfere Ungleichung. Diese „scharfe Form" des Dreikreisesatzes hat zuerst Teichmüller [331] angegeben und danach unabhängig Heins [138] und Robinson [283]. Die Darstellung bei Ahlfors [6] knüpft an Teichmüller an, während Jenkins [166] einen Zugang mit Hilfe einfacher Riemannscher Flächen angibt.

Zur Präzisierung wählen wir folgende Normierung. Es sei $0 < q < 1$, $0 < p < 1$, und $K$ sei die Klasse der in $\{z : q \le |z| \le 1\}$ (eindeutigen und) holomorphen Funktionen $f$, welche

$$|f(z)| \le p \quad \text{für} \quad |z| = q \quad \text{und} \quad |f(z)| \le 1 \quad \text{für} \quad |z| = 1$$

genügen. Der Dreikreisesatz liefert dann für $M(r) = \max\{|f(z)| : |z| = r\}$

$$M(r) \le r^\alpha \quad \text{für} \quad q < r < 1 \ ,$$

wobei $\alpha = \dfrac{\log p}{\log q}$ ist. Gleichheit kann auftreten, sofern $f(z) = z^\alpha$ im Kreisring eindeutig ist, also wenn $\alpha$ ganzzahlig ist.

Um in allen anderen Fällen $M(r)$ in $K$, bei festem $r \in (q, 1)$, zu maximieren, reicht es aus, $|f(r)|$ in $K$ zu maximieren, und man kann sogar erreichen, daß $f(r)$ dieses Maximum ist. Man zeigt, daß die Maximalfunktion $f_0$ dann eindeutig existiert und von $r$ unabhängig ist. Sie läßt sich, falls $q < p$ ist, als die konforme Abbildung des Kreisrings $q < |z| < 1$ auf $\mathbb{D} \setminus S$ darstellen, wo $S$ ein Kreisbogen $\{w : |w| = p, |\arg w| \le \gamma\}$ ist. Außerdem kann $f_0$ bequem durch Theta-Funktionen dargestellt werden.

Im Fall $q = p$ ist $f_0(z) = z$ extremal, und der Fall $q > p$ läßt sich auf den Fall $q < p$ zurückführen. Näheres bei Golusin ([113]; Kap. XI, §4) und Robinson [283] [284].

4. Verschärfungen des Dreikreisesatzes gibt es noch in zwei Unterklassen von $K$:

$K_1 = \{f \in K : \text{Alle Laurent-Koeffizienten von } f \text{ sind } \ge 0\}$;

$K_2 = \{f \in K : f \text{ ist holomorph in } \mathbb{D}\}$.

Dazu siehe Carlson [46], bzw. Heins [139], Grunsky [120] und Robinsons Übersichtsartikel [284].

5. a. Wie Walsh bemerkte, entsteht die für Polynome $P$ vom Grad $n$ gültige Bernsteinsche Ungleichung

$$\max\{|P(z)|:|z|=R\}\leq R^n\cdot\max\{|P(z)|:|z|=1\}$$

durch Grenzübergang aus dem Dreikreisesatz.

b. Im Parallelstreifen $S=(0,1)\times\mathbb{R}$ gibt es ein Analogon zum Dreikreisesatz für

$$M(x)=\sup\{|f(x+iy)|:y\in\mathbb{R}\}\quad;$$

siehe Burckel [42], S. 147 oder Conway [55], S. 132.

c. Eine Übertragung des Dreikreisesatzes auf komplexwertige Funktionen in einem kompakten Hausdorff-Raum findet man bei Wermer [357].

## Bemerkungen und Hinweise zu § 22

1. Zunächst gibt es eine ausführliche Studie von Doss [66] zum Hurwitzschen Satz. Hat $f(z)=\Sigma a_k z^k$ den Konvergenzradius $\varrho$, $0<\varrho<\infty$, und ist $z_0$ eine $k$-fache Nullstelle von $f$ mit $0<|z_0|<\varrho$, so gibt es Nullstellen $z_{ni}$ von

$$S_n(z)=\sum_{k=0}^{n} a_k z^k\quad(i=1,2,\ldots,k),\quad\text{für die}\quad\limsup_{n\to\infty}|z_{ni}-z_0|^{k/n}=\frac{|z_0|}{\varrho}\quad\text{gilt. Ein}$$

entsprechendes Resultat gilt, wenn $f$ eine ganze Funktion ist.

Die Nullstellen der Cesàro-Mittel und der Hölder-Mittel von $\{S_n\}$ werden ebenfalls studiert, sowie die Nullstellen maximal konvergenter Polynomfolgen, allerdings nicht im ganzen Konvergenzgebiet. Analog werden bei Doss [67] Dirichlet-Reihen und ihre Abschnitte bzw. deren Riesz-Mittel auf Nullstellen untersucht.

Zum Satz von Jentzsch gibt es zahlreiche Erweiterungen und Verfeinerungen und auch analoge Resultate. Wir schildern Sätze, die unmittelbar an den Satz von Jentzsch anschließen, behandeln dann Gleichverteilungsfragen und schließlich Sätze in anderen Gebieten.

2. Die Potenzreihe $f(z)=\Sigma a_k z^k$ habe den Konvergenzradius 1, und es sei

$$S_n(z)=\sum_{k=0}^{n} a_k z^k$$

gesetzt. Schon Jentzsch [168] hatte festgestellt: Alle Nullstellen aller $S_n$ liegen *auf* $\partial\mathbb{D}$ genau dann, wenn $f(z)=\dfrac{c}{1-z}$ ist. Und: Es kann das Phänomen der Überkonvergenz auftreten; das heißt, eine Teilfolge $\{S_{n_k}\}$ kann über den Einheitskreis hinaus konvergieren. In diesem Fall gibt es eine Kreisscheibe mit Mittelpunkt auf $\partial\mathbb{D}$, in der keine Nullstellen der $S_{n_k}$ liegen. Daher die Frage: Wann ist ein Punkt auf $\partial\mathbb{D}$, etwa $z_0=1$, sicher Häufungspunkt der Nullstellen einer gewissen Teilsummenfolge $\{S_{n_k}\}$?

Aus den sehr allgemeinen Untersuchungen von Ostrowski [247] folgt dazu:

a. Jede isolierte Singularität auf $\partial\mathbb{D}$ ist nicht-isolierter Häufungspunkt der Nullstellen *jeder* Teilsummenfolge $\{S_{n_k}\}$.

b. Jede Singularität auf $\partial\mathbb{D}$ ist nicht-isolierter Häufungspunkt der Nullstellen von $\{S_{n_k}\}$, falls nur $\log n_{k+1} = o(n_k)$ gilt; dies trifft noch für sehr dünne Indexfolgen zu.

Das Ergebnis wird falsch, wenn $o$ durch $O$ ersetzt wird; Bourion [40], S. 25.

c. *Jeder* Punkt von $\partial\mathbb{D}$ ist Häufungspunkt von Nullstellen von $\{S_{n_k}\}$, wenn die Indexfolge $\{n_k\}$ so dicht ist, daß $\dfrac{n_{k+1}}{n_k} \to 1$ $(k\to\infty)$ gilt (Szegö). Bei den Beweisen verwendet man meist nicht den Dreikreisesatz (wie dies bei Landau geschieht), sondern man arbeitet mit normalen Funktionenfamilien und dem Satz von Vitali, wie dies schon Jentzsch [167] tat; siehe auch Montel [226], S. 202.

3. Verschiedene japanische Autoren beschäftigen sich mit der Verteilung der Nullstellen von $S_n$, wenn $f(z) = \Sigma a_k z^k$ auf $\partial\mathbb{D}$ nur Singularitäten eines speziellen Typs hat oder wenn die $a_n$ gewisse Bedingungen erfüllen.

Zum Beispiel verlangt Tsuji [335], daß $f$ auf $\partial\mathbb{D}$ nur algebraische Singularitäten besitzt. Bei Izumi [158] wird $\lim\dfrac{a_{n-1}}{a_n b_n} = 1$ angenommen, mit $b_{n+1}/b_n \to 1$, und $\overline{\lim}\dfrac{r_n}{b_n} \leq 1$ bewiesen, wenn $r_n$ den Betrag der betragsgrößten Nullstelle von $S_n$ bezeichnet. Im Sonderfall $\dfrac{a_{n-1}}{a_n} \to 1$ haben die $S_n$ also keine Häufungspunkte von Nullstellen außerhalb $\mathbb{D}$.

4. Zahlreiche schöne Verschärfungen und Erweiterungen des Satzes von Jentzsch stammen von Dvoretzky [71] [72]. Sie betreffen neben den Teilsummen $S_n$ auch die Reste $R_n = f - S_n$ und Abschnitte $S_n^{(m)}(z) = \sum_{k=n}^{m} a_k z^k$; hier beschränken wir uns jedoch auf die $S_n$.

a. Es sei $\Delta_n$ der Abstand von $z = 1$ zur Menge der Nullstellen von $S_n$. Der Satz von Jentzsch besagt dann, daß $\liminf \Delta_n = 0$ ist. Unter zusätzlichen Annahmen über $f$ geht $\Delta_n \to 0$ mit Geschwindigkeit für $n \to \infty$ durch eine Teilfolge. Ist etwa $f$ holomorph an $z = 1$ und $f(1) \neq 0$, und ferner $0 < \limsup |a_n| < \infty$, so gilt $\liminf n\Delta_n < \infty$.

b. Dies letztere Ergebnis gilt auch, wenn $f(1) = 0$ ist. Dann hat man nach Lipka [201] ferner in jeder $\varepsilon$-Umgebung von $z = 1$ mindestens $k$, eventuell sogar mehr als $k$ Nullstellen von $S_n$ für *alle* $n > N(\varepsilon)$, wenn $f$ an $z = 1$ eine $k$-fache Nullstelle besitzt; insbesondere ist dann $\lim \Delta_n = 0$.

c. Es sei $W_n(\varepsilon)$ der Wertevorrat von $S_n(z)$, wenn $|z - 1| < \varepsilon$. Der Satz von Jentzsch kann dann so gelesen werden: Für jedes $\varepsilon > 0$ ist $0 \in W_n(\varepsilon)$ für unendlich viele $n$. Dies kann stark verallgemeinert werden.

Es sei $\{n_k\}$ so, daß $|a_n|^{1/n} \to 1$ für $n = n_k \to \infty$. Es seien $\varrho_n$ positive Zahlen mit $\varrho_n \to \infty$ und $\log \varrho_n = o(n)$ $(n \to \infty)$. Dann enthält $W_n(\varepsilon)$, für jedes $\varepsilon > 0$, die Kreisscheibe $\{w : |w| < \varrho_n\}$, sobald $n = n_k > N(\varepsilon)$ ist. Darin ist ein früheres Ergebnis von Wolff [362] enthalten.

Diese Kreisscheibe wird sogar mindestens $[\sigma n]$ mal überdeckt, wobei $\sigma = \sigma(\varepsilon) > 0$ ist, und die Größenordnung für $\varrho_n$ ist bestmöglich. Daraus erhält man die verschärfte Form des Satzes von Jentzsch: Für die Anzahl $N(\varepsilon, n)$ der Nullstellen von $S_n$ in der Scheibe $\{z : |z-1| < \varepsilon\}$ gilt $\limsup \dfrac{N(\varepsilon, n)}{n} > 0$. – Bei Lubelski [210] wird $S_n - \varphi_n$ auf Nullstellen untersucht, wobei $\varphi_n$ bei $z = 1$ kleine Funktionen sind.

5. Daß die Nullstellen der Teilsummen $S_n$ für gewisse Indexfolgen $\{n_k\}$ in der Nähe von $\partial \mathbb{D}$ asymptotisch *gleichverteilt* sind, bewies zuerst Szegö [324]. Für $\{n_k\}$ reicht es dabei, $|a_n|^{1/n} \to 1$ für $n = n_k \to \infty$ zu fordern. Die Anzahl der Nullstellen der $S_n$ außerhalb $\{z : 1 - \varepsilon \leq |z| \leq 1 + \varepsilon\}$ ist $o(n)$, und die in diesem Kreisring liegenden Nullstellen haben gleichverteilte Argumente.

Dieses Ergebnis wurde von Erdös und Turán [80] erneut gewonnen mit Hilfe eines tiefliegenden Satzes über die Verteilung der Argumente der Nullstellen eines festen Polynoms $P$. Einen einfacheren Zugang zu diesem Satz, bei gleichzeitiger Verallgemeinerung auf Exponentialpolynome, gab Ganelius [102].

Das Thema Gleichverteilung kommt auch bei Rosenbloom [287] zur Behandlung.

6. Der Satz von Jentzsch läßt sich nicht ohne weiteres auf beliebige Polynomfolgen übertragen (Jentzsch [167]), doch gibt es Erweiterungen auf andere Gebiete von Szegö [323], Walsh [351], und Blatt und Saff [36]. Es sei $C$ eine Jordankurve der Kapazität $c$, $G$ ihr Inneres und $P_n(z) = a_n^{(n)} z^n + \ldots + a_0^{(n)}$ seien Polynome, für die $P_n(z) \Rightarrow f(z)$ $(n = n_k \to \infty)$ in kompakten Teilen von $G$, wobei $f(z) \not\equiv 0$. Ferner sei $|a_n^{(n)}|^{1/n} \to c^{-1}$ für $n = n_k \to \infty$. Dann ist nach Szegö jeder Punkt $z_0$ von $C$ Häufungspunkt von Nullstellen der $P_{n_k}$.

Walsh hat einen entsprechenden Satz für maximal konvergente Polynomfolgen. Der betrachtete Punkt $z_0$ muß aber Häufungspunkt von Stellen sein, wo $f(z) \neq 0$ ist.

Und bei Blatt und Saff werden Polynome $P_n$ auf Nullstellen untersucht, die eine auf einem Kompaktum $E$ gegebene Funktion $f$ in der Maximum-Norm bestmöglich approximieren. Ist $E^\circ = \varnothing$ und $f$ auf $E$ stetig, aber nicht auf $E$ holomorph, so ist jeder Punkt $z_0 \in E$ Häufungspunkt von Nullstellen der $P_n$. Fragen der Gleichverteilung der Nullstellen werden ebenfalls studiert.

7. Was läßt sich über die Verteilung der Nullstellen der Teilsummen $S_n(z) = \sum_{k=0}^{n} a_k z^k$ sagen, wenn $f(z) = \Sigma a_k z^k$ eine *ganze Funktion* ist? Dies hat zuerst Szegö [325] am Beispiel $f(z) = e^z$ untersucht, wo $f$ nullstellenfrei ist aber jedes $S_n$ doch $n$ Nullstellen in $\mathbb{C}$ hat; dort sind auch $f(z) = \sin z$ und $f(z) = \cos z$ betrachtet. Die Frage ist neuerdings ganz umfassend und auch numerisch für allgemeine Mittag-Leffler Funktionen behandelt worden; siehe Edrei, Saff und Varga [74].

Interessant sind Sektoren, in denen wenige Nullstellen von $S_n$ liegen. Angenommen, zur formalen Potenzreihe $\Sigma a_k z^k$ gebe es, für ein festes $\alpha > 0$ und für jedes $n \in \mathbb{N}$, einen Winkelraum $W_n$ mit Spitze in 0 und Öffnung $\alpha$, in dem höchstens $\psi(n)$ Nullstellen von $S_n$ liegen. Dann lassen sich die Koeffizienten $a_n$ abschätzen, wie am besten Ganelius [103] gezeigt hat. Sein Ergebnis enthält frühere Resultate von Carlson, Edrei und Korevaar.

Ist etwa $\psi(n)$ beschränkt, so kommt $a_n = O(\exp(-cn^2))$, und ist $\psi(n) = o(n)$, so stellt $\Sigma a_k z^k$ eine ganze Funktion der Ordnung 0 dar. Das letztere Ergebnis wird bei Schmeißer [304] auf Potenzreihen erweitert, deren Teilsummen $S_n$ in einem endlichen Sektor wenig Nullstellen besitzen.

## Bemerkungen und Hinweise zu § 23

Der Mittelwertsatz auf S. 96 ist schon von Hardy [128] für die allgemeinen $p$-ten Mittel

$$M_p(r,f) = \left[ \frac{1}{2\pi} \int_0^{2\pi} |f(re^{i\varphi})|^p \, d\varphi \right]^{1/p}$$

bewiesen worden, wo $0 < p < \infty$ ist. Er zeigte also, daß auch $\log M_p(r,f)$ eine konvexe Funktion von $\log r$ ist. Im Grenzfall $p = \infty$, mit $M_\infty(r,f) = \max\{|f(z)| : |z| = r\}$, ist dies der Dreikreisesatz von § 21.

Die Hardy-Klasse $H^p$ besteht nun aus allen in $\mathbb{D}$ holomorphen Funktionen mit $\sup_{r \to 1} M_p(r,f) < \infty$. Ihre Eigenschaften sind ab 1920 eingehend studiert worden. Um 1950 begann man, die Räume $H^p (1 \le p \le \infty)$ als Banach-Räume zu untersuchen. Der Raum $H^\infty$ aller in $\mathbb{D}$ holomorphen und beschränkten Funktionen, sowie der Raum $A$ der Funktionen $f \in H^\infty$, die eine stetige Fortsetzung nach $\overline{\mathbb{D}}$ haben, sind überdies Algebren, sodaß die Gelfandsche Theorie der Banach-Algebren anwendbar wird, und man kann die Ring- und Idealstruktur von $A$ und $H^\infty$ untersuchen.

Bahnbrechend für diese funktionalanalytischen und algebraischen Richtungen war das Buch von Hoffman [151]. Es folgten die Bücher von Duren [68], Garnett [105] und Koosis [184], die dem Studium der Hardy-Räume enorme Impulse gegeben haben.

## Bemerkungen und Hinweise zu § 24

1. Zunächst sei bemerkt, daß der Inhalt der Paragraphen 24 und 25, der zu einem „elementaren", die Modulfunktion vermeidenden Beweis des Picardschen Satzes führt, in zahlreichen Lehrbüchern behandelt wird. Wir

nennen Ahlfors ([6], Ch. 1), Conway ([55], Ch. 12), Dinghas ([65], § 72), Hayman ([136], Ch. 6.6), Heins ([140], Ch. 3), und Sansone-Gerretsen [298]. Die Sätze von Bloch und Landau sind ferner bei Golusin [113], S. 315 ff. dargestellt.

Die „Ausgewählte Kapitel der Funktionentheorie", über die Landau 1931 an der Stanford University vorgetragen hat, wurden später von Walfisz veröffentlicht [194]; auch sie behandeln im wesentlichen das Material der Paragraphen 24 bis 26.

2. Der Satz von Bloch gab Anlaß zur Einführung gewisser „Weltkonstanten" (Landau). Es sei $K$ die Klasse aller in $\mathbb{D}$ holomorphen Funktionen der Form $f(z) = z + a_2 z^2 + \dots$. Es bezeichne $L_f$ den Radius der größten Kreisscheibe, die in $f(\mathbb{D})$ enthalten ist, und $B_f$ den Radius der größten Kreisscheibe, die *schlicht* in $f(\mathbb{D})$ liegt; das soll heißen, daß sie das bijektive Bild eines Teilgebiets von $\mathbb{D}$ unter $f$ ist.

Dann heißt

$$B = \inf\{B_f : f \in K\} \qquad \text{die Blochsche Konstante}$$

und

$$L = \inf\{L_f : f \in K\} \qquad \text{die Landausche Konstante.}$$

Bezeichnet $K_0$ die Menge der in $\mathbb{D}$ lokal schlichten Funktionen aus $K$, so heißt

$$B_0 = \inf\{B_f : f \in K_0\}$$

die lokal schlichte Bloch-Konstante.

Für $B$, $L$, $B_0$ gibt es nur obere und untere Schranken. Schon Ahlfors [5] zeigte mit vorwiegend differentialgeometrischen Methoden $B \geq \dfrac{\sqrt{3}}{4} > 0.433$,

und ein von Ahlfors und Grunsky [7] konstruiertes Beispiel liefert $B < 0.472$. Für $L$ gilt entsprechend $0{,}5 < L < 0{,}544$. Man vermutet, daß die für die oberen Schranken konstruierten Beispiele die genauen Werte von $B$ und $L$ liefern. Für $B_0$ hat man $0{,}5 < B_0 \leq L$ (Pommerenke [264]).

Eine sehr gründliche und einheitliche Behandlung dieser und allgemeinerer Ergebnisse findet man bei Minda [222].

3. Bedeckungssätze vom Typ des Satzes 1 gibt es noch für andere Funktionsklassen; vgl. etwa Littlewood [204], S. 178 ff. Wir erwähnen zum Beispiel ein Ergebnis von Hurwitz und Carathéodory, das bei Littlewood [204], S. 197 und Nehari [239], S. 323 ff. dargestellt ist: Ist $f(z) = z + a_2 z^2 + \dots$ in $\mathbb{D}$ holomorph und $\neq 0$ für $z \neq 0$, so überdeckt der Wertevorrat $f(\mathbb{D})$ die Scheibe $\{w : |w| < \frac{1}{16}\}$, und hier ist $\frac{1}{16}$ bestmöglich.

Auf Bedeckungssätze für in $\mathbb{D}$ schlichte Funktionen gehen wir bei § 28 ein.

4. Schlichtheitsscheiben *im Definitionsgebiet* studiert erstmals Minda in [223]. Ist $f$ eine nicht konstante Bloch-Funktion in $\mathbb{D}$ (siehe unten), so gibt es stets eine hyperbolische Kreisscheibe vom Radius $\frac{1}{2}$ in $\mathbb{D}$, in der $f$ schlicht ist. Ein analoges Resultat gilt für lokal schlichte Bloch-Funktionen.

5. Die Bezeichnung *Bloch-Funktion* hat eine über die Jahrzehnte hin wechselnde Bedeutung erfahren. Heute heißt eine in $\mathbb{D}$ holomorphe Funktion $f$ Bloch-Funktion, wenn die Riemannsche Fläche, die das Bild von $\mathbb{D}$ unter $f$ ist, keine beliebig große schlichte Kreisscheibe enthält. Dazu äquivalent ist die analytische Bedingung $\sup_{z \in \mathbb{D}} (1 - |z|^2)|f'(z)| < \infty$, welche es erlaubt, im linearen Raum $\mathscr{B}$ aller Bloch-Funktionen eine Norm

$$\|f\|_{\mathscr{B}} = |f(0)| + \sup_{z \in \mathbb{D}} (1 - |z|^2)|f'(z)|$$

einzuführen; hierdurch wird $\mathscr{B}$ zum Banach-Raum.

Grundlegende Eigenschaften Blochscher Funktionen findet man bei Pommerenke [265], S. 268 ff., weitergehende Eigenschaften (Nullstellenverteilung, Randverhalten, Koeffizienten) und die Behandlung funktionalanalytischer Fragen (Dualraum von $\mathscr{B}$) bei Anderson, Clunie und Pommerenke [13]. Diese Fragen stehen auch im Übersichtsartikel von Cima [49] im Vordergrund.

## Bemerkungen und Hinweise zu § 25

1. Es sei $f(z) = a_0 + a_1 z + a_2 z^2 + \ldots$ in $\mathbb{D}$ holomorph und $\neq 0$ und $\neq 1$. Die Hauptsätze von § 25 sind dann der Satz von Landau

$$(1) \qquad\qquad |a_1| \leq H(a_0)$$

und der Satz von Schottky

$$(2) \qquad\qquad |f(z)| \leq K(a_0, r) \quad \text{für} \quad |z| \leq r < 1 \ ,$$

wo $H$ und $K$ von $f$ unabhängige Funktionen sind.

Für einen Beweis des Picardschen Satzes reicht die Existenz solcher Funktionen $H$ und $K$ vollkommen aus, doch war es das Ziel weiterer Forschung, numerisch brauchbare, explizite rechte Seiten in (1) und (2) zu finden. Zur Geschichte des Satzes von Schottky siehe Burckel [42], S. 457–458; wir erwähnen nur die Namen Ostrowski, Pfluger, Ahlfors, Robinson, Hayman und Jenkins.

2. Dabei stehen zwei Beweiswege offen: (a) Anwendung des Subordinierungsprinzips und sorgfältige Abschätzungen der elliptischen Modulfunktion; (b) Verwendung der Poincaré-Metrik $\varrho$ der in 0 und 1 punktierten komplexen Ebene $\mathbb{C}_{0,1} = \mathbb{C} \setminus \{0,1\}$.

Der Weg (b) ist „elementar" (ohne Modulfunktion) und liefert etwa für (2)

$$\log |f(z)| \leq (7 + \overset{+}{\log} |a_0|) \frac{1+r}{1-r} \ ;$$

Ahlfors [6], S. 19. Noch einfacher wird dieser Zugang, wenn man auf explizite Schranken in (1) und (2) verzichtet, wie Minda und Schober [224] gezeigt haben. Diese Arbeit erlaubt es, die klassischen Sätze von Picard, Landau und Schottky aus dem Stand zu bewältigen.

Auf dem Weg (a) gewann Jenkins [163]

$$|a_1| \leq 2|a_0|(|\log|a_0|| + 5{,}94)$$

und in [161]

$$(3) \qquad K(a_0, r) \leq \tfrac{1}{16} (16|a_0| + 8)^{(1+r)/(1-r)} + 1 \ .$$

Da die rechte Seite monoton von $|a_0|$ abhängt, ist damit auch der „verschärfte Schottkysche Satz" (Satz 6 auf S. 113) bewiesen. Hier sollte auch auf die Darstellung bei Carathéodory [44], S. 174ff. hingewiesen werden.

3. Zu bestmöglichen Schranken in (1) und (2) kam Hempel [142] [143] [144] durch Verbindung beider Beweiswege; außerdem wird ein Maximumprinzip für die Lösungen partieller Differentialgleichungen angewendet. Hempel erhält so

$$|a_1| \leq 2|a_0|(|\log|a_0|| + A)$$

mit $A = \dfrac{1}{\varrho(-1)} = \Gamma\left(\dfrac{1}{4}\right)^4 / (4\pi^2) \sim 4{,}377$, wobei Gleichheit besteht für die Funktion $f$, die $\mathbb{D}$ auf die Überlagerungsfläche von $\mathbb{C}_{0,1}$ abbildet mit $f(0) = -1$. Dieses Ergebnis fand gleichzeitig Lai [192].

Für die Schranke im Schottkyschen Satz gibt es verschiedene Formen. Hempel zeigt zum Beispiel, daß in (3) der Summand 1 weggelassen werden kann, und daß dann die auftretenden Konstanten bestmöglich sind.

4. Der Schottkysche Satz läßt sich verallgemeinern auf die Klasse aller Funktionen $f(z) = a_0 + a_1 z + \ldots$, die in $\mathbb{D}$ holomorph sind und für die $f$ und $f^{(n)} - 1$ nullstellenfrei sind; hier ist $n$ eine ganze Zahl $\geq 0$. Dies ist der Satz von Miranda [225], der samt Anwendungen bei Burckel [42], S. 426ff. und S. 456/457 vortrefflich behandelt wird.

5. Schließlich gehört in den Bereich des Schottkyschen Satzes noch ein Ergebnis von Sunyer i Balaguer [320]. Statt zweier Ausnahmewerte 0 und 1 wird hier gefordert: (i) 0 ist Ausnahmewert, oder schwächer $n(r)$ (die Zählfunktion der Nullstellen) wächst hinreichend langsam; (ii) $f(z) = \Sigma a_k z^{n_k}$ ist eine Lückenreihe, deren Exponentenfolge $\{n_k\}$ genügt $\sup\{K(x) x^{\beta-1} : x \to \infty\} < \infty$ für ein $\beta \in (0,1)$. Dabei ist $K(x)$ die größte Zahl $k$, für die $n_k \leq x$.

Das asymptotische Anwachsen von $K(a_0, r)$ kann dann auf

$$\log K(a_0, r) = O\left(\frac{1}{(1-r)^\varrho}\right) \qquad (r \to 1-)$$

für ein $\varrho < 1$ herabgedrückt werden.

## Bemerkungen und Hinweise zu § 26

1. Um den großen Picardschen Satz zu beweisen, ist es naheliegend, mit dem Satz von Schottky nachzuweisen, daß die Menge aller in einem Gebiet holomorphen Funktionen, die dort $\neq 0$ und $\neq 1$ sind, eine normale Familie bilden (Satz von Montel). Der Satz von Picard folgt dann sofort.

Landau vermeidet die Zwischenstation des Montelschen Satzes und schließt direkt mit dem Schottkyschen Satz. Ahlfors [6] vergleicht die Poincaré-Metrik von $\mathbb{C}_{0,1}$ mit der von $\mathbb{D}\setminus\{0\}$ und erreicht das Ergebnis in wenigen Zeilen.

2. Der Landausche Beweis wird bei Estermann [81] erheblich abgekürzt. Zunächst wird der Satz von Bloch auf neuem Wege bewiesen, Satz 2 von Seite 100 vorne übernommen, und dann aber der Picardsche Satz direkt, ohne den "Umweg" über den Satz von Schottky und seine Verschärfung gewonnen.

3. Hempel [143] [144] gibt erstmals eine *scharfe Version* des Picardschen Satzes. Es sei $f$ in $\mathbb{D}\setminus\{0\}$ holomorph und dort $\neq 0$ und $\neq 1$. Für ein $r \in (0,1)$ sei $m = \min\{|f(z)| : |z| = r\}$ gesetzt. Dann hat $f$ an $z = 0$ höchstens einen Pol der Ordnung $p$ mit

$$p \leq \frac{\pi + \overset{+}{\log} m}{\log(1/r)} \, .$$

Hier kann $\pi$ durch keine kleinere Zahl ersetzt werden.

4. Ob ein Zusammenhang besteht zwischen den möglichen Ausnahmewerten einer meromorphen Funktion an verschiedenen wesentlich singulären Stellen, hat Jenkins [162] untersucht. Er zeigt, daß die Ausnahmewerte vorgeschrieben werden können.

5. Eine Verschärfung des *kleinen* Picardschen Satzes (für ganze Funktionen) gab Lehto in [195] an. Eine Menge $E \subset \mathbb{C}$ heißt *Picard-Menge* der ganzen Funktionen, wenn jede ganze transzendente Funktion in $\mathbb{C}\setminus E$ jeden komplexen Wert, mit höchstens einer Ausnahme, unendlich oft annimmt. Betrachtet man $f(z) = (1 + \cos\sqrt{z})/2$, deren 0- und 1-Stellen die Menge $M = \{0, \pi^2, (2\pi)^2, (3\pi)^2, \ldots\}$ bilden, so sieht man, daß $M$ keine Picard-Menge ist.

Ist jedoch $E = \{a_1, a_2, \ldots\}$ mit $\left|\dfrac{a_{n+1}}{a_n}\right| \geq q > 1$, und ist $E$ auf einem Strahl gelegen, so ist $E$ Picard-Menge. $E$ kann auch Union abzählbar vieler Kreisscheiben sein. Eine Übersicht über Picard-Mengen für ganze und meromorphe Funktionen gibt Winkler [360].

6. Einen kurzen, elementaren Beweis des kleinen Picardschen Satzes für die Teilklasse ganzer Funktionen, für die

$$\limsup_{r \to \infty} \frac{\log_n M(r)}{\log r} < \infty$$

ist, gibt Zalcman [363].

## Bemerkungen und Hinweise zu § 27

1. In § 27 und § 28 behandelt Landau einige Ergebnisse, die aus heutiger Sicht den Anfang der Theorie der schlichten Funktionen bilden. Diese Theorie ist in den vergangenen Jahrzehnten von vielen bedeutenden Mathematikern weiterentwickelt worden, und es ist unmöglich, hier auch nur die wichtigsten Stationen darzustellen.

Im folgenden verweisen wir auf Lehrbücher, die sich mit der Theorie der schlichten Funktionen befassen, sowie auf Einzelresultate, die unmittelbar an die in § 27 und § 28 behandelten Sätze anschließen.

Lehrbücher zur Theorie der schlichten Funktionen: Duren [69], Golusin [113], Hayman [135], Jenkins [165], Pommerenke [265]. Erwähnt sei ferner die Bibliographie von Bernardi [27], in welcher alle Arbeiten zur Theorie der schlichten Funktionen gesammelt und nach 90 Gebieten aufgeschlüsselt sind.

2. Ist $f(z) = z + a_2 z^2 + \ldots$ holomorph und schlicht in einem einfach zusammenhängenden Gebiet $G$ mit $0 \in G$, so ist der Wertevorrat von $a_2$ eine abgeschlossene Kreisscheibe. Dies gilt auch dann, wenn $G$ mehrfach zusammenhängend ist; Grötzsch [118].

3. Die Koebe-Funktion $f(z) = z(1-z)^{-2} = z + 2z^2 + 3z^3 + \ldots$ zeigt, daß $|a_2| \leq 2$ in der Klasse $S$ der in $\mathbb{D}$ schlichten und normierten Funktionen $f$ scharf ist. Mit den Arbeiten von Kühnau [190] und Lehto [196] begann man, die Teilklasse $S(k)$ von $S$ zu studieren, deren Funktionen $f$ eine $K$-quasikonforme Fortsetzung nach $\mathbb{C}$ mit $f(\infty) = \infty$ besitzen; dabei ist $k = \dfrac{K-1}{K+1}$ gesetzt. Analog bezeichnet $\Sigma(k)$ die Klasse der $K$-quasikonformen Abbildungen $f$ von $\mathbb{C}$, die für $|z| > 1$ konform und in $\infty$ normiert sind:

$$f(z) = z + \frac{A_1}{z} + \frac{A_2}{z^2} + \ldots \; .$$

Der Gronwallsche Flächensatz kann dann auf $\sum\limits_{n=1}^{\infty} n|A_n|^2 \leq k^2$ verschärft werden, und statt $|a_2| \leq 2$ ergibt sich $|a_2| \leq 2k$ für alle $f \in S(k)$. Verzichtet man auf $f(\infty) = \infty$, so ergibt sich immerhin $|a_2| \leq 2 - \dfrac{4}{\pi^2} (\arccos k)^2$ (Schiffer-Schober [302]); alle Ungleichungen sind scharf. Siehe die zusammenfassende Darstellung dieser und weitergehender Extremalprobleme bei Kruschkal und Kühnau [188], S. 103 ff.

Eine entsprechende Abschätzung von $|a_2|$ erhält Blevins [37] für den Fall, daß das Bild von $\partial \mathbb{D}$ unter $f$ ein „$k$-circle" ist.

4. Der Beweis von $|a_2| \leq 2$ veranlaßte Bieberbach 1916 zu der Vermutung $|a_n| \leq n$ für $n = 2, 3, \ldots$ und für alle $f \in S$. Diese Fußnote in [30] war der Anlaß für Generationen von Mathematikern, sich mit Extremalproblemen in der Klasse $S$ und in verschiedenen Unterklassen von $S$ zu beschäftigen. Erst 1984 gelang deBranges [41] ein Beweis dieser Vermutung.

Genauer: Ist $f \in S$ und $\log \dfrac{f(z)}{z} = \sum\limits_{k=1}^{\infty} c_k z^k$ $(z \in \mathbb{D})$, so beweist deBranges die Mihlinsche Ungleichung

$$\sum_{k=1}^{n} k(n+1-k)|c_k|^2 \le 4 \sum_{k=1}^{n} \frac{n+1-k}{k} \qquad (n=1,2,\ldots) ,$$

aus der (nach Mihlin 1971) wiederum die Robertsonsche Vermutung von 1936 folgt, welche besagt, daß für ungerade $f \in S$ gilt $\sum\limits_{k=1}^{n} |a_{2k-1}|^2 \le n$ für $n=1,2,\ldots$ . Daraus folgt die Bieberbachsche Vermutung auf elementare Weise.

Für weitere Einzelheiten dieses bedeutenden Resultats und seine dramatische Gewinnung durch deBranges verweisen wir auf seine Originalarbeit, auf FitzGerald und Pommerenke [86], Pommerenke [266], Fomenko und Kuz'mina [86a], und auf Baernstein [15].

5. Erheblich einfacher, die Löwnersche Theorie von 1923 benützend, kann man scharfe Abschätzungen der Koeffizienten der Umkehrfunktion $z = g(w) = w + b_2 w^2 + b_3 w^3 + \ldots$ eines $f \in S$ gewinnen: $|b_n| \le \dfrac{1}{n}\dbinom{2n}{n+1}$ $(n=2,3,\ldots)$; siehe etwa Hayman [135], S. 137. Weitere Beweise und verwandte Ergebnisse findet man bei Baernstein und Schober [15a] und bei Krzyz [188a].

6. Dagegen ist das Koeffizientenproblem in der Klasse $\Sigma$ aller in $|z| > 1$ schlichten Funktionen

$$f(z) = z + \frac{A_1}{z} + \frac{A_2}{z^2} + \ldots$$

bis heute ungelöst; ihm ist §4.7 bei Duren [69] gewidmet. Selbst der größte Exponent $\alpha$ in $A_n = O\left(\dfrac{1}{n^\alpha}\right)$ $(n \to \infty)$ ist unbekannt; immerhin gilt $\frac{1}{2} + \frac{1}{320} \le \alpha$ $< 0{,}83$. Ist $f \in \Sigma$ sternig, so ist $|A_n| \le \dfrac{2}{n+1}$ für alle $n$ (Clunie [51]), doch ist dies allgemein für jedes $n \ge 3$ falsch (Tsao [334]).

7. Der Abschätzung von $|f'(z)|$ $(f \in S)$ nach oben und unten, die in Satz 4 auf Seite 111 bewiesen wird, hat Golusin 1936 eine Abschätzung von $|\arg f'(z)|$ zur Seite gestellt (Drehungssatz); siehe etwa Golusin [113], S. 110 oder Hayman [135], S. 142. Der genaue Wertevorrat von $f'(z)$, wenn $z \in \mathbb{D}$ ist und $f$ durch $S$ läuft, hängt nur von $|z|$ ab und wurde von Grad [115] ermittelt; siehe die Darstellung bei Jenkins [165], S. 112. Der Wertevorrat von $f'(z)$ ist bei anderen Klassen schlichter Funktionen $f$ oft einfacher zu beschreiben, etwa in der Klasse $\Sigma$ oder in der Klasse $\Sigma(G)$, wenn $G$ ein Gebiet endlichen Zusammenhangs mit $\infty \in G$ ist; siehe etwa Jenkins [165], S. 101. Der Wertevorrat ist dann eine abgeschlossene Kreisscheibe, deren Randpunkte zu gewissen extremalen konformen Abbildungen gehören.

## Bemerkungen und Hinweise zu §28

Die Ergebnisse von §28 sagen über die Werteverteilung von Funktionen der Klasse $S$ aus: Der zuerst von Bieberbach, dann erneut von Faber bewiesene „Koebesche $\frac{1}{4}$-Satz" gehört zu den Bedeckungssätzen, während die Sätze 5 und 8 genaueres über das Verhalten von $f(z)$ für $z \in \mathbb{D}$ sagen. Auf beide Themen gehen wir ein.

1. Schon Landau [193] hatte gefragt: Welche Kreisscheibe (mit *beliebigem* Mittelpunkt) hat in $f(\mathbb{D})$ Platz, wenn $f \in S$ ist? Es sei also

$$A = \sup\{R : f(\mathbb{D}) \text{ enthält eine Kreisscheibe vom Radius } R,$$
$$\text{für jedes } f \in S\}.$$

Der heutige Stand ist $0{,}5708 < A < 0{,}65647$; siehe Toppila [333] und Goodman [114]. {Die obere Schranke wurde 1985 durch Beller und Hummel [24a] auf $0{,}6564155$ leicht verbessert.}

2. Ist $f \in S_c$, das heißt $f \in S$ und $f(\mathbb{D})$ ist konvex, so liegt in $f(\mathbb{D})$ stets die Scheibe $\{w : |w| < \frac{1}{2}\}$, und dies ist scharf, wie $f(z) = \dfrac{z}{1-z}$ zeigt. Und $f(\mathbb{D})$ enthält stets eine Scheibe vom Radius $\frac{\pi}{4}$, wenn man beliebige Mittelpunkte zuläßt (Zhang [365]); auch dies ist scharf.

Funktionen aus $S_c$ von spezieller Form betrachtet Schoenberg [307]. Ist $f(z) = z + a_2 z^2 + a_4 z^4 + \ldots$ in $S_c$, so enthält $f(\mathbb{D})$ die Scheibe $\{w : |w| < \frac{2}{\pi}\}$, und ist $f(\mathbb{D})$ $k$-fach symmetrisch zu $w = 0$, so liegt

$$\left\{ w : |w| < \Gamma^2\left(\frac{k+1}{k}\right) \middle/ \Gamma\left(\frac{k+2}{k}\right) \right\}$$

in $f(\mathbb{D})$. Für $k = 2$ ergibt sich die Scheibe $\{w : |w| < \frac{\pi}{4}\}$, was schon Study 1913 wußte.

3. Der $\frac{1}{4}$-Satz kann auf nicht-schlichte Funktionen $f(z) = z + a_2 z^2 + \ldots$ ($z \in \mathbb{D}$) verallgemeinert werden. Zwar kann es vorkommen, daß die Kreislinie $\{w : |w| = r\}$ für ein $r < \frac{1}{4}$ nicht ganz zu $f(\mathbb{D})$ gehört, wie das Beispiel $f_n(z) = \dfrac{1}{n}(e^{nz} - 1)$ belegt, bei dem $w = -\dfrac{1}{n}$ ausgelassen wird. Jedoch ist die Größe

$$R = \sup\{r : |w| = r \text{ liegt in } f(\mathbb{D})\}$$

stets $\geq \frac{1}{4}$; siehe etwa Hayman [135], S. 87. Für schlichtes $f$ folgt daraus der $\frac{1}{4}$-Satz.

4. Bedeckungssätze für in $\mathbb{D}$ schlichte Funktionen $f$, die aber durch $f(0) = 0$, $f(r_0) = r_0$ normiert sind ($0 < r_0 < 1$), gaben Reade und Zlotkiewicz [273] [274] [275] und Lewandowski, Miazga und Szynal [197] an. Für $r_0 \to 0$ ergeben sich oft Sätze für Funktionen $f \in S$.

5. Für die in Hinweis 3 zu §27 genannte Teilklasse $S(k)$ von $S$, deren Elemente $f$ eine $K$-quasikonforme Fortsetzung nach $\mathbb{C}$ mit $f(\infty) = \infty$ zulassen

$\left(k=\dfrac{K-1}{K+1}\right)$, hat Kühnau [191] einen genauen, den $\frac{1}{4}$-Satz erweiternden Bedeckungssatz bewiesen. Er zeigt nämlich, daß das Bild von $\partial\mathbb{D}$ unter $f$ im Kreisring $m(k) \le |w| \le M(k)$ liegt, mit scharfen $m(k)$, $M(k)$. Für $K \to \infty$ ergibt sich der $\frac{1}{4}$-Satz. Siehe auch Schiffer und Schober [302] sowie Kruschkal und Kühnau [188], S. 129.

Einen entsprechenden Bedeckungssatz erhält Blevins [37] für den Fall, daß das Bild von $\partial\mathbb{D}$ unter $f$ ein „$k$-circle" ist.

Bei Argirova [14] ist $f$ eine $K$-quasikonforme Abbildung von $\mathbb{D}$ nach $\mathbb{C}$ mit $f(0)=0$ und $|f(z_n)|/|z_n|^{1/K} \to 1$ für eine Nullfolge $\{z_n\}$. Dann überdeckt $f(\mathbb{D})$ die Scheibe $\{w:|w|<4^{-2+1/K}\}$. Für $K=1$ ergibt sich der $\frac{1}{4}$-Satz.

6. Grunsky [119] gelang 1932 die Lösung des Problems: Was ist der Wertevorrat von $f(z)$, wenn $z \in \mathbb{D}$ festgehalten wird und $f$ durch $S$ läuft? Es zeigt sich, daß der genaue Wertevorrat von $\log\dfrac{f(z)}{z}$ $[=0$ für $z=0]$ eine abgeschlossene Kreisscheibe mit Mittelpunkt $\log\dfrac{1}{1-r^2}$ und Radius $\log\dfrac{1+r}{1-r}$ ist $(r=|z|)$. Die Sätze 5 und 8 auf S. 111 und S. 114 folgen daraus. Siehe die Darstellung bei Duren [69], S. 323 ff.

7. In jener Zeit sind auch die berühmten „Verschiebungssätze" von Grötzsch [116] [117] entstanden. Bei ihnen ist $G$ ein $n$-fach zusammenhängendes Gebiet mit $\infty \in G$, und $f$ schlicht in $G$ mit $f(z)=z+a_0+\dfrac{a_1}{z}+\dots$, entweder durch $a_0=0$ normiert oder durch $f(0)=0$, falls $0 \in G$. Grötzsch ist in der Lage, den genauen Wertevorrat von $f(z)$ zu beschreiben, wenn $z \in G$ fest ist. Siehe auch die Darstellung bei Jenkins [165], S. 103 ff.

Ist speziell $G=\{z:|z|>1\}$, so läßt sich die Verschiebung von $z$ nach $f(z)$ explizit beschreiben; siehe Golusin [113], S. 129. Daraus folgt beispielsweise, daß 0 zum Wertevorrat von $f(r)$ gehört, wenn $1<r<r_0$ ist, wo $r_0 \sim 1{,}156$ ist.

8. Eine Verschärfung der Sätze 5 und 8 von S. 111 und S. 114 für Funktionen $f$ der Teilklasse $S(k)$ von $S$ gaben neuerdings Gutlyanskii und Shchepetev [121]. Wieder wird $|f(z)|$ auf $|z|=r<1$ scharf nach oben und unten abgeschätzt, doch sind die Ergebnisse sehr kompliziert. Für $K \to \infty$, d.h. $k \to 1$ erhält man die Schranken der Sätze 5 und 8.

9. Schließlich gibt es noch einen bemerkenswerten $\frac{1}{4}$-Satz in anderem Zusammenhang. Ist $f(z)=z+a_2z^2+a_3z^3+\dots$ aus $S$, so sind alle Teilsummen $s_n(z)=z+a_2z^2+\dots+a_nz^n$ in $\{z:|z|<\frac{1}{4}\}$ schlicht. Das Ergebnis stammt von Szegö [326] und ist bei Duren [69], S. 243 ausführlich dargestellt; siehe auch Jenkins [160].

Wie $s_2(z)=z+2z^2$ zeigt, ist $\frac{1}{4}$ für alle $n$ nicht verbesserbar. Jedoch ist $s_n$ sogar in $|z| \le 1-\beta_n/n$ schlicht mit $\beta_n=4\log n-\log(4\log n)$; Jenkins [160].

# Anhang II

# Darstellung einiger weiterer markanter Sätze der Funktionentheorie

*Dieter Gaier*

## §1. Funktionentheoretische Beweise von Umkehrsätzen

### A. Problemstellung und Ergebnisse

In Kapitel II und III im vorderen Teil des Buches wird den Summierungsverfahren von Cesàro und Abel einige Aufmerksamkeit geschenkt. Hier sollen Umkehrsätze für das Abel-Verfahren behandelt werden, also: Es sei

$$f(z) = \sum_{n=0}^{\infty} a_n z^n \text{ in } |z| < 1 \text{ holomorph und } \lim_{x \to 1-} f(x) = S \text{ vorhanden; wir sagen}$$

$A - \sum_{n=0}^{\infty} a_n = S$. Falls die Koeffizienten $a_n$ einer zusätzlichen Umkehrbedingung (oft „Tauberbedingung" genannt) genügen, so konvergiert $\Sigma a_n$ zum Wert $S$. Zwei Umkehrbedingungen sind typisch.

**Satz von Littlewood** (1911). *Aus* $A - \Sigma a_n = S$ *folgt* $\Sigma a_n = S$, *falls gilt*

$$(1.1) \qquad n|a_n| \leq M \quad \text{für} \quad n = 1, 2, 3, \ldots .$$

Die Bedingung (1.1) ist scharf, wie schon Littlewood bemerkte: Der Satz wird falsch, wenn die Konstante $M$ durch $\Phi(n)$ mit $\lim \Phi(n) = \infty$ ersetzt wird.
Der zweite typische Umkehrsatz ist das

**High indices Theorem von Hardy-Littlewood** (1926). *Aus* $A - \Sigma a_n = S$ *folgt* $\Sigma a_n = S$, *falls*

$$(1.2) \qquad a_n = 0 , \quad \text{sofern} \quad n \neq n_k \text{ ist} ,$$

*wobei* $\{n_k\}$ *eine Indexfolge ist mit*

$$(1.3) \qquad \frac{n_{k+1}}{n_k} \geq q > 1 \qquad k = 1, 2, \ldots .$$

Dieser Satz heißt auch Lückensatz, weil die meisten Koeffizienten $a_n$ der Reihe $\Sigma a_n z^n$ verschwinden. Auch die Bedingung (1.3) ist scharf: Zu jeder Indexfolge $\{n_k\}$ mit $\underline{\lim} \, n_{k+1}/n_k = 1$ gibt es eine Koeffizientenfolge $\{a_n\}$, für die der Satz falsch wird. Siehe Lorentz [209] und Davydov [56]; Rudin [294] gibt ein besonders einfaches Beispiel an, bei dem sogar alle $a_n$ reell sind und $f(x) = \Sigma a_n x^n$ in $(0,1)$ monoton wachsend und beschränkt, mithin sogar $\int_0^1 |f'(x)| dx < \infty$ ist.

Für die genannten Sätze sind verschiedene Beweise gefunden worden; siehe die Hinweise zu § 10 in Anhang I. Im folgenden soll gezeigt werden, wie sie sich unter Verwendung einfacher funktionentheoretischer Hilfsmittel beweisen lassen.

### B. Vorbereitungen zum Beweis des $O$-Umkehrsatzes

Der Satz von Littlewood wird gleich allgemeiner für Cesàro-Mittel bewiesen werden. Diese sind, in Anlehnung an die bekannte Beziehung

$$f(z) = \Sigma a_n z^n = (1 - z) \Sigma s_n z^n$$

für die Teilsummen $s_n = \sum_{k=0}^{n} a_k$, so definierbar:

$$f(z) = \Sigma a_n z^n = (1 - z)^{k+1} \Sigma S_n^{(k)} z^n \, , \qquad \sigma_n^{(k)} = S_n^{(k)} \Big/ \binom{n+k}{n} \, .$$

Man sagt, es sei $C_k - \Sigma a_n = S$, wenn $\sigma_n^{(k)} \to S$ $(n \to \infty)$. Dabei ist immer $k > -1$, für $k = 0$ hat man Konvergenz.

Zweitens bemerken wir: Sind die Zahlen $p_n \geq 0$, so gilt

$$P_n := \sum_{k=0}^{n} p_k = O(n) \text{ genau dann, wenn}$$

$$(1.4) \qquad \sum_{k=0}^{\infty} p_k r^k = O\left(\frac{1}{1-r}\right) \, (r \to 1-) \, .$$

Denn wenn $P_n = O(n)$ ist, so hat man

$$\sum_{k=0}^{\infty} p_k r^k = (1 - r) \sum_{k=0}^{\infty} P_k r^k = O(1)(1 - r) \sum_{k=0}^{\infty} k r^k = O((1-r)^{-1}) \, (r \to 1-) \, ,$$

und die Umkehrung folgt, wenn man die rechte Seite in (1.4) für $r = 1 - \dfrac{1}{n}$

verwendet:

$$\sum_{k=0}^{n} p_k \left(1 - \frac{1}{n}\right)^k \le \sum_{k=0}^{\infty} p_k \left(1 - \frac{1}{n}\right)^k = O(n) \ ,$$

und links ist $\left(1 - \frac{1}{n}\right)^k \ge \left(1 - \frac{1}{n}\right)^n \ge \frac{1}{4}$ für $n \ge 2$. Also ist $P_n = O(n)$.

Die funktionentheoretische Komponente im Beweis des $O$-Umkehrsatzes ist schließlich der

**Satz von Montel.** *Ist $f$ in der rechten Halbebene $H = \{z : \mathrm{Re}\, z > 0\}$ holomorph und beschränkt, und existiert $\lim_{r \to 0} f(re^{i\alpha}) = S$ für ein $\alpha$ mit $|\alpha| < \frac{\pi}{2}$, so gilt $\lim f(z) = S$ für $z \to 0$ in jedem Winkelraum $\{z : |\arg z| \le \beta < \frac{\pi}{2}\}$.*

Siehe zum Beispiel Titchmarsh [332], S. 170. Anstatt $\lim f(re^{i\alpha}) = S$ anzunehmen genügt es, $\lim f(z) = S$ zu fordern für $z \to 0$ längs eines beliebigen in $H$ gelegenen Jordanbogens (Lindelöf); siehe etwa Ahlfors [6], S. 40.

## C. Beweis des $O$-Umkehrsatzes nach Jurkat

Folgende Verallgemeinerung des Satzes von Littlewood wird bewiesen.

**Satz 1** (Jurkat [171]). *Für die Potenzreihe $f(z) = \Sigma a_n z^n$ $(|z| < 1)$ gelte $\lim_{x \to 1-} f(x) = S$ und*

$$(1.5) \qquad \sum_{k=0}^{n} |k a_k|^2 = O(n) \qquad (n \to \infty) \ .$$

*Dann ist $C_k - \Sigma a_n = S$ für jedes $k > -\frac{1}{2}$, im allgemeinen aber nicht für $k = -\frac{1}{2}$.*

Ein hierzu analoger Umkehrsatz für Cesàro-Verfahren stammt von Hardy-Littlewood ([131], S. 617). – Satz 1 enthält ersichtlich den Satz von Littlewood. – Und daß Satz 1 für $k = -\frac{1}{2}$ falsch wird, sieht man am Beispiel der Lückenreihe $\Sigma a_n$ mit

$$a_n = n^{-\frac{1}{2}} \ , \qquad \text{wenn} \quad n = 2^m \quad (m = 1, 2, \dots)$$

$$a_n = 0 \qquad \text{sonst.}$$

Sie erfüllt die Annahmen, jedoch ist die notwendige Bedingung $a_n = o(n^{-\frac{1}{2}})$ für $C_{-\frac{1}{2}}$-Summierbarkeit nicht erfüllt.

*Beweis* von Satz 1. Natürlich kann man $S = 0$ annehmen, also

$$f(z) \to 0 \quad \text{für} \quad z = x \to 1 - , \quad \text{wo} \quad f(z) = \Sigma a_n z^n = (1 - z)^{k+1} \Sigma S_n^{(k)} z^n \ .$$

Nun gehen wir in drei Schritten vor.

*1. Schritt:* Übersetzung der Bedingung (1.5) ins Komplexe. Nach der Vorbemerkung (1.4) ist (1.5) äquivalent zu $\Sigma |ka_k|^2 r^k = O\left(\dfrac{1}{1-r}\right)$, also auch zu

$$(1.6) \qquad \int\limits_{|z|=r} |zf'(z)|^2\, d\varphi = 2\pi \sum_{k=1}^{\infty} |ka_k|^2 r^{2k} = O\left(\frac{1}{1-r}\right) \qquad (r \to 1-) \ .$$

*2. Schritt:* Es ist sogar $\lim f(z) = 0$ für $z \to 1$ in jedem im Einheitskreis $\mathbb{D}$ gelegenen „Stolzschen" Winkelraum $W$ mit der Spitze in $z = 1$. Nach dem Satz von Montel ist dies sicher richtig, wenn $f$ in jedem solchen Winkelraum beschränkt ist. Dazu wird $f$ in $\mathbb{D}$ abgeschätzt. Mit $z = re^{i\varphi}$ schreiben wir

$$f(z) = f(r) + i \int\limits_{t=0}^{\varphi} f'(re^{it})re^{it}\, dt \ .$$

Der erste Summand ist in $[0, 1)$ beschränkt, während das Integral mit der Schwarzschen Ungleichung abgeschätzt werden kann. Dabei entstehen zwei Faktoren, von denen der erste wegen (1.6) durch $O((1-r)^{-1/2})$ majorisiert wird; der zweite ist $|\varphi|^{1/2}$.

Damit ergibt sich

$$(1.7) \qquad f(z) = O(1) + O(1) \cdot \left[\frac{|\varphi|}{1-r}\right]^{1/2} \quad \text{für} \quad z = re^{i\varphi} \in \mathbb{D} \ ,$$

und da in einem Stolzschen Winkelraum [ ] beschränkt bleibt, ist $f$ in $W$ beschränkt.

Da $|1 - z| \geq \text{const} \cdot |\varphi|$ ist in $\mathbb{D}$, kann (1.7) auch so geschrieben werden

$$(1.8) \qquad f(z) = O(1) \cdot \left[\frac{|1-z|}{1-|z|}\right]^{1/2} \quad \text{für} \quad z \in \mathbb{D} \ .$$

*3. Schritt:* Nachweis von $S_n^{(k)} = o(n^k)\,(n \to \infty)$. Mit $G(z) = f(z)/(1-z)^{k+1}$ ist zu zeigen

$$S_n^{(k)} = \frac{1}{2\pi} \int \frac{G(z)}{z^n}\, d\varphi = o(n^k) \qquad (n \to \infty) \ ;$$

dabei soll auf $|z| = 1 - \dfrac{1}{n}$ integriert werden. Der Integrationsweg wird zerlegt

$$\int \frac{G(z)}{z^n}\, d\varphi = \int\limits_{|\varphi| \leq m/n} + \int\limits_{m/n \leq |\varphi| \leq \pi} = A_n + B_n \ ;$$

$m$ wird vorläufig fest gehalten und $\dfrac{n}{m} \geq 2$ gewählt.

a) Abschätzung von $B_n$. Partielle Integration gibt

$$B_n = \frac{z^{-n}}{-in} \cdot G(z) \Bigg|_{\varphi=\frac{m}{n}}^{\varphi=-\frac{m}{n}} + \int\limits_{m/n \leq |\varphi| \leq \pi} \frac{z^{-n}}{in} \left\{ \frac{izf'(z)}{(1-z)^{k+1}} + \frac{(k+1)izf(z)}{(1-z)^{k+2}} \right\} d\varphi$$

$$= B_n^{(1)} + B_n^{(2)} + B_n^{(3)} \ .$$

Dabei ist mit der Schwarzschen Ungleichung

$$B_n^{(2)} = O\left(\frac{1}{n}\right) \cdot \int \frac{|zf'(z)|}{|1-z|^{k+1}} \, d\varphi$$

$$= O\left(\frac{1}{n}\right) \cdot \left[ \int |zf'(z)|^2 \, d\varphi \cdot \int \frac{d\varphi}{\varphi^{2(k+1)}} \right]^{1/2} \ .$$

Beim ersten Faktor integrieren wir sogar über alle $\varphi$ mit $|\varphi| \leq \pi$, was wegen (1.6) für $r = 1 - \frac{1}{n} \, O(n)$ ergibt, während das zweite Integral, über $\frac{m}{n} \leq |\varphi| \leq \pi$ erstreckt, $O(1) \cdot \left(\frac{n}{m}\right)^{2k+1}$ wird; man beachte $k > -\frac{1}{2}$! Also ergibt sich zunächst

$$B_n^{(2)} = O\left(\frac{1}{\sqrt{n}}\right) \cdot \left(\frac{n}{m}\right)^{k+\frac{1}{2}} \ ,$$

gleichmäßig in $n, m$.

Weiter gilt unter Verwendung von (1.8)

$$B_n^{(3)} = O\left(\frac{1}{n}\right) \int \frac{|f(z)|}{|1-z|^{1/2}} \cdot \frac{d\varphi}{|1-z|^{k+3/2}} = O\left(\frac{1}{n}\right) \cdot O(\sqrt{n}) \cdot \int\limits_{m/n \leq |\varphi| \leq \pi} |\varphi|^{-k-3/2} d\varphi \ ,$$

also ebenfalls

$$B_n^{(3)} = O\left(\frac{1}{\sqrt{n}}\right) \cdot \left(\frac{n}{m}\right)^{k+\frac{1}{2}} \ .$$

Nun wählen wir $\varepsilon > 0$ und $m$ so groß, daß gilt

$$|B_n^{(2)}| \leq \frac{\varepsilon}{4} n^k \ , \quad |B_n^{(3)}| \leq \frac{\varepsilon}{4} n^k \quad \text{für} \quad n > N_1 \ ,$$

und halten dann $m$ fest. Dann ist $z = re^{i\varphi}$ mit $r = 1 - \frac{1}{n}$, $|\varphi| \leq \frac{m}{n}$ in einem Stolzschen Winkelraum und daher

$$|B_n^{(1)}| = O\left(\frac{1}{n}\right) \cdot o(1) \cdot \frac{1}{|1-z|^{k+1}}$$

$$= o\left(\frac{1}{n}\right) \cdot \frac{1}{(1-|z|)^{k+1}} = o(n^k) \leq \frac{\varepsilon}{4} n^k \quad (n > N_2) \ .$$

b) Abschätzung von $A_n$. Hier ist $|\varphi| \leq \dfrac{m}{n}$, also $z = \left(1 - \dfrac{1}{n}\right) e^{i\varphi}$ im Winkelraum, und folglich

$$\int\limits_{|\varphi| \leq m/n} \frac{f(z)}{(1-z)^{k+1}} \frac{d\varphi}{z^n} = o(1) \cdot \int\limits_{|\varphi| \leq m/n} |\varphi|^{-k-1} d\varphi$$

$$= o(1) \cdot \left(\frac{n}{m}\right)^k \leq \frac{\varepsilon}{4} n^k \quad (n > N_3) \ .$$

Dies alles zusammen sichert $S_n^{(k)} = \dfrac{1}{2\pi}(A_n + B_n) = o(n^k) \quad (n \to \infty)$.

### D. Vorbereitungen zum Beweis des high indices Theorems

Anstelle von Potenzreihen untersuchen wir allgemeiner Dirichlet-Reihen

$$(1.9) \qquad f(z) = \sum_{n=1}^{\infty} a_n e^{-\lambda_n z}$$

mit $0 < \lambda_n \nearrow \infty$; sie besitzen bekanntlich Halbebenen der Konvergenz und der absoluten Konvergenz, die zusammenfallen, wenn $\lambda_{n+1} - \lambda_n \geq c > 0$ ist. Bei Potenzreihen ist $\lambda_n \in \mathbb{N}$, so daß dies sowieso klar ist. Ist $\{\lambda_n\}$ eine solche Folge mit $\Sigma \lambda_n^{-1} < \infty$, so konvergiert das Blaschke-Produkt

$$(1.10) \qquad B(z) = \prod \frac{\lambda_n - z}{\lambda_n + z} = \prod \left(1 - \frac{2z}{\lambda_n + z}\right)$$

für alle $z \neq -\lambda_n$. Eigenschaften von $B$ sind:

  a) $B$ ist holomorph in $\mathbb{C} \setminus \{-\lambda_1, -\lambda_2, \ldots\}$;
  b) $B$ hat einfache Pole an den Stellen $z = -\lambda_n$;
  c) $B$ hat einfache Nullstellen an den Stellen $z = +\lambda_n$;
  d) Es ist

$$|B(z)| \begin{cases} < 1 \\ = 1 \\ > 1 \end{cases} \text{für} \begin{cases} \operatorname{Re} z > 0 \\ \operatorname{Re} z = 0 \\ \operatorname{Re} z < 0 \ ; \end{cases}$$

  e) $B(-z) = 1/B(z)$.

**Definition.** *Die Folge $\{\lambda_n\}$ heißt Hadamard-Folge, wenn*

$$(1.11) \qquad \frac{\lambda_{n+1}}{\lambda_n} \geq q > 1 \quad (n = 1, 2, \ldots) \ .$$

Wir zeigen, daß das Verhalten von $B$ in der komplexen Ebene im wesentlichen durch *einen* Faktor bestimmt wird, wenn $B$ mit einer Hadamard-Folge gebildet wird. Ist nämlich $\varrho > 0$ so klein, daß $1 + \varrho < \sqrt{q}$ und $1 - \varrho > \dfrac{1}{\sqrt{q}}$ ist, so schreiben wir

$$B(z) = \Pi_1 \cdot \Pi_2 \cdot \Pi_3 \ ,$$

wobei $\Pi_1$ (bzw. $\Pi_3$) alle Faktoren enthält, für die $\lambda_n \leq (1 - \varrho)|z|$ (bzw. $\lambda_n \geq (1 + \varrho)|z|$) gilt; $\Pi_2$ enthält dann höchstens einen Faktor, ansonsten

$$\frac{\lambda_{n+1}}{\lambda_n} < \frac{1 + \varrho}{1 - \varrho} < q$$

wäre. In $\Pi_1$ ist nun $(r = |z|)$

$$\left| \frac{\lambda_n - z}{\lambda_n + z} \right| \leq \frac{\lambda_n + r}{r - \lambda_n} \leq 1 + \frac{2}{\varrho} \frac{\lambda_n}{r} < \exp\left( c_1 \frac{\lambda_n}{r} \right) \ ,$$

wo $c_1$ (und die folgenden Konstanten) nur von $q$ abhängt. Daher ist

$$|\Pi_1| < \exp\left\{ \frac{c_1}{r} (\lambda_1 + \lambda_2 + \ldots + \lambda_N) \right\}$$

$$\leq \exp\left\{ \frac{c_1}{r} \lambda_N (1 + q^{-1} + q^{-2} + \ldots + q^{-N+1}) \right\}$$

$$\leq \exp\left( \frac{c_2}{r} \lambda_N \right) < e^{c_2} \ .$$

In $\Pi_3$ haben wir analog

$$\left| \frac{\lambda_n - z}{\lambda_n + z} \right| \leq \frac{\lambda_n + r}{\lambda_n - r} < \exp\left( c_3 \frac{r}{\lambda_n} \right)$$

und daher

$$|\Pi_3| < \exp\left\{ c_3 r (\lambda_M^{-1} + \lambda_{M+1}^{-1} + \ldots) \right\}$$

$$\leq \exp\left\{ c_3 \frac{r}{\lambda_M} (1 + q^{-1} + q^{-2} + \ldots) \right\} < e^{c_4} \ .$$

Also ist $\Pi_1 \Pi_3$ auf $|z| = r$ nach oben beschränkt, und mit e) von oben kommt

$$(1.12) \qquad\qquad C^{-1} \leq |\Pi_1 \Pi_3| \leq C \quad \text{auf} \quad |z| = r \ ;$$

$C$ hängt dabei nur von $q$ ab.

Wählt man nun speziell $z$ auf $|z| = \sqrt{q} \cdot \lambda_N$, so genügen alle $\lambda_n$

$$\text{entweder} \quad \lambda_n \leq \frac{1}{\sqrt{q}} |z| < (1 - \varrho)|z| \quad \text{oder} \quad \lambda_n \geq \sqrt{q} |z| > (1 + \varrho)|z| \ ,$$

so daß das Produkt $\Pi_2$ leer ist, und wir erhalten mit (1.12) den

— 164 —

**Hilfssatz.** *Es sei B ein Blaschke-Produkt, das mit einer Hadamard-Folge* $\{\lambda_n\}$ *gebildet sei. Dann gilt*

$$C^{-1} \le |B(z)| \le C \quad auf \quad |z| = \sqrt{q}\,\lambda_N \quad (N = 1, 2, \ldots) \,,$$

*wobei C nur von q abhängt.*

Schließlich benötigen wir noch das bekannte

**Prinzip von Phragmén-Lindelöf.** *Es sei f in der Halbebene* $H = \{z : \operatorname{Re} z > 0\}$ *holomorph und stetig auf* $\bar{H}$, *ferner* $|f(z)| \le 1$ *für* $z \in \partial H$ *und*

$$\liminf_{r \to \infty} r^{-1} \log M(r) = 0 \,,$$

*wo* $M(r) = \max\{|f(z)| : |z| = r, \, z \in \bar{H}\}$. *Dann ist* $|f(z)| \le 1$ *für* $z \in H$.

Siehe zum Beispiel Ahlfors [6], S. 40. Durch Betrachtung von $F(z) = \dfrac{z}{z+N}\,f(z)$ für hinreichend großes $N$ erhält man leicht den

**Zusatz.** *Ist f in H holomorph und beschränkt, stetig in* $\bar{H}$, *und gilt* $f(\pm iy) \to 0$ *für* $y \to \infty$, *so gilt* $f(z) \to 0$ *für* $z \to \infty$ *in H.*

### E. Beweis des high indices Theorems nach Halász

Vorgelegt sei jetzt eine Dirichlet-Reihe (1.9), wobei $\{\lambda_n\}$ eine Hadamard-Folge sei. Wir zeigen:

(A) $\qquad$ Es gilt $\quad \left| \sum_{n=1}^{N} a_n \right| \le C \cdot \sup_{x > 0} |f(x)| \quad$ für alle $\quad N$ ,

wo $C$ nur von $q$ abhängt;

(B) $\qquad$ Aus $\quad \lim_{x \to 0+} f(x) = 0 \quad$ folgt $\quad \sum_{n=1}^{\infty} a_n = 0$ .

Zum Beweis von (A) gehen wir mit Halász [125] in drei Schritten vor. *1. Schritt.* Es sei $|f(x)| \le A \,(x > 0)$. Zunächst nehmen wir

(1.13) $\qquad\qquad\qquad \Sigma |a_n| / \lambda_n < \infty$

an und betrachten dann die Laplace-Transformation

$$F(z) = \int_0^{\infty} f(t) e^{tz}\,dt \quad \text{für} \quad \operatorname{Re} z < 0 \,.$$

Sie hat folgende Eigenschaften:

a) Für $z = -x$, $x > 0$, ist

$$|F(-x)| \leq A \int_0^\infty e^{-tx}\,dt = \frac{A}{x} \ .$$

b) Es gilt, zunächst für $\mathrm{Re}\,z < 0$,

$$F(z) = \int_0^\infty \sum_1^\infty a_n e^{-t\lambda_n} e^{tz}\,dt = \sum_1^\infty a_n \int_0^\infty e^{t(z-\lambda_n)}\,dt = \sum_1^\infty \frac{-a_n}{z-\lambda_n} \ ;$$

die Vertauschung von $\int$ und $\Sigma$ ist durch (1.13) gerechtfertigt. Die entstandene Reihe ist für alle $z \neq \lambda_n$ konvergent und stellt die analytische Fortsetzung von $F$ in die Ebene dar. Man sieht, daß $F$ an den Stellen $z = \lambda_n$ einfache Pole mit den Residuen $-a_n$ hat.

c) Außerhalb der Kreise $\{z : |z - \lambda_n| = 1\}$ $(n = 1, 2, \ldots)$ ist $F(z) = O(|z|)$ $(|z| \to \infty)$. Wir zerlegen dazu

$$|F(z)| \leq \sum \frac{|a_n|}{|z - \lambda_n|} = \Sigma_1 + \Sigma_2 + \Sigma_3 \ .$$

In $\Sigma_1$ soll $\lambda_n < \dfrac{|z|}{2}$ sein, folglich $|z - \lambda_n| > \lambda_n$; in $\Sigma_2$ soll $\dfrac{|z|}{2} \leq \lambda_n < 2|z|$ sein, und wir verwenden nur $|z - \lambda_n| > 1$; und in $\Sigma_3$ ist $|z| \leq \dfrac{\lambda_n}{2}$ und daher $|z - \lambda_n| \geq \dfrac{\lambda_n}{2}$. Mit (1.13) ergibt sich die Behauptung.

*2. Schritt.* Um den Residuensatz anwenden zu können, zeigen wir

$$(1.14) \qquad |F(z)| \leq C \cdot \frac{A}{|z|} \quad \text{auf} \quad |z| = \sqrt{q}\,\lambda_N \quad (N = 1, 2, \ldots)$$

mit einer nur von $q$ abhängigen Konstanten $C$. Dazu wird in der geschlitzten Ebene $G = \mathbb{C} \setminus \{z = x \leq 0\}$ das Blaschke-Produkt

$$B(z) = \prod_{n=1}^\infty \frac{\sqrt{\lambda_n} - \sqrt{z}}{\sqrt{\lambda_n} + \sqrt{z}}$$

verwendet, welches in $G$ holomorph ist mit Nullstellen $z = \lambda_n$ $(n = 1, 2, \ldots)$. Man beachte, daß $\{\sqrt{\lambda_n}\}$ wieder eine Hadamard-Folge ist mit $\sqrt{\lambda_{n+1}}/\sqrt{\lambda_n} \geq \sqrt{q} > 1$, und daher ist nach dem Hilfssatz

$$C^{-1} \leq |B(z)| \leq C \quad \text{auf} \quad |z| = \sqrt{q}\,\lambda_N \quad (N = 1, 2, \ldots) \ .$$

Die Hilfsfunktion

$$H(z) = z F(z) B(z)$$

ist nunmehr holomorph in $G$, auf $\partial G$ vom Betrag $\leq A$ (da dort $|B(z)| = 1$ ist), und $O(|z|^2)$ für $|z| \to \infty$. Dieses schwache Wachstum erlaubt die Anwendung des Prinzips von Phragmén-Lindelöf: $|H(z)| \leq A$ für $z \in G$, und folglich gilt (1.14).

*3. Schritt.* Die Anwendung des Residuensatzes auf $F$ ergibt nun sofort $(R_N = \sqrt{q\lambda_N})$

$$\left| \sum_{n=1}^{N} (-a_n) \right| = \left| \frac{1}{2\pi i} \int_{|z|=R_N} F(z)dz \right| \leq C \frac{A}{R_N} \cdot R_N = CA \ ,$$

wie oben in (A) behauptet.

Um die Zusatzforderung (1.13) zu beseitigen, wird für festes $\delta > 0$

$$f(z+\delta) = \sum_{n=1}^{\infty} a_n e^{-\lambda_n \delta} e^{-\lambda_n z}$$

betrachtet. Dabei ist $|f(x+\delta)| \leq A \ (x > 0)$ und

$$\Sigma |a_n| e^{-\lambda_n \delta}/\lambda_n \leq \lambda_1^{-1} \Sigma |a_n| e^{-\lambda_n \delta} < \infty \ .$$

Unser bisheriges Ergebnis ist also anwendbar und bringt

$$\left| \sum_{n=1}^{N} a_n e^{-\lambda_n \delta} \right| \leq CA$$

für alle $N$. Für $\delta \to 0$ erhalten wir das Gewünschte.

Um (B) zu beweisen, bemerken wir zunächst, daß wegen (A) sicher $\{a_n\}$ eine beschränkte Folge ist und daher (1.13) erfüllt ist. Ferner ist wegen $f(t) \to 0 \ (t \to 0+)$

$$|F(-x)| \leq \frac{A}{x} \ (x > 0) \quad \text{und} \quad |F(-x)| = o\left(\frac{1}{x}\right) \quad (x \to \infty) \ .$$

Die Hilfsfunktion $H$ von oben ist daher zusätzlich $o(1)$ für $z = -x \to -\infty$, und der Zusatz zum Phragmén-Lindelöfschen Prinzip liefert sogar $H(z) \to 0$ für $z \to \infty$ in $G$. Statt (1.14) erhalten wir

$$|F(z)| = o\left(\frac{1}{|z|}\right) \quad \text{auf} \quad |z| = \sqrt{q\lambda_N} \quad (N = 1,2,\ldots) \ ,$$

und nun liefert der Residuensatz wie oben $\sum_{1}^{N} a_n = o(1) \ (N \to \infty)$.


### F. Bemerkungen und Hinweise


1. Der Montelsche Satz, welcher die Grundlage für den gegebenen Beweis des $O$-Umkehrsatzes ist, war schon vor Jurkat zum Beweis von Tauber-Sätzen herangezogen worden; siehe etwa Bosanquet und Cartwright [39], Delange [59], oder Evans [82]. In der Arbeit [171] von Jurkat kommt die Methode besonders klar zur Geltung.

2. Bei Jurkat [171] finden sich noch weitere Umkehrsätze für das Abel-Verfahren, so zum Beispiel: Gilt $\sum_{k=1}^{n} |ka_k|^\varrho = O(n)$ für ein $\varrho > 1$, so folgt aus $A - \Sigma a_n = S$ stets $C_k - \Sigma a_n = S$ für $k > \dfrac{1}{\varrho} - 1$, aber nicht allgemein für $k = \dfrac{1}{\varrho} - 1$. In früheren Sätzen verwenden Hardy und Littlewood die stärkere Tauberbedingung $\sum_{k=1}^{\infty} k^{\varrho-1} |a_k|^\varrho < \infty$.

3. Die funktionentheoretische Methode hat sich auch beim Beweis anderer $O$-Umkehrsätze (Jurkat [170]) und von Lückensätzen bewährt; siehe Gaier [96] [97] [101]. – Die Arbeit [125] von Halász enthält noch eine Reihe weiterer schöner Resultate, so eine Restgliedabschätzung, den Umkehrsatz von Zygmund für absolute Konvergenz bei Lückenreihen, und einen Identitätssatz. Letzterer besagt (im Sonderfall): Die Dirichletreihe (1.9) sei für $\operatorname{Re} z > 0$ konvergent, $\lambda_{n+1} - \lambda_n \geq c > 0$, und $\Sigma \lambda_n^{-1/2} < \infty$. Falls dann

$$f(x) = O\left(\exp\left(-\frac{1}{x}\right)\right) \ (x \to 0+) \text{ gilt, so ist } f \equiv 0.$$

4. Allgemeine Sätze bezüglich des Zusammenhangs von $O$-Bedingungen und Lückenbedingungen findet man bei Lorentz [209].

5. Hat die Potenzreihe $f(z) = \Sigma a_n z^n$ $(z \in \mathbb{D})$ reelle Koeffizienten und Hadamard-Lücken, so gilt wegen (A) für die Schwankung der Teilsummen $s_n$

$$\sup s_n - \inf s_n \leq C(q) \left[ \sup_{0 \leq x < 1} f(x) - \inf_{0 \leq x < 1} f(x) \right].$$

Die genaue Konstante $C(q)$ scheint nicht bekannt zu sein. Im Falle der $C_1$-Mittel $\sigma_n$ findet man

$$\sup s_n - \inf s_n \leq \frac{q+1}{q-1} [\sup \sigma_n - \inf \sigma_n],$$

und $\dfrac{q+1}{q-1}$ kann nicht verkleinert werden.

6. Statt Lückenreihen kann man Potenzreihen $\Sigma a_n z^n$ $(z \in \mathbb{D})$ betrachten, deren Koeffizienten reell sind und wenige Vorzeichenwechsel aufweisen, wie dies Pólya [259] getan hat. Es gibt dann ein Analogon zum high indices Theorem (Kühn [189]): Ist die Folge der Indizes, wo die Koeffizienten das Vorzeichen wechseln, eine Hadamard-Folge, so folgt aus $|f(x)| \leq A$ $(0 \leq x < 1)$ stets $|a_n| \leq CAn$, wo $C$ nur von $q$ abhängt, und $f(x) \to 0$ $(x \to 1-)$ impliziert $a_n = o(n)$ $(n \to \infty)$. Die Größenordnung ist bestmöglich.

7. Das high indices Theorem und sein Analogon für absolute Konvergenz bleiben richtig, wenn die radiale Annäherung ersetzt wird durch Annäherung auf einem Jordanbogen $C$, der in $\mathbb{D}$ von $z = 0$ nach $z = 1$ führt. Für Hadamardsche Lückenreihen

$$(1.15) \qquad\qquad f(z) = \Sigma a_k z^{n_k} \qquad (z \in \mathbb{D})$$

gelten also:

(a) Aus $f(z)\to S$ für $z\to 1$ längs $C$ folgt $\Sigma a_k = S$;

(b) Aus $\int_C |f'(z)||dz| < \infty$ folgt $\Sigma |a_k| < \infty$.

Der Beweis von (a) geht im wesentlichen auf Binmore [34] zurück, der jedenfalls $a_k \to 0$ $(k \to \infty)$ zeigte. Dann aber ist $f$ eine Bloch-Funktion (Mathews [218]) und folglich normal, und daher hat $f$ bei $z = 1$ den *radialen* Limes $S$. Das klassische high indices Theorem liefert dann die Aussage.

Die Aussage (b) bewiesen Gnuschke und Pommerenke in [109] unter Verwendung von Binmore's Beweismethode.

8. Die beiden Ergebnisse (a) und (b) von oben haben erhebliche Konsequenzen für die Werteverteilung von Hadamardschen Lückenreihen im Einheitskreis. Diese hängen mit zwei Aussagen von Paley [248] aus dem Jahre 1933 zusammen.

(I) Für die Hadamardsche Lückenreihe (1.15) gelte

$$(1.16) \qquad \Sigma |a_k| = \infty \ , \qquad \text{aber} \quad a_k \to 0 \quad (k \to \infty) \ .$$

Dann konvergiert (1.15), für jedes $\zeta \in \mathbb{C}$, auf einer dichten Teilmenge von $\partial \mathbb{D}$ zum Wert $\zeta$.

(II) Für die Hadamardsche Lückenreihe (1.15) gelte

$$(1.17) \qquad \Sigma |a_k| = \infty \ .$$

Dann gibt es für jedes $w \in \mathbb{C}$ mindestens ein $z \in \mathbb{D}$ mit $f(z) = w$.

Der Wertevorrat der Potenzreihe (1.15), für $z \in \partial \mathbb{D}$ oder $z \in \mathbb{D}$, bedeckt dann also die ganze komplexe Ebene.

Ob (I) von Paley tatsächlich bewiesen wurde, gilt als fraglich; der erste vollständige Beweis stammt von M. Weiß [355]. Die Vermutung (II) wurde erst 1980 von Murai bewiesen [230] [231]. Sogar nimmt $f$ jeden Wert $w \in \mathbb{C}$ in jedem Sektor von $\mathbb{D}$ unendlich oft an. – In einer früheren Arbeit von Fuchs [90] wurde statt (1.17) schärfer $a_k \not\to 0$ $(k \to \infty)$ gefordert.

Binmore zeigt nun in seiner Arbeit [34], daß aus dem Ergebnis (a) von Hinweis 7 jedenfalls die schwächere Aussage von Fuchs folgt. Und Anderson erkannte den Zusammenhang zwischen (b) und dem Satz von Murai: Gnuschke-Pommerenke [109] zeigen in wenigen Zeilen, daß (b) einen neuen Beweis des Satzes von Murai liefert.

## §2. Beweis des Fabryschen Lückensatzes mit dem Turánschen Lemma

Ein Hauptergebnis aus §19 im vorderen Teil des Buches ist der

**Fabrysche Lückensatz.** *Hat* $f(z) = \sum_{k=1}^{\infty} a_k z^{n_k}$ *den Konvergenzradius* 1, *und gilt die Lückenbedingung* $n_k/k \to \infty$ $(k \to \infty)$, *so ist* $f$ *in keinem Punkt des Einheitskreises* $E = \{z : |z| = 1\}$ *holomorph.*

Dieser Satz, erstmals von Fabry 1896 bewiesen, hat immer wieder das Interesse der Mathematiker gefunden; siehe vor allem die Hinweise bei Bieberbach [31] und Ilieff [155]. Der Satz wird falsch für jede Exponenten-folge $\{n_k\}$ mit $\underline{\lim}\,\dfrac{n_k}{k} < \infty$ (Pólya [261], Erdös [76]).

Ein sehr einfacher Zugang zum Fabryschen Lückensatz führt über das Turánsche Lemma; er wurde erstmals von Turán [339] aufgezeigt und nachher weiter vereinfacht (Dinghas [65], Gaier [98]). Diesen Weg schlagen wir hier ein.

### A. Eine Interpolationsaufgabe

Im Beweis des Turánschen Lemmas verwenden wir den

**Hilfssatz 2.1.** *Gegeben seien $N$ (eventuell zusammenfallende) Zahlen $z_\mu$ mit $|z_\mu| = 1$ und $m \in \mathbb{N} \cup \{0\}$. Dann gibt es ein Polynom von der Form* $Q(z) = \sum\limits_{v=1}^{N} a_v z^{v+m}$ *mit* $Q(z_\mu) = 1$ $(\mu = 1, 2, \ldots, N)$, *und die Koeffizienten $a_v$ genügen*

$$(2.1) \qquad |a_v| \le \left( \frac{2e(m+N)}{N} \right)^N \qquad (v = 1, 2, \ldots, N) \ .$$

*Beweis.* Die Interpolationsforderung kann auch als $Q^*(z_\mu) = z_\mu^{-m-1}$ $(\mu = 1, 2, \ldots, N)$ gelesen werden, wo $Q^*(z) = z^{-m-1} Q(z)$ vom Grade $N-1$ ist. Daher ist die Forderung sicher erfüllbar, und (2.1) bleibt zu zeigen.

Wir setzen $Q$ an in der Form $Q(z) = 1 - R(z)\,S(z)$ mit

$$R(z) = \prod_{\mu=1}^{N} \left( 1 - \frac{z}{z_\mu} \right) = 1 + r_1 z + \ldots + r_N z^N$$

und

$$S(z) = s_0 + s_1 z + \ldots + s_m z^m \ .$$

Damit ist $Q(z_\mu) = 1$ erreicht und auch Grad $Q \le N + m$, und die Forderung, daß in $Q$ die Potenzen $z^0, z^1, \ldots, z^m$ fehlen sollen, führt auf ein Gleichungs-system für die $s_j$:

$$(2.2) \qquad \begin{aligned} 1 &= s_0 \\ 0 &= s_0 r_1 + s_1 \\ 0 &= s_0 r_2 + s_1 r_1 + s_2 \\ &\cdots \quad \cdots \quad \cdots \\ 0 &= s_0 r_m + s_1 r_{m-1} + \ldots + s_m \ . \end{aligned}$$

Die $s_j$ sind daraus eindeutig bestimmbar, also gibt es genau ein $Q$ von obiger Form. Da $a_\nu$ der Koeffizient von $z^{\nu+m}$ in $Q$ ist, gilt

$$a_\nu = - \sum_{k=0}^{\nu+m} r_k s_{\nu+m-k} \ , \qquad \text{also} \quad |a_\nu| \leq \max_k |s_k| \cdot \sum_{k=0}^{N} |r_k| \ .$$

Zunächst schätzen wir die $r_k$ ab, welche abgesehen von einem Faktor vom Betrag 1 die elementarsymmetrischen Funktionen der Zahlen $z_\mu$ sind. Daher ist $|r_k| \leq \binom{N}{k}$ und folglich

$$\sum_{k=0}^{N} |r_k| \leq \sum_{k=0}^{N} \binom{N}{k} = 2^N \ .$$

Die $s_k$ berechnen sich aus (2.2) wie die $m+1$ ersten Koeffizienten der Potenzreihe von $1/R(z)$. Also ist

$$S(z) = \frac{1}{R(z)} \ \Big\lfloor_m = \sum_{k=0}^{\infty} \left(\frac{z}{z_1}\right)^k \cdot \sum_{k=0}^{\infty} \left(\frac{z}{z_2}\right)^k \cdot \ldots \cdot \sum_{k=0}^{\infty} \left(\frac{z}{z_N}\right)^k \Big\lfloor_m$$

(„abgebrochen nach $z^m$"). Daraus wird klar, daß $s_k$ ein Polynom in $\dfrac{1}{z_1}, \ldots, \dfrac{1}{z_N}$ ist mit positiven Koeffizienten, und daß daher $|s_k|$ durch den $k$-ten Koeffizienten von $(1-z)^{-N}$ majorisiert werden kann:

$$|s_k| \leq \frac{(k+1)(k+2)\ldots(k+N-1)}{(N-1)!} \leq \frac{(m+N)^{N-1}}{(N-1)!} \leq \frac{(m+N)^N}{N!} < \left(\frac{e(m+N)}{N}\right)^N \ ,$$

da $e^N > \dfrac{N^N}{N!}$ ist. Für $|a_\nu|$ erhalten wir deshalb die Abschätzung (2.1).

### B. Das Turánsche Lemma

Es sei $E = \{z : |z| = 1\}$ und $B_\delta$ ein Teilbogen von $E$ mit dem Öffnungswinkel $\delta$. Gesucht wird eine Abschätzung eines Polynoms $P$ auf $E$ aufgrund von $\max\{|P(z)| : z \in B_\delta\}$, wobei nicht der Grad von $P$, sondern die Anzahl der Glieder von $P$ eine Rolle spielt.

**Turánsches Lemma.** *Besteht das Polynom $P$ aus $N$ Gliedern, so gilt*

$$(2.3) \qquad \max\{|P(z)| : z \in E\} \leq \left(\frac{C}{\delta}\right)^N \cdot \max\{|P(z)| : z \in B_\delta\} \ ,$$

*wobei $C$ eine absolute Konstante ist.*

*Beweis.* Wir können annehmen, daß $|P|$ sein Maximum auf $E$ außerhalb $B_\delta$ annimmt, etwa in $z=1$, und setzen $z=e^{ix}$, so daß $P(z)$ in

$$f(x)=\sum_{\mu=1}^{N} b_\mu e^{in_\mu x}$$

übergeht; die $n_\mu$ sind jetzt irgendwelche positive Zahlen. Der Bogen $B_\delta$ geht dabei über in ein Intervall $[a,b]$ der Länge $\delta$, mit $0<a<b<2\pi$. Wir zeigen: Für jedes solche trigonometrische Polynom $f$ mit $N$ Gliedern gilt

$$(2.4) \qquad |f(0)|\le N\cdot\left(\frac{2eb}{b-a}\right)^{N}\cdot\max\{|f(x)|:x\in[a,b]\}\ .$$

Daraus folgt dann die Behauptung (2.3).

Es liegt nahe, Extrapolation zu versuchen. Wir zeigen hierzu:

(a) Es ist möglich,

$$(2.5) \qquad f(0)=\sum_{\nu=1}^{N} a_\nu f(x_\nu)$$

darzustellen mit geeigneten Gewichten $a_\nu$ und äquidistanten Knoten $x_\nu\in[a,b]$.

(b) Für die Gewichte $a_\nu$ gilt

$$|a_\nu|\le\left(\frac{2eb}{b-a}\right)^{N}\qquad(\nu=1,2,\ldots,N)\ .$$

Daraus folgt dann offenbar (2.4).

Die Extrapolationsbedingung (2.5) verlangt nun zunächst

$$\sum_{\mu=1}^{N} b_\mu=\sum_{\nu=1}^{N}\sum_{\mu=1}^{N} a_\nu b_\mu e^{in_\mu x_\nu}=\sum_{\mu=1}^{N}\left(\sum_{\nu=1}^{N} a_\nu e^{in_\mu x_\nu}\right)b_\mu$$

für beliebige $b_\mu$, also muß für die Gewichte $a_\nu$

$$\sum_{\nu=1}^{N} a_\nu e^{in_\mu x_\nu}=1\qquad(\mu=1,2,\ldots,N)$$

gelten. Die $x_\nu$ werden angesetzt in der Form $x_\nu=c+\nu d$, mit $d=(b-a)/N$, wo $c$ noch frei ist. Die Forderungen an die $a_\nu$ lauten jetzt

$$\sum_{\nu=1}^{N} a_\nu e^{in_\mu c}(e^{in_\mu d})^{\nu}=1\quad\text{oder}\quad\sum_{\nu=1}^{N} a_\nu z^{\nu}=e^{-in_\mu c}\quad\text{für}\quad z=z_\mu=e^{in_\mu d}\ .$$

Man beachte, daß links verschiedene $\mu$ dasselbe liefern können. Um dies auch rechts zu erreichen, verfügen wir noch über $c$; es sei $c=md$ das größte ganzzahlige Vielfache von $d$ mit $c\le a$. Die Knoten $x_\nu$ sind dann festgelegt, und es ist

$$0\le m\le\frac{a}{d}=\frac{aN}{b-a}\ .$$

Die Forderung an die $a_v$ schreibt sich jetzt als

$$\sum_{v=1}^{N} a_v z^{v+m} = 1 \quad \text{für} \quad z = z_\mu = e^{in_\mu d} \quad \text{und} \quad \mu = 1, 2, \ldots, N \ .$$

Hilfssatz 2.1 garantiert die Lösung dieser Interpolationsaufgabe mit

$$|a_v| \leq \left(\frac{2e(m+N)}{N}\right)^N \leq \left(\frac{2eb}{b-a}\right)^N \quad (v = 1, 2, \ldots, N) \ ,$$

womit alles gezeigt ist.

## C. Der Fabrysche Lückensatz

Zum Beweis des eingangs genannten Satzes greifen wir auf das Euler-Verfahren (genauer: $E_1$-Verfahren) zurück. Dieses ordnet einer Folge $\{s_n\}$ eine Transformation $\{\sigma_n\}$ zu gemäß

$$\sigma_n = 2^{-n} \sum_{k=0}^{n} \binom{n}{k} s_k \quad (n = 0, 1, 2, \ldots) \ .$$

Es ist permanent: Aus $s_n \to s(n \to \infty)$ folgt $\sigma_n \to s$ $(n \to \infty)$.

Zunächst wenden wir das Verfahren auf eine beliebige Potenzreihe $f(z) = \sum_{k=0}^{\infty} a_k z^k$ an, die in $\mathbb{D}$ und im Punkt $z = 1$ regulär sein möge. Da $\left|\frac{1+t}{2t}\right| = 1$ ist auf dem Kreis $k = \{t : |t - \frac{1}{3}| = \frac{2}{3}\}$, $\left|\frac{1+t}{2t}\right| < 1$ außerhalb $k$, so gibt es einen Kreis $K$ außerhalb $k$, der einerseits im Holomorphiegebiet von $f$ liegt, auf dem andererseits $\left|\frac{1+t}{2t}\right| \leq q_1 < 1$ gilt.

Für $z$ innerhalb $K$ werden nun die Teilsummen $s_n(z)$ der Potenzreihe von $f$ und deren Euler-Mittel $\sigma_n(z)$ explizit dargestellt. Wegen $a_k = \frac{1}{2\pi i} \int_K f(t) t^{-k-1} dt$ ist

$$s_n(z) = \sum_{k=0}^{n} a_k z^k = \frac{1}{2\pi i} \int_K \frac{f(t)}{t} \cdot \frac{1 - (z/t)^{n+1}}{1 - (z/t)} dt$$

$$= \frac{1}{2\pi i} \int_K \frac{f(t)}{t-z} dt - \frac{1}{2\pi i} \int_K \frac{f(t)}{t-z} \left(\frac{z}{t}\right)^{n+1} dt \ ,$$

wobei der erste Summand $f(z)$ ist. Für die Euler-Mittel $\sigma_n(z)$ erhält man daher

$$\sigma_n(z) = f(z) - \frac{1}{2\pi i} \int_K \frac{f(t)}{t-z} \cdot \frac{z}{t} \left[\frac{1+z/t}{2}\right]^n dt \quad (z \text{ innerhalb } K) \ .$$

Hierbei ist $\left[\dfrac{1+z/t}{2}\right]=\left[\dfrac{t+z}{2t}\right]$ für $t$ auf $K$ und $z=1$ vom Betrag $\leq q_1 < 1$; folglich gibt es eine innerhalb $K$ gelegene Umgebung $U$ von $z=1$ so, daß

$$\left|\frac{z+t}{2t}\right| \leq q < 1 \quad \text{für} \quad z \in U, \quad t \in K$$

gilt. Daraus folgt sofort

$$(2.6) \qquad \sigma_n(z) = f(z) + O(q^n) \quad (n \to \infty),$$

gleichmäßig für die Umgebung $U$ von $z=1$.

Nun beweisen wir den Fabryschen Lückensatz und nehmen an, die Potenzreihe $f(z) = \sum_{k=1}^{\infty} a_k z^{n_k}$ habe den Konvergenzradius 1, erfülle die Lückenbedingung $n_k/k \to \infty$ $(k \to \infty)$, sei aber in $z=1$ holomorph.

Dann betrachten wir die Euler-Mittel $\sigma_{n_k}(z)$, in denen ersichtlich nur die Potenzen auftreten, die auch in $f$ vorkommen, so daß $\sigma_{n_k}(z)$ ein Polynom mit $k$ Gliedern ist. Wegen (2.6) gilt für das aus höchstens $k+1$ Gliedern bestehende Polynom

$$P_k(z) = \sigma_{n_{k+1}}(z) - \sigma_{n_k}(z) = O(q^{n_k})$$

für ein $q < 1$, gleichmäßig für $z \in U$. Nun wird das Turánsche Lemma auf einem Kreis $|z| = R > 1$ und für einen in $U$ gelegenen Teilbogen $B_\delta$ dieses Kreises angewandt:

$$\max \left\{ |P_k(z)| : |z| = R \right\} \leq C_1 \cdot \left(\frac{C}{\delta}\right)^{k+1} \cdot q^{n_k} = C_2 \left[ \left(\frac{C}{\delta}\right)^{k/n_k} \cdot q \right]^{n_k}.$$

Wegen $\dfrac{k}{n_k} \to 0$ ist $[\ ] \leq q' < 1$ für $k > k_0$. Somit konvergiert $\sum_{k=0}^{\infty} P_k(z)$ auf $|z| \leq R$ gleichmäßig gegen eine für $|z| < R$ holomorphe Funktion $F$, die wegen der Permanenz des Euler-Verfahrens in $\mathbb{D}$ mit $f - \sigma_{n_1}$ übereinstimmt. Damit wäre $f$ in den Kreis $\{z : |z| < R\}$ fortsetzbar, gegen die Annahme.

### D. Bemerkungen und Hinweise

1. Das Turánsche Lemma findet sich erstmals (mit $C = 56\pi$) bei Turán [338] ohne Beweis. Dieser wird anläßlich eines Beweises des Fabryschen Satzes in [339] nachgeliefert; siehe auch Turáns Buch [341], S. 69. Dort wird auch die Verbindung zu seinen Hauptsätzen über die Abschätzung von Exponentialsummen hergestellt. Das Turánsche Lemma hat Anwendungen in der Theorie der ganzen Funktionen mit Lückenreihen (Kövari, Gaier), sowie in der Theorie der quasianalytischen Funktionen.

2. Das Turánsche Lemma ist im wesentlichen auf einen Kreis beschränkt. Für andere Jordankurven $C$ und Teilbogen $B \subset C$ gibt es im allgemeinen keine nur von der Gliederzahl $N$ abhängige Konstante $C(N)$, sodaß gilt

$$\max \{|P(z)| : z \in C\} \le C(N) \cdot \max \{|P(z)| : z \in B\} \quad ;$$

siehe Gaier [98]. Will man jedoch nur die Koeffizienten von $P$ abschätzen, so ist ein Jordanbogen mit der „increasing chord property" zulässig; siehe Binmore [35].

3. Die Abschätzung (2.4) läßt sich auf mehrdimensionale trigonometrische Summen übertragen. Abschätzungen von $L^2$-Normen von Lückenpolynomen, genommen über verschiedene Intervalle, hat Turán in [344] bewiesen.

4. Der Leser wird bemerken, daß es zum Beweis des Fabryschen Satzes genügt hätte, eine Abschätzung der Form $\max\limits_{E} |P(z)| \le [C(\delta)]^N \cdot \max\limits_{B_\delta} |P(z)|$ zu besitzen, wo $C$ irgendwie von $\delta$ abhängt.


## §3. Wermers Maximalitätssatz und Verwandtes

### A. Das Problem, das Ergebnis, unmittelbare Folgerungen

Im ganzen Paragraphen bezeichnet $C$ die Algebra aller auf $\partial \mathbb{D} = \{z : |z| = 1\}$ stetigen Funktionen $f$. Mit der Norm $\|f\| = \max \{|f(z)| : z \in \partial \mathbb{D}\}$ wird $C$ zu einer *Banach-Algebra*, da $\|f \cdot g\| \le \|f\| \cdot \|g\|$ ersichtlich erfüllt ist. Weiter sei $A$ die Teilmenge der Funktionen $f \in C$, welche eine stetige Fortsetzung nach $\mathbb{D}$ besitzen, die in $\mathbb{D}$ holomorph ist. Nach dem Maximumprinzip ist

$$\|f\| = \max \{|f(z)| : z \in \mathbb{D}\} \quad \text{für} \quad f \in A \ ,$$

und es ist klar (folgt auch aus Hilfssatz 3.1), daß $A$ eine abgeschlossene Teilalgebra von $C$ ist.

Wichtig ist, daß man vom Einheitskreis aus die Mitgliedschaft zu $A$ nachprüfen kann.

**Hilfssatz 3.1.** *Es sei $f \in C$. Dann ist $f \in A$ genau dann, wenn*

$$(3.1) \qquad \int_0^{2\pi} f(e^{i\varphi}) e^{in\varphi} d\varphi = 0 \qquad (n = 1, 2, \ldots) \ .$$

*Beweis.* Ist $f \in A$, so ist

$$\int_{\partial \mathbb{D}} \frac{f(z)}{z^{n+1}} \, dz = 0 \qquad (n = -1, -2, \ldots) \ ;$$

$z = e^{i\varphi}$ bringt (3.1).

Ist umgekehrt $f \in C$ und gilt (3.1), so lautet die Fourier-Reihe von $f$

$$f(e^{i\varphi}) \sim \sum_{n \geq 0} c_n e^{in\varphi} \, ,$$

und ihre arithmetischen Mittel $\sigma_n(z)$ $(z = e^{i\varphi})$, die dann Polynome vom Grad $n$ sind, konvergieren nach dem Fejérschen Satz auf $\partial \mathbb{D}$ gegen $f$, folglich

$$\sigma_n(z) - \sigma_m(z) \Rightarrow 0 \quad n, m \to \infty \, , \quad z \in \partial \mathbb{D} \, .$$

Nach dem Maximumprinzip gilt dies auch in $\mathbb{D}$, also $\sigma_n(z) \Rightarrow F(z)$ $(n \to \infty, z \in \mathbb{D})$. Diese Funktion $F \in A$ stellt die Erweiterung von $f$ nach $\mathbb{D}$ dar; $f \in A$.

Das Thema dieses Paragraphen ist nun der

**Satz von Wermer** (1953). *Es ist $A$ eine maximale abgeschlossene Teilalgebra von $C$.*

Das heißt: Ist $B$ abgeschlossene Teilalgebra von $C$ mit $A \subset B \subset C$, so ist $B = A$ oder $B = C$. Daß es viele maximale Teilalgebren von $C$ gibt, sehen wir in Teil $D$.

Der Satz von Wermer kann zur komplexen Approximation verwendet werden, wie folgende zwei Beispiele zeigen.

1. Ist $f \in C$ aber $f \notin A$, so liegen die Polynome in $z$ und $f$ *dicht* in $C$; $z$ und $f$ „erzeugen" $C$. Zum Beweis betrachten wir die Menge aller Polynome in $z$ und $f$; $B$ sei ihre abgeschlossene Hülle in $C$. Dann ist $A \subset B$, weil jedes $g \in A$ durch Polynome in $z$ gleichmäßig approximiert werden kann (Fejér), und $B \subset C$. Da $B = A$ nicht sein kann ($f \notin A$), muß nach dem Satz von Wermer $B = C$ sein; das war behauptet.

2. Eine Funktion $f \in C$ läßt sich nicht immer durch Polynome in $z$ auf $\partial \mathbb{D}$ beliebig gut approximieren. Verlangt man aber nur Approximation auf einer abgeschlossenen, echten Teilmenge $K \subsetneq \partial \mathbb{D}$, so ist dies immer möglich.

Zum Beweis betrachten wir die Menge $B$ aller Funktionen $f \in C$, die sich auf $K$ durch Polynome in $z$ beliebig gut approximieren lassen. $B$ ist eine abgeschlossene Teilalgebra von $C$, die $A$ enthält (Fejér). Und es ist $B \supsetneq A$: Dazu konstruieren wir einen Kreisbogen $k \subset \partial \mathbb{D}$, der $K$ enthält, und setzen $f = 0$ auf $k$, aber $f$ nicht überall Null und $f \in C$. Dieses $f$ gehört zu $B$, aber nicht zu $A$ (Identitätssatz). Nach dem Satz von Wermer muß $B = C$ sein, wie behauptet.

Für den Satz von Wermer sind mehrere Beweise gegeben worden; davon führen wir zwei vor.

## B. Der Beweis von Cohen

Dieser Beweis [53] ist direkt und elementar; er verwendet lediglich folgende Tatsache. Ist $X$ eine Banach-Algebra mit Einselement $e$, $x \in X$ mit $\|x\| < 1$, so ist $e - x$ in $X$ invertierbar. Oder: $x$ ist invertierbar, wenn $\|e + x\| < 1$ ist.

Nun sei also $B$ eine abgeschlossene Teilalgebra von $C$ mit $A \subsetneq B \subset C$. Wir zeigen $B=C$. Dazu sei $f \in B$, aber $f \notin A$ gewählt; es ist also $\int_0^{2\pi} f(e^{i\varphi})e^{in\varphi}d\varphi \neq 0$ für ein $n \in \mathbb{N}$. Schreibt man

$$\int_0^{2\pi} f(e^{i\varphi})e^{in\varphi}d\varphi = \int_0^{2\pi} f(e^{i\varphi})e^{i(n-1)\varphi} \cdot e^{i\varphi}d\varphi$$

und beachtet $z^{n-1} \in A$, so können wir offenbar annehmen, daß

$$f \in B , \quad f \notin A \quad \text{und} \quad \frac{1}{2\pi} \int_0^{2\pi} f(e^{i\varphi})e^{i\varphi}d\varphi = 1$$

ist; $z \cdot f - 1$ hat also den 0. Fourier-Koeffizienten 0.

Das Ziel ist nun, zu zeigen, daß $z$ in $B$ invertierbar ist. Dann ist nämlich $\bar{z} \in B \subset C$, und da sich jede Funktion aus $C$ durch Polynome in $z$ und $\bar{z}$ beliebig gut approximieren läßt, ist $B=C$ bewiesen.

Zunächst wählen wir ein trigonometrisches Polynom

$$T(\varphi) = a_0 + \sum_{k=1}^{N} (a_k \cos k\varphi + b_k \sin k\varphi)$$

so, daß

$$|(zf-1)-T(\varphi)| < \tfrac{1}{4} \quad z=e^{i\varphi} \ ;$$

hier ist $|a_0| < \tfrac{1}{4}$ und folglich

$$\left| (zf-1) - \sum_{k=1}^{N} \right| < \frac{1}{2} \ .$$

Die Summe wird umgeschrieben:

$$\sum_{k=1}^{N} = \frac{1}{2} \sum_{k=1}^{N} \left\{ a_k(z^k+\bar{z}^k) - b_k i(z^k-\bar{z}^k) \right\} = zp(z) + \bar{z}\bar{q}(\bar{z}) \ ,$$

wo $p$ und $\bar{q}$ gewisse Polynome sind. Insgesamt ist also

$$(3.2) \qquad\qquad zf = 1 + zp + \bar{z}\bar{q} + h \ ,$$

mit $h \in C$, $\|h\| < \tfrac{1}{2}$.

Auf dem Einheitskreis ist $zq(z) - \bar{z}\bar{q}(\bar{z})$ rein imaginär, also gilt für jedes $\delta > 0$

$$(3.3) \qquad\qquad \|1 + \delta(zq - \bar{z}\bar{q})\|^2 \leq 1 + \delta^2 M^2 \ ,$$

wenn $\|zq - \bar{z}\bar{q}\| = M$ ist. Setzt man (3.2) in (3.3) ein, so kommt

$$\|1 + \delta zq - \delta zf + \delta + \delta zp + \delta h\| \leq [1+\delta^2 M^2]^{1/2} < 1 + \delta^2 M^2$$

und

$$\|(1+\delta) + z(\delta q - \delta f + \delta p)\| < 1 + \delta^2 M^2 + \frac{\delta}{2}$$

wegen $\|h\| < \tfrac{1}{2}$. Die rechte Seite ist $< 1 + \delta$, falls $\delta < \dfrac{1}{2M^2}$. Division durch $1 + \delta$ zeigt (mit der eingangs genannten Tatsache), daß $z(q - f + p)$ in $B$ invertierbar ist. Dann aber ist $z$ selbst in $B$ invertierbar, und wir sind fertig.

### C. Der Beweis von Lumer

Dieser sehr durchsichtige Beweis [211] greift auf geläufige Hilfsmittel der Funktionalanalysis und der Maßtheorie zurück.

**Hilfssatz 3.2.** *Es sei $\mu$ ein endliches, reelles Maß auf $\{z : |z| = 1\}$.*

(a) *Aus $\int e^{in\varphi} d\mu = 0$ $(n = 0, 1, 2, \ldots)$ folgt $\mu = 0$.*
(b) *Aus $\int e^{in\varphi} d\mu = 0$ $(n = 1, 2, \ldots)$ folgt $\mu = \text{const} \cdot m$, wo $m$ das Lebesgue-Maß ist.*

*Beweis.* (a) Aus der Annahme folgt $\int T d\mu = 0$ für jedes trigonometrische Polynom $T$, also (Fejér) auch $\int f d\mu = 0$ für $f \in C$, daher auch für $f \in L(d\mu)$. Wählt man $f = \chi_E$ für eine $\mu$-meßbare Menge $E$, so kommt $\mu(E) = 0$.

(b) Wir setzen $\mu_1 = \mu - cm$ mit $c = \dfrac{1}{2\pi} \int d\mu$. Dann ist (a) auf $\mu_1$ anwendbar: $\mu_1 = 0$.

Aus der Funktionalanalysis verwenden wir den Satz von Hahn-Banach, den Rieszschen Darstellungssatz und folgende einfache Konsequenz aus dem Satz von Hahn-Banach.

**Hilfssatz 3.3.** *Es sei $X$ ein Banach-Raum, $Y$ ein abgeschlossener Teilraum von $X$, und $x_0 \in X$ mit Abstand $d > 0$ von $Y$. Dann gibt es ein lineares Funktional $\varphi \in X^*$ mit*

$$\varphi(x) = 0 \quad (x \in Y) \ , \quad \varphi(x_0) = 1 \ , \quad \|\varphi\| = 1/d \ .$$

Nun sei wieder $B$ eine abgeschlossene Teilalgebra von $C$ mit $A \subset B \subset C$. Ist $\bar{z} \in B$, so ist $B = C$. Wir nehmen $\bar{z} \notin B$ an und zeigen $B = A$. Dazu bilden wir den abgeschlossenen Unterraum von $B$

$$Y = \{zf : f \in B\} \subset B$$

und wenden auf ihn Hilfssatz 3.3 an, wobei $x_0$ die konstante Funktion 1 ist. Es ist $d(1, Y) = 1$: Einmal ist $\|1 - 0\| = 1$, also $d(1, Y) \le 1$; und wäre $\|1 - y\| < 1$ für ein $y \in Y$, so wäre dieses $y = zf$ in $B$ invertierbar. Dann aber wäre $z$ in $B$ invertierbar, folglich $\bar{z} \in B$, gegen die Annahme.

Nach Hilfssatz 3.3 gibt es nun auf $B$ ein lineares Funktional $\varphi$ der Norm 1 mit $\varphi(x) = 0$ für $x \in Y$ und $\varphi(1) = 1$. Dieses $\varphi$ erweitern wir mit dem Satz von Hahn-Banach auf $C$:

$$\varphi \in C^* \ , \quad \|\varphi\| = 1 \ , \quad \varphi(1) = 1 \quad \text{und} \quad \varphi(f) = 0 \quad \text{für alle} \quad f \in Y \ .$$

Nach dem Rieszschen Darstellungssatz gibt es ein zunächst *komplexes* endliches Maß $\mu$ auf $\partial \mathbb{D}$, für das

$$(3.4) \qquad \varphi(f) = \int f d\mu \quad \text{für alle} \quad f \in C$$

gilt. Wir zeigen gleich, daß $\mu$ wegen $\|\varphi\| = 1$ und $\varphi(1) = 1$ sogar ein Wahrscheinlichkeitsmaß ist: $\mu \geq 0$ und $\int d\mu = 1$. Dann aber ist Hilfssatz 3.2 (b) anwendbar: Aus $z, z^2, \ldots \in Y$ folgt $\mu = cm$.

Nun läßt sich zeigen: Aus $f \in B$ folgt $f \in A$. Denn für $n = 1, 2, \ldots$ ist $z^n f \in Y$, folglich

$$0 = \varphi(z^n f) = \int z^n f d\mu = c \int z^n f dm \ .$$

Das Kriterium von Hilfssatz 3.1 zeigt schließlich $f \in A$.

Daß $\mu$ in (3.4) ein Wahrscheinlichkeitsmaß ist, sieht man so.

i) Ist $f \in C, f \geq 0$, so gilt $\varphi(f) \geq 0$. Dazu können wir $0 \leq f \leq 1$ annehmen. Sei $\varphi(f) = a$, $\varphi(1 - f) = \varphi(1) - \varphi(f) = 1 - a$. Wir wählen $\alpha \in \mathbb{C}$, $\beta \in \mathbb{C}$ vom Betrag 1 so, daß $\varphi(\alpha f) = |a|$, $\varphi(\beta(1 - f)) = |1 - a|$, und betrachten $g = \alpha f + \beta(1 - f)$. Wegen $\|g\| \leq 1$ und $\|\varphi\| = 1$ ist $\varphi(g) = |a| + |1 - a| \leq 1$, daher $0 \leq a \leq 1$.

ii) Also ist $\int f d\mu \geq 0$ für $f \in C$, $f \geq 0$. Da diese Funktionen in den nichtnegativen, integrierbaren dicht liegen, gilt $\int f d\mu \geq 0$ für $f \in L(d\mu), f \geq 0$. Setzt man $f = \chi_E$ für eine $\mu$-meßbare Menge $E$, so kommt $\mu(E) \geq 0$; $\mu$ ist ein Wahrscheinlichkeitsmaß.

### D. Verallgemeinerung des Satzes von Wermer

Folgendes Kriterium zeigt, daß es neben $A$ noch weitere maximale Teilalgebren von $C$ gibt.

**Satz 3.1.** *Es sei $D$ eine abgeschlossene Teilalgebra von $C$, welche die Konstanten enthält und außerdem eine Funktion $\Phi$, die den Einheitskreis bijektiv abbildet: $\Phi(z_1) \neq \Phi(z_2)$, wenn $z_1 \neq z_2$, $z_1, z_2 \in \partial \mathbb{D}$. Dann ist $D$ eine maximale abgeschlossene Teilalgebra von $C$, oder $D = C$.*

Ist etwa $\Phi$ eine bijektive Abbildung von $\partial \mathbb{D}$ auf sich, mit $\Phi(z) = z$ auf einem Teilbogen $b \subset \partial \mathbb{D}$, aber $\Phi(z) = z$ nicht auf ganz $\partial \mathbb{D}$, so ist

$$D = \{f \circ \Phi : f \in A\}$$

eine abgeschlossene Teilalgebra von $C$, welche nach dem Satz maximal in $C$ ist. Denn $D \subset C$, weil jede Funktion aus $D$ auf dem Teilbogen $b$ nach $\mathbb{D}$ hinein analytisch fortsetzbar ist. Und $D$ ist von $A$ verschieden, da $\Phi \notin A$.

*Beweis.* Das Bild von $\partial \mathbb{D}_z$ unter der Abbildung $\zeta = \Phi(z)$ ist nach Voraussetzung eine Jordankurve $\Gamma$. Wir bilden $\mathbb{D}_w$ durch $\zeta = h(w)$ konform auf $\text{int } \Gamma$ ab; $h$ hat eine stetige Erweiterung auf $\overline{\mathbb{D}}_w$, die $\partial \mathbb{D}_w$ homöomorph auf $\Gamma$ abbildet.

Zwischen $C_z$, den stetigen Funktionen auf $\partial \mathbb{D}_z$, und $C_w$, den stetigen Funktionen auf $\partial \mathbb{D}_w$, wird nun eine Abbildung $\tau$ hergestellt gemäß

$$(\tau f)(w) = f(\Phi^{-1} \circ h(w)) \quad \text{für jedes} \quad f \in C_z \ .$$

$\tau$ ist eine isometrische und algebra-isomorphe Abbildung von $C_z$ nach $C_w$. Dabei geht $D$ in $\tau D$ über, eine abgeschlossene Teilalgebra von $C_w$. *Diese enthält A.* Denn zunächst ist $\tau\Phi = h \in \tau D$, also sind auch alle Polynome in $h$ in $\tau D$. Nach dem Approximationssatz von Walsh gibt es aber zu $\varepsilon > 0$ ein Polynom $P$ so, daß $|h^{-1}(\zeta) - P(\zeta)| < \varepsilon$ für $\zeta \in \Gamma$; $\zeta = h(w)$ bringt $|w - P(h(w))| < \varepsilon$ für $w \in \partial \mathbb{D}_w$, und folglich ist die Funktion $w \in \tau D$. Daher ist auch $A \subset \tau D$.

Nach dem Satz von Wermer ist nun entweder $\tau D = C_w$, folglich $D = C_z$, oder aber es ist $\tau D$ maximal in $C_w$. Dann ist $D$ maximal in $C_z$.

### E. Maximumprinzip und Regularität

Wir sagen, eine in $\mathbb{D}$ stetige Funktion $F$ genüge dem Maximumprinzip, wenn gilt

$$(3.5) \qquad \max\{|F(z)| : z \in \bar{\mathbb{D}}\} = \max\{|F(z)| : z \in \partial \mathbb{D}\} \ .$$

Mit Hilfe des Satzes von Wermer kann die Frage studiert werden, inwieweit in $\mathbb{D}$ holomorphe Funktionen durch die Eigenschaft (3.5) charakterisiert sind; siehe Rudin [290] und Wermer [356].

**Satz 3.2.** *Es sei M eine Algebra von Funktionen F, die in $\bar{\mathbb{D}}$ stetig sind und (3.5) genügen. M enthalte die Konstanten sowie eine Funktion G, die in $\mathbb{D}$ holomorph und in $\bar{\mathbb{D}}$ bijektiv ist: $G(z_1) \neq G(z_2)$, falls $z_1 \neq z_2$, $z_1, z_2 \in \bar{\mathbb{D}}$. Dann sind alle Funktionen $F \in M$ in $\mathbb{D}$ holomorph.*

Für den Beweis benötigen wir aus der elementaren Theorie der Banach-Algebren

**Hilfssatz 3.4.** *Es sei X eine Banach-Algebra mit Eins e und $\|e\| = 1$, und $\Phi$ sei ein Algebra-Homomorphismus von X nach $\mathbb{C}$: Für $\alpha \in \mathbb{C}$ und $f, g \in X$ gelte*

$$\Phi(\alpha f) = \alpha \Phi(f) \ , \qquad \Phi(f+g) = \Phi(f) + \Phi(g) \ , \qquad \Phi(f \cdot g) = \Phi(f) \cdot \Phi(g) \ .$$

*Ferner sei $\Phi$ nicht überall 0. Dann ist $\Phi$ stetig auf X und $\|\Phi\| = 1$.*

*Beweis.* Aus $\Phi(e \cdot f) = \Phi(e) \cdot \Phi(f)$ entnehmen wir $\Phi(e) = 1$ (sonst $\Phi = 0$), also $\|\Phi\| \geq 1$. Weiter sei $f \in X$ und $\alpha \in \mathbb{C}$ mit $|\alpha| > \|f\|$. Dann ist $\left\|\dfrac{f}{\alpha}\right\| < 1$ und also $e - \dfrac{f}{\alpha}$ und $\alpha e - f$ in $X$ invertierbar. Aus

$$(\alpha e - f) \cdot z = e \quad \text{folgt} \quad \Phi(\alpha e - f) \cdot \Phi(z) = 1 \; ,$$

also ist $\Phi(f) \neq \alpha$. Daher gilt $|\Phi(f)| \leq \|f\|$, für jedes $f \in X$, und folglich ist $\|\Phi\| \leq 1$.

Ist nun $\Phi$ speziell ein Homomorphismus von $C$ nach $\mathbb{C}$, so ist $\Phi(e^{i\varphi}) = z_0 \in \mathbb{C}$ und $\Phi(e^{-i\varphi}) = z_0^{-1}$, ferner $|z_0| = |\Phi(e^{i\varphi})| \leq 1$ und ebenso $|z_0^{-1}| \leq 1$, also $|z_0| = 1$. Daraus folgt

$$\Phi\left(\sum_{-N}^{+N} a_k z^k\right) = \sum_{-N}^{+N} a_k z_0^k \quad \text{für ein} \quad z_0 \in \partial \mathbb{D} \; ,$$

und da diese Laurent-Polynome in $C$ dicht liegen und $\Phi$ auf $C$ stetig ist, gilt demnach

$$(3.6) \qquad\qquad \Phi(f) = f(z_0) \quad \text{für ein} \quad z_0 \in \partial \mathbb{D} \; ,$$

für jeden Algebra-Homomorphismus von $C$ nach $\mathbb{C}$.

*Beweis* von Satz 3.2. Wir können $M$ als abgeschlossen in $C(\bar{\mathbb{D}})$ annehmen. Weiter bezeichne $\tau$ die Einschränkung einer Funktion $F \in C(\bar{\mathbb{D}})$ auf $\partial \mathbb{D}$: $\tau F = f \in C$. Sie bildet $M$ bijektiv auf $\tau M$ ab: Aus $\tau F_1 = \tau F_2$ folgt $F_1 - F_2 = 0$ auf $\partial \mathbb{D}$, wegen (3.5) also $F_1 = F_2$ in $\bar{\mathbb{D}}$. Außerdem ist, wieder wegen (3.5), $\tau$ eine isometrische Abbildung von $M$ nach $\tau M$, so daß $\tau M$ jedenfalls eine abgeschlossene Teilalgebra von $C$ ist.

Wir zeigen $A \subset \tau M$. Dazu betrachten wir die Funktion $w = G(z)$, welche $\mathbb{D}$ konform auf ein Jordangebiet $B_w$ abbildet. Nach dem Satz von Walsh kann die Umkehrfunktion $G^{-1}(w)$ in $\overline{B_w}$ gleichmäßig durch Polynome approximiert werden:

$$\left|G^{-1}(w) - \mathrm{Pol}\,(w)\right| < \varepsilon \qquad (w \in \overline{B_w})$$

oder mit $z = G^{-1}(w)$

$$\left|z - \mathrm{Pol}\,(G(z))\right| < \varepsilon \qquad (z \in \bar{\mathbb{D}}) \; .$$

Auf Grund unserer Annahmen liegen diese Polynome in $G$ in $M$, und da $M$ abgeschlossen ist, liegt $z \in M$ oder auch $z \in \tau M$. Damit ist $A \subset \tau M$ klar.

Jetzt zeigen wir noch $\tau M \subsetneq C$. Dann liefert der Satz von Wermer $\tau M = A$, die Funktionen aus $M$ sind in $D$ holomorph.

Wäre nämlich $\tau M = C$, so wäre jedes $f \in C$ Randfunktion genau eines (wegen (3.5)) $F \in M$. Durch $\Phi(f) = F(0)$ wäre dann ein wohldefinierter Homomorphismus von $C$ nach $\mathbb{C}$ erklärt, der nach (3.6) von der Form $\Phi(f) = f(z_0)$ sein müßte, mit einem von $f$ unabhängigen $z_0 \in \partial \mathbb{D}$. Im Falle $F(z) = z$ ergibt sich ein Widerspruch.

### F. Bemerkungen und Hinweise

1. Ausgangspunkt für den Wermerschen Satz war die in A nach dem Satz genannte Approximationsaussage. Diese stammt für reelles $f$ oder einer Lipschitz-Bedingung genügendes $f$ von Leibenson.

2. Außer den vorgeführten beiden Beweisen und dem ursprünglichen Beweis von Wermer ist noch der von Hoffman und Singer [152] zu erwähnen. Er zeigt Verwandtschaft zu dem von Lumer, benötigt aber weitere Hilfsmittel aus der Theorie der Banach-Algebren.

3. Zum Wermerschen Satz analoge Sätze für andere Funktionenklassen auf $\partial\mathbb{D}$ bewiesen Istrătescu [157] für Lip $\alpha$ und Novinger [243] für $C^{(p)}$. Siehe auch Wang [352].

4. Rudins Arbeit [290] enthält weitergehende und genauere Resultate als Satz 3.2, auch für mehrfach zusammenhängende Gebiete. Auf die Forderung, daß $M$ die Konstanten enthält, kann verzichtet werden.

## §4. Ring-Isomorphismen und konforme Abbildung

### A. Problemstellung und Ergebnis

Im folgenden seien $G$ und $G^*$ zwei Gebiete in $\mathbb{C}_z$ bzw. $\mathbb{C}_w$. Es bezeichne (abweichend von §3) $A$ bzw. $A^*$ den Ring aller in $G$ bzw. $G^*$ holomorphen Funktionen:

$$(f+g)(z)=f(z)+g(z) \ , \qquad (f\cdot g)(z)=f(z)\cdot g(z) \ ,$$

und $\Phi$ sei ein Ring-Isomorphismus zwischen $A$ und $A^*$: Bijektiv und

$$\Phi(f+g)=\Phi(f)+\Phi(g) \ , \qquad \Phi(f\cdot g)=\Phi(f)\cdot\Phi(g) \qquad f,g\in A \ .$$

Solch ein Isomorphismus kann sofort erzeugt werden, *sofern G* eine konforme Abbildung auf $G^*$ zuläßt: $w=\psi(z)$ $(z\in G)$, $z=\varphi(w)$ $(w\in G^*)$. Schreiben wir kurz $f^*=\Phi(f)$, so wird nämlich durch die Vorschrift

$$(4.1) \qquad f^*(w)=f(\varphi(w)) \ , \qquad f(z)=f^*(\psi(z))$$

eine isomorphe Abbildung des Rings $A$ auf den Ring $A^*$ angegeben. Dies gilt auch dann, wenn eine anti-konforme Abbildung vorliegt; dann setzt man eben

$$(4.2) \qquad f^*(w)=\overline{f(\varphi(w))} \ , \qquad f(z)=\overline{f^*(\psi(z))} \ .$$

Das Hauptresultat ist hier, daß damit alle Isomorphismen erfaßt sind; jeder Isomorphismus zwischen $A$ und $A^*$ wird durch eine konforme oder antikonforme Abbildung erzeugt. Oder: Der Ring $A$ charakterisiert $G$ modulo einer konformen (antikonformen) Abbildung.

**Satz von Bers** (1948). *Ist $\Phi$ ein Ring-Isomorphismus von $A$ nach $A^*$, so gibt es entweder eine konforme Abbildung von $G$ auf $G^*$ und es gilt dann (4.1), oder es gibt eine antikonforme Abbildung von $G$ auf $G^*$ und es gilt (4.2).*

## B. Vorbereitungen; die maximalen Hauptideale von A

Elementare Eigenschaften des Isomorphismus $\Phi$ sind

$$\Phi(1)=1 \ , \qquad \Phi(n)=n \ , \qquad \Phi\left(\frac{p}{q}\right)=\frac{p}{q} \quad (p,q\in\mathbb{Z}) \ ,$$

und wegen $i^2+1=0$ gilt jedenfalls $[\Phi(i)]^2+1=0$, also $\Phi(i)=\pm i$. Dabei schreiben wir $c$ für die in $G$ erklärte konstante Funktion $c$, und $c^*$ für ihr Bild $c^*=\Phi(c)$ in $A^*$. Ab jetzt betrachten wir den Fall $\Phi(i)=i$; der Fall $\Phi(i)=-i$ führt auf die antikonforme Abbildung von $G$ nach $G^*$ und auf (4.2). Damit ist $c^*=c$ für alle (komplex-) rationalen Konstanten $c$, aber noch nicht für alle $c\in\mathbb{C}$. Hier ist zu beachten, daß es unstetige Isomorphismen von $\mathbb{C}$ nach $\mathbb{C}$ gibt (Kestelman [180]); da aber $\Phi$ sogar auf $A$ isomorph ist, wird sich jedoch $\Phi(c)=c$ für alle $c\in\mathbb{C}$ erweisen.

Weiter sei $W(f)$ der Wertevorrat von $f$ in $G$ und $W_r(f)$ die Menge der rationalen Punkte in $W(f)$. Es ist $W(f)$ offen genau dann, wenn $f$ nicht konstant ist, und $W_r(f)$ liegt dicht in $W(f)$, wenn $f$ nicht konstant ist.

**Hilfssatz 4.1.** *Es sei $\Phi$ ein Isomorphismus von $A$ nach $A^*$ mit $\Phi(i)=i$.*
(a) *$f$ ist konstant genau dann, wenn $f^*$ konstant ist.*
(b) *Falls $f$ nicht konstant ist, gilt $\overline{W(f)}=\overline{W(f^*)}$.*

*Beweis.* Es sei $\alpha$ rational. Dann ist

$$\alpha\in W(f)\Leftrightarrow f-\alpha \text{ nicht invertierbar in } A$$

$$\Leftrightarrow f^*-\alpha^*=f^*-\alpha \text{ nicht invertierbar in } A^*\Leftrightarrow\alpha\in W(f^*).$$

Daher ist für jedes $f\in A$

$$(4.3)\qquad\qquad\qquad W_r(f)=W_r(f^*) \ .$$

Daraus folgen (a) und (b). – Wir sehen auch, daß eine beschränkte Funktion $f$ in eine beschränkte $f^*$ übergeht; der zu beweisende Satz bringt über (4.3) hinaus sogar $W(f)=W(f^*)$ für alle $f\in A$.

Die entscheidende Idee für den Beweis des Satzes von Bers ist nun, die Punkte von $G$ mit den maximalen Hauptidealen von $A$ in bijektive Beziehung zu setzen. Ein *Hauptideal* $(f)=\{f\cdot g:g\in A\}$ heißt dabei maximal, wenn $(f)$ echte Teilmenge von $A$ ist: $(f)\subsetneq A$, und wenn aus $(f)\subsetneq(g)$ folgt $(g)=A$.
Die Funktion $f$ mit $f(z)=z\,(z\in G)$ bezeichnen wir noch mit $e_z$; analog wird $e_w$ eingeführt.

**Satz 4.1.** (a) *Ist $\zeta \in G$, so ist $(e_z - \zeta)$ ein maximales Hauptideal in A.*

(b) *Ist I ein maximales Hauptideal in A, so ist $I = (e_z - \zeta)$ für ein eindeutig bestimmtes $\zeta \in G$.*

*Beweis.* (a) Wir betrachten ein Hauptideal $(e_z - \zeta)$, und nehmen an $(e_z - \zeta) \subsetneq (g)$. Dann ist $g$ nullstellenfrei in $G$: Andernfalls wäre $g(\eta) = 0$ für ein $\eta \in G$, also $(e_z - \zeta)(\eta) = 0$, folglich $\zeta = \eta$. Dann aber hätte jede Funktion in $(g)$ den Faktor $e_z - \zeta$, also $(g) \subset (e_z - \zeta)$, folglich $(g) = (e_z - \zeta)$; Widerspruch. Da $g(z) \neq 0$ ist für $z \in G$, ist $g$ in $A$ invertierbar, daher $(g) = A$. Daher ist $(e_z - \zeta)$ maximales Hauptideal.

(b) Umgekehrt sei $(f)$ ein maximales Hauptideal. Dann ist $f(\zeta) = 0$ für mindestens ein $\zeta \in G$. Damit ist $(f) \subset (e_z - \zeta) \subsetneq A$, und da $(f)$ maximal sein sollte, muß $(f) = (e_z - \zeta)$ sein.

Es ist klar, daß aus $(e_z - \zeta) = (e_z - \eta)$ folgt $\zeta = \eta$. Dies beweist Satz 4.1.

Man sieht leicht, daß die Ideale $(e_z - \zeta)$ alle *maximal* in $A$ sind. Aber es gibt noch weitere maximale Ideale: Ist etwa $z_n \to \partial G$ und $J = \{f \in A : f(z_n) = 0$ unendlich oft$\}$, so ist $J$ in einem maximalen Ideal $I$ enthalten. Wäre $I = (e_z - \zeta)$, so müßten alle $f \in J$ an $z = \zeta$ verschwinden. – Für die Herstellung einer Zuordnung der Punkte von $G$ zum Ring $A$ sind also die maximalen *Haupt*ideale gerade die richtigen.

### C. Isomorphismen von A nach A*

Nun kommen wir zu unserer Frage nach der Charakterisierung der Isomorphismen von $A$ nach $A^*$ zurück.

**Satz 4.2.** *Die Gebiete $G, G^*$ liegen in $\mathbb{C}$, und $\Phi$ sei ein Isomorphismus von $A$ nach $A^*$ mit $\Phi(i) = i$.*

(a) *Dann gibt es eine bijektive Abbildung $z = \varphi(w)$, $w = \psi(z)$ von $G$ nach $G^*$, für die gilt*

$$(4.4) \qquad f^*(\psi(z)) = (f(z))^* \quad \text{für alle} \quad f \in A \quad \text{und alle} \quad z \in G .$$

(b) *Gilt $c^* = c$ für alle komplexen Zahlen, dann liefert $\psi$ eine konforme Abbildung von $G$ nach $G^*$, und es gilt (4.1), das heißt $\Phi$ wird durch $\varphi$ erzeugt.*

*Beweis.* (a) $\Phi$ bildet die maximalen Hauptideale von $A$ auf die von $A^*$ bijektiv ab:

$$I_z = (e_z - z) \overset{\Phi}{\to} I_w = (e_w - w)$$

für ein gewisses $w \in G^*$, das $w = \psi(z)$ heiße. Dabei $z = \varphi(w) = \psi^{-1}(w)$. Für beliebige $z \in G$, $f \in A$ ist nun $f - f(z) \in I_z$, also $f^* - (f(z))^* \in I_w$, folglich $f^*(w) - (f(z))^* = 0$, und es gilt (4.4).

**(b)** In diesem Fall wird aus (4.4)

$$f^*(\psi(z)) = f(z) \quad \text{für alle} \quad f \in A \quad \text{und alle} \quad z \in G \ .$$

Nun wählt man $f$ so, daß $f^* = e_w$ ist, und erhält $\psi(z) = f(z)$ für dieses gewisse $f \in A$ und alle $z \in G$. Die bijektive Abbildung $\psi$ wird also durch eine holomorphe Funktion gegeben, $\psi$ bildet $G$ konform auf $G^*$ ab.

## D. Wann ist $c^* = c$ ?

Mit Satz 4.2 (b) ist der Satz von Bers bewiesen, wenn noch $c^* = c$ für alle $c \in \mathbb{C}$ nachgewiesen wird. *Dies ist für alle in $\mathbb{C}$ gelegenen Gebiete $G$, $G^*$ der Fall.* Zwecks Einfachheit der Darstellung beschränken wir uns auf zwei wichtige Sonderfälle; der allgemeine Fall wird bei Bers ([29], S. 313/314) behandelt.

*Fall 1.* Es gibt eine nicht konstante, in $G$ beschränkte Funktion $h \in A$. Dies ist z. B. dann der Fall, wenn $G$ selbst beschränkt ist, oder wenn in $\mathbb{C} \setminus G$ ein Kontinuum liegt (Riemannscher Abbildungssatz).

Wir können annehmen, daß $h(\zeta) = 0$ für ein $\zeta \in G$, und betrachten die Funktionen

$$f_n = c + \frac{h}{n} \quad (n = 1, 2, \ldots) \ ,$$

so daß $c \in W(f_n)$. In $A^*$ gilt $f_n^* = c^* + \dfrac{h^*}{n}$ für ein gewisses nicht konstantes $h^* \in A^*$, welches ebenfalls beschränkt ist. Mit Hilfssatz 4.1 folgt nun

$$c \in W(f_n) \subset \overline{W(f_n)} = \overline{W(f_n^*)} \quad (n \in \mathbb{N}) \ ,$$

also $c \in \bigcap \overline{W(f_n^*)}$. Da $h^*$ in $G^*$ beschränkt ist, liegt $W(f_n^*)$ in beliebiger Nähe von $c^*$ für große $n$. Daher muß $c = c^*$ sein.

*Fall 2.* Es ist $G = G^* = \mathbb{C}$. Zunächst zeigen wir, daß aus $c_n \to \infty$ folgt $c_n^* \to \infty$. Dazu wählen wir in (4.4) eine Funktion $f = g$ mit $g(c_n) = n$ $(n = 1, 2, \ldots)$, und setzen dann $z = c_n$ ein. Dies zeigt, daß jedenfalls $\psi(c_n) \to \infty$ $(n \to \infty)$.

Sodann wählen wir $f = e_z$ in (4.4): $e_z^*(\psi(z)) = z^*$ $(z \in \mathbb{C})$ oder $e_z^*(w) = (\varphi(w))^*$, gültig für alle $w \in \mathbb{C}$. Rechts steht eine bijektive Abbildung von $\mathbb{C}$ nach $\mathbb{C}$, links eine ganze Funktion. Daher ist $e_z^*(w) = aw + b$ mit $a \neq 0$, und also $z^* = e_z^*(\psi(z)) = a\psi(z) + b$ für alle $z \in \mathbb{C}$. Setzt man $z = c_n$ ein, so kommt $c_n^* \to \infty$.

Schließlich sei $c$ nicht rational, aber $c_n$ rational mit $c_n \to c$. Aus $\dfrac{1}{c_n - c} \to \infty$ folgt $\dfrac{1}{c_n^* - c^*} \to \infty$, und da $c_n^* = c_n$ ist, folgt $c^* = c$.

Der Satz von Bers besagt im Fall $G=G^*=\mathbb{C}$, daß jeder Automorphismus $\Phi$ im Ring aller ganzen Funktionen von der Form $f^*=\Phi(f)$ ist mit $f^*(w)=f(aw+b)$, $a\neq0$. Die Menge aller Polynome wird dabei auf sich abgebildet, ebenso die Menge aller ganzen Funktionen vom Exponentialtyp, etc.

### E. Bemerkungen und Hinweise

1. Der Satz von Bers war nicht der erste seiner Art. Schon 1942 hatten Chevalley und Kakutani die entsprechende Frage für den kleineren Ring $B$ aller *beschränkten* holomorphen Funktionen in $G$ untersucht. Das Problem, die konforme Äquivalenz zweier Gebiete $G$, $G^*$ durch einen Isomorphismus ihrer Ringe $B$, $B^*$ zu charakterisieren, ist jetzt schwieriger, wie schon das Beispiel $G=\mathbb{D}$, $G^*=\mathbb{D}\setminus\{0\}$ zeigt. Hier ist $B^*=B$, aber $G$ ist nicht auf $G^*$ konform abbildbar. Von den Gebieten $G, G^*$ muß verlangt werden, daß sie *maximal* sind. Vollständige Behandlung bei Rudin [291].

2. Da konform äquivalente Gebiete $G, G^*$ isomorphe Ringe $A, A^*$ haben, müssen konforme Invarianten von $G$ im Prinzip in $A$ „ablesbar" sein. Für den Fall des Moduls eines Ringgebiets haben dies Beck [23] und Richards [280] gemacht; siehe auch Burckel [42], S. 349.

3. Wie erwähnt, gibt es unstetige Automorphismen von $\mathbb{C}$. Diese können auf den Ring aller Polynome über $\mathbb{C}$ erweitert werden. Da aber ein Automorphismus des Rings aller ganzen Funktionen die Konstanten festhält, kann man fragen, welches der kleinste Ring mit dieser Eigenschaft ist.

4. Verwandte Literatur zum Thema von §4: Burckel-Saeki [43], Heins [141], S. 200ff. und S. 389ff., Iss'sa [156a], Kakutani [175], Lewis [198], Nagasawa [235], Nakai [236] [237], Pursell [270]. Bei Burckel-Saeki wird ein allgemeiner Satz bewiesen, der den Satz von Bers und die Charakterisierung von Ring-Derivationen (Becker [24]) als Spezialfälle enthält.

# Literatur zu Anhang I und Anhang II

Mit MR, Zbl, JB weisen wir auf die Referate in den Mathematical Reviews, im Zentralblatt für Mathematik oder im Jahrbuch über die Fortschritte der Mathematik hin. Stets sind die *Seitenzahlen* angegeben.

Die Angabe I: 5 besagt, daß die betreffende Arbeit im Anhang I in § 5 zitiert ist.


[1] AGMON, S.: Sur les séries de Dirichlet. Ann. Sci. École Norm. Sup. (3) **66** (1949), 263–310. MR **11**, 427. I: 18, 19, 20

[2] AGNEW, R. P.: Abel transforms and partial sums of Tauberian series. Ann. of Math. (2) **50** (1949), 110–117. MR **10**, 291. I: 8

[3] – Tauberian relations among partial sums, Riesz transforms, and Abel transforms of series. J. Reine Angew. Math. **193** (1954), 94–118. MR **16**, 237. I: 8

[4] – Partial sums and transforms of Tauberian series. Ann. of Math. (2) **71** (1960), 395–407. MR **22**, 478. I: 8

[5] AHLFORS, L. V.: An extension of Schwarz's lemma. Trans. Amer. Math. Soc. **43** (1938), 359–364. Zbl **18**, 410. I: 24

[6] – Conformal invariants: topics in geometric function theory. McGraw-Hill Series in Higher Mathematics. McGraw-Hill Book Co., New York Düsseldorf Johannesburg, 1973.MR **50**, 1404. I: 21, 24, 25, 26. II: 1

[7] –; GRUNSKY, H.: Über die Blochsche Konstante. Math. Z. **42** (1937), 671–673. Zbl **16**, 309. I: 24

[8] ALPÁR, L.: Remarque sur la sommabilité des séries de Taylor sur leurs cercles de convergence. III. Magyar Tud. Akad. Mat. Kutató Int. Közl. **5** (1960), 97–152. MR **24A**, 399. I: 3

[9] – Sur certaines transformées des séries de puissance absolument convergentes sur la frontière de leur cercle de convergence. Magyar Tud. Akad. Mat. Kutató Int. Közl. **7** (1962), 287–316. MR **27**, 507. I: 3

[10] – Uniform convergence and the modulus of continuity (Ungarisch). Mat. Lapok **22** (1971), 235–247 (1972). MR **51**, 120. I: 3

[11] – Convergence uniforme et changement de variable. Studia Sci. Math. Hungar. **9** (1974), 267–275 (1975). MR **53**, 876. I: 3

[12] AL'PER, S. YA.: On uniform approximations of functions of a complex variable in a closed region (Russisch). Izv. Akad. Nauk SSSR Ser. Mat. **19** (1955), 423–444. MR **17**, 729. I: 1

[12a] ANDERSON, J. M.; CLUNIE, J.: Isomorphisms of the disc algebra and inverse Faber sets. Math. Z. **188** (1985), 545–558. MR **86d**, 1486. I: 1

[13] –; –; POMMERENKE, CH.: On Bloch functions and normal functions. J. Reine Angew. Math. **270** (1974), 12–37. MR **50**, 1859. I: 24

[14] ARGIROVA, T.: A covering theorem for quasiconformal mappings on the plane and in space (Russisch). Uspehi Mat. Nauk **20** (1965), 181–184. MR **31**, 63. I: 28

[15] BAERNSTEIN, A., II: Bieberbach's conjecture for tourists. Harmonic analysis (Minneapolis, Minn., 1981), 48–73. Lecture Notes in Mathematics, Vol. 908. Springer, Berlin Heidelberg New York, 1982. MR **83k**, 4492. I: 27

[15a] BAERNSTEIN, A., II; SCHOBER, G.: Estimates for inverse coefficients of univalent functions from integral means. Israel J. Math. **36** (1980), 75–82. MR **82a**, 102. I: 27

[16] BAGEMIHL, F.: Concerning non-continuable, transcendentally transcendental power series. Proc. Nat. Acad. Sci. U.S.A. **37** (1951), 211–213. MR **13**, 221. I: 20

[17] – On power series, area, and length. Michigan Math. J. **4** (1957), 281–283. MR **20**, 663. I: 13

[18] –; PIRANIAN, G.: Absolutely convergent power series. Ann. Univ. Sci. Budapest. Eötvös Sect. Math. **3-4** (1960/61), 27–34. MR **24A**, 609. I: 14

[19] BAŞGÖZE, T.; FRANK, J. L.; KEOGH, F. R.: On convex univalent functions. Canad. J. Math. **22** (1970), 123–127. MR **41**, 364. I: 1

[20] BASU, S. K.: On the total relative strength of the Hölder and Cesàro methods. Proc. London Math. Soc. (2) **50** (1949), 447–462. MR **10**, 368. I: 6

[21] – A note on the oscillation of the Cesàro and Hölder means of a sequence and a function. Bull. Calcutta Math. Soc. **44** (1952), 45–50. MR **14**, 634. I: 6

[22] BEAR, H. S.: A new look at the three circles theorem. Amer. Math. Monthly **81** (1974), 487–490. MR **49**, 1692. I: 21

[23] BECK, A.: On rings on rings. Proc. Amer. Math. Soc. **15** (1964), 350–353. MR **29**, 265. II: 4

[24] BECKER, J.: A note on derivations of algebras of analytic functions. J. Reine Angew. Math. **297** (1978), 211–213. MR **57**, 858. II: 4

[24a] BELLER, E.; HUMMEL, J. A.: On the univalent Bloch constant. Complex Variables Theory Appl. **4** (1985), 243–252. Zbl **568**, 100. I: 28

[25] –; NEWMAN, D. J.: An $l_1$ extremal problem for polynomials. Proc. Amer. Math. Soc. **29**, (1971), 474–481. MR **43**, 1166. I: 2

[26] BERG, L.: Über Potenzreihenteilsummen beschränkter Funktionen. Math. Nachr. **11** (1954), 213–218. MR **16**, 24. I: 3

[27] BERNARDI, S. D.: Bibliography of Schlicht Functions. Courant Institute of Math. Sciences, New York Univ., 1966; Part II, ibid., 1977. (Reprinted by Mariner Publishing Co.: Tampa, Florida, 1983; Part III added.) I: 27

[28] BERNSTEIN, V.: Leçons sur les progrès récents de la théorie des séries de Dirichlet. Gauthier-Villars, Paris, 1933. Zbl **8**, 115. I: 19

[29] BERS, L.: On rings of analytic functions. Bull. Amer. Math. Soc. **54** (1948), 311–315. MR **9**, 575. II: 4

[30] BIEBERBACH, L.: Über die Koeffizienten derjenigen Potenzreihen, welche eine schlichte Abbildung des Einheitskreises vermitteln. Sitz.-Ber. Preuss. Akad. Wiss. Berlin, Phys.-Math. Kl. **1916**, 940–955. JB **46**, 552. I: 27

[31] – Analytische Fortsetzung. Ergebnisse der Mathematik und ihrer Grenzgebiete (N.F.), Heft 3. Springer, Berlin Göttingen Heidelberg, 1955. MR **16**, 913. I: 17, 19, 20. II: 2

[32] BIGGERI, C.: Sulle singolarità delle funzioni analitiche. Boll. Un. Mat. Ital. **15** (1936), 209–214. Zbl **16**, 64. I: 17

[33] BINDER, CH.: Alfred Tauber (1866–1942). Ein österreichischer Mathematiker. Jahrb. Überblicke Math. 1984, Math. Surv. **17** (1984), 151–166. Zbl **544**, 12. I: 8

[34] BINMORE, K. G.: Analytic functions with Hadamard gaps. Bull. London Math. Soc. **1** (1969), 211–217. MR **39**, 1053. II: 1

[35] – On Turan's lemma. Bull. London Math. Soc. **3** (1971), 313–317. MR **44**, 992. II: 2

[36] BLATT, H.-P.; SAFF, E. B.: Behavior of zeros of polynomials of near best approximation. J. Approx. Theory **46** (1986), 323–344. I: 22

[37] BLEVINS, D. K.: Conformal mappings of domains bounded by quasiconformal circles. Duke Math. J. **40** (1973), 877–883. MR **48**, 751. I: 27, 28

[38] BOAS, R. P., Jr.: Entire functions. Academic Press, New York, 1954. MR **16**, 914. I: 17, 19

[39] BOSANQUET, L. S.; CARTWRIGHT, M. L.: Some Tauberian theorems. Math. Z. **37** (1933), 416–423. Zbl **7**, 345. II: 1

[40] BOURION, G.: L'ultraconvergence dans les séries de Taylor. Actualités scient. et industr. Nr. 472. Hermann & Cie., Paris, 1937. Zbl **17**, 313. I: 19, 22

[41] DEBRANGES, L.: A proof of the Bieberbach conjecture. Acta Math. **154** (1985), 137–152. Zbl **573**, 104. I: 27

[42] BURCKEL, R. B.: An introduction to classical complex analysis. Vol. 1. Pure and Applied Mathematics, 82. Academic Press, New York, 1979. MR **81d**, 1313. I: 21, 25. II: 4

[43] –; SAEKI, S.: Additive mappings on rings of holomorphic functions. Proc. Amer. Math. Soc. **89** (1983), 79–85. MR **84i**, 3591. II: 4

[44] CARATHÉODORY, C.: Funktionentheorie. Band II. Birkhäuser Verlag, Basel, 1950. MR **12**, 248. I: 25

[45] CARGO, G. T.: Radial and angular limits of meromorphic functions. Canad. J. Math. **15** (1963), 471–474. MR **27**, 65. I: 5

[46] CARLSON, F.: Sur le module maximum d'une fonction analytique uniforme. I. Ark. Mat. Astron. Fys. **26A** (1938), 1–13. Zbl **19**, 221. I: 21

[47] CHOW, H. C.: A note on the summability of a power series on its circle of convergence. J. London Math. Soc. **26** (1951), 290–294. MR **13**, 739. I: 13

[48] – On the summability of a power series. Quart. J. Math., Oxford Ser. (2) **4** (1953), 152–160. MR **15**, 26. I: 18

[49] CIMA, J. A.: The basic properties of Bloch functions. Internat. J. Math. Math. Sci. **2** (1979), 369–413. MR **80k**, 4295. I: 24

[50] CLAUS, H.: Neue Bedingungen für die Nichtfortsetzbarkeit von Potenzreihen. Math. Z. **49** (1943), 161–191. MR **5**, 176. I: 19

[51] CLUNIE, J.: On meromorphic schlicht functions. J. London Math. Soc. **34** (1959), 215–216. MR **21**, 1064. I: 27

[52] –; KEOGH, F. R.: Addendum to a note on schlicht functions. J. London Math. Soc. **39** (1964), 63–64. MR **28**, 797. I: 13

[53] COHEN, P. J.: A note on constructive methods in Banach algebras. Proc. Amer. Math. Soc. **12** (1961), 159–163. MR **23A**, 337. II: 3

[54] COLLINGWOOD, E. F.; LOHWATER, A. J.: The theory of cluster sets. Cambridge Tracts in Mathematics and Mathematical Physics, No. 56. Cambridge University Press, Cambridge, 1966. MR **38**, 62. I: 5

[55] CONWAY, J. B.: Functions of one complex variable. Second edition. Graduate Texts in Mathematics, 11. Springer, New York Berlin Heidelberg, 1978. MR **80c**, 979. I: 21, 24

[56] DAVYDOV, N. A.: A generalization of Abel's second theorem (Russisch). Uspehi Mat. Nauk (N.S.) **10** (1955), 135–138. MR **17**, 29. II: 1

[57] DELANGE, H.: Sur la réciproque du théorème d'Abel sur les séries entières. C. R. Acad. Sci. Paris **224** (1947), 436–438. MR **8**, 457. I: 8, 10

[58] – The converse of Abel's theorem on power series. Ann. of Math. (2) **50** (1949), 94–109. MR **10**, 368. I: 8, 10

[59] – Encore une nouvelle démonstration du théorème taubérien de Littlewood. Bull. Sci. Math. (2) **76** (1952), 179–189. MR **14**, 634. II: 1

[60] – Sur un théorème de Pólya. Bull. Sci. Math. (2) **77** (1953), 56–62. MR **15**, 113. I: 19

[61] – Sur certaines intégrales de Laplace. Bull. Sci. Math. (2) **77** (1953), 141–168. MR **15**, 620. I: 19

[62] DENJOY, A.: Représentation conforme des aires limitées par des continus cycliques. C. R. Acad. Sci. Paris **213** (1941), 975–977. MR **5**, 115. I: 13

[63] – Les continus cycliques et la représentation conforme. Bull. Soc. Math. France **70** (1942), 97–124. MR **6**, 207. I: 13

[64] DINCEN, B. L.: The deviation of analytic functions from the mean arithmetic partial sums of the Faber series (Russisch). Dokl. Akad. Nauk SSSR **157** (1964), 250–253. MR **29**, 698. I: 1

[65] DINGHAS, A.: Vorlesungen über Funktionentheorie. Die Grundlehren der mathematischen Wissenschaften, Band 110. Springer, Berlin Göttingen Heidelberg, 1961. MR **31**, 643. I: 21, 24. II: 2

[66] DOSS, S.: Sur le comportement asymptotique des zéros de certaines fonctions d'approximation. Ann. Sci. École Norm. Sup. (3) **64** (1947), 139–178 (1948). MR **9**, 422. I: 22

[67] – Sur le comportement asymptotique des zéros de certaines fonctions d'approximation des séries de Dirichlet. Bull. Sci. Math. (2) **71** (1947), 165–179. MR **10**, 27. I: 22

[68] DUREN, P. L.: Theory of $H^p$ spaces. Pure and Applied Mathematics, Vol. 38. Academic Press, New York London, 1970. MR **42**, 640. I: 2, 5, 23

[69] – Univalent functions. Grundlehren der mathematischen Wissenschaften, Band 259. Springer, New York Berlin Heidelberg Tokyo, 1983. MR **85j**, 4388. I: 13, 27, 28

[70] DVORETZKY, A.: Sur les changements de signe des coefficients des séries de Dirichlet. C. R. Acad. Sci. Paris **221** (1945), 687–689. MR **8**, 20. I: 20

[71] – On the theorem of Jentzsch. Proc. Nat. Acad. Sci. U.S.A. **35** (1949), 246–252. MR **10**, 696. I: 22

[72] – On sections of power series. Ann. of Math. (2) **51** (1950), 643–696. MR **11**, 718. I: 22

[73] –; ERDÖS, P.: On power series diverging everywhere on the circle of convergence. Michigan Math. J. **3** (1955), 31–35. MR **17**, 138. I: 15

[74] EDREI, A.; SAFF, E. B.; VARGA, R. S.: Zeros of sections of power series. Lecture Notes in Mathematics, Vol. 1002. Springer, Berlin Heidelberg New York Tokyo, 1983. MR **85g**, 2876. I: 22

[75] EGERVÁRY, E.: Über gewisse Extremumprobleme der Funktionentheorie. Math. Ann. **99** (1928), 542–561. JB **54**, 332. I: 2, 4

[76] ERDÖS, P.: Note on the converse of Fabry's gap theorem. Trans. Amer. Math. Soc. **57** (1945), 102–104. MR **6**, 148. II: 2

[77] – On the uniform but not absolute convergence of power series with gaps. Ann. Soc. Polon. Math. **25** (1952), 162–168 (1953). MR **15**, 417. I: 14

[78] –; HERZOG, F.; PIRANIAN, G.: Schlicht Taylor series whose convergence on the unit circle is uniform but not absolute. Pacific J. Math. **1** (1951), 75–82. MR **13**, 335. I: 14

[79] –; –; –: On Taylor series of functions regular in Gaier regions. Arch. Math. **5** (1954), 39–52. MR **15**, 946. I: 12

[80] –; TURÁN, P.: On the distribution of roots of polynomials. Ann. of Math. (2) **51** (1950), 105–119. MR **11**, 431. I: 22

[81] ESTERMANN, T.: Notes on Landau's proof of Picard's "great" theorem. Studies in Pure Mathematics (Presented to Richard Rado), 101–106. L. MIRSKY, ed. Academic Press, London, 1971. MR **44**, 347. I: 26

[82] EVANS, A.: The application of complex variable methods to Tauberian theorems. J. London Math. Soc. **28** (1953), 94–102. MR **14**, 551. I: 8. II: 1

[83] FEJÉR, L.: Über die Konvergenz der Potenzreihe an der Konvergenzgrenze in Fällen der konformen Abbildung auf die schlichte Ebene. Schwarz-Festschr. (1914), 42–53. JB **45**, 670. I: 13

[84] – Über gewisse Minimumprobleme der Funktionentheorie. Math. Ann. **97** (1926), 104–123. JB **52**, 310. I: 13

[85] – Über die Koeffizientensumme einer beschränkten und schlichten Potenzreihe. Acta Math. **49** (1926), 183–190. JB **52**, 311. I: 13

[86] FITZGERALD, C. H.; POMMERENKE, CH.: The de Branges theorem on univalent functions. Trans. Amer. Math. Soc. **290** (1985), 683–690. Zbl **574**, 122. I: 27

[86a] FOMENKO, O. M.; KUZ'MINA, G. V.: The last 100 days of the Bieberbach conjecture. Math. Intelligencer **8** (1986), 40–47. I: 27

[87] FREUD, G.: Restglied eines Tauberschen Satzes. I. Acta Math. Acad. Sci. Hungar. **2** (1951), 299–308. MR **14**, 361. I: 8

[88] – Restglied eines Tauberschen Satzes. II. Acta Math. Acad. Sci. Hungar. **3** (1952), 299–307 (1953). MR **14**, 958. I: 8

[89] FUCHS, W. H. J.: A theorem on power series whose coefficients have given signs. Proc. Amer. Math. Soc. **8** (1957), 443–449. MR **19**, 128. I: 20

[90] – On the zeros of power series with Hadamard gaps. Nagoya Math. J. **29** (1967), 167–174. MR **35**, 333. II: 1

[91] GAIER, D.: Über die Summierbarkeit beschränkter und stetiger Potenzreihen an der Konvergenzgrenze. Math. Z. **56** (1952), 326–334. MR **14**, 369. I: 3, 5

[92] – Schlichte Potenzreihen, die auf $|z| = 1$ gleichmäßig, aber nicht absolut konvergieren. Math. Z. **57** (1953), 349–350. MR **14**, 737. I: 14

[93] – Schlichte Potenzreihen an der Konvergenzgrenze. Math. Z. **58** (1953), 456–458. MR **15**, 113. I: 14

[94] – Complex Tauberian theorems for power series. Trans. Amer. Math. Soc. **75** (1953), 48–68. MR **15**, 113. I: 12, 18

[95] – Eine Bemerkung zum unstetigen Abel-Verfahren. Arch. Math. **8** (1957), 286–289. MR **19**, 1048. I: 8

[96] – On the coefficients and the growth of gap power series. SIAM J. Numer. Anal. **3** (1966), 248–265. MR **34**, 821. II: 1

[97] – Complex variable proofs of Tauberian theorems. Matscience Report, No. 56. Institute of Mathematical Sciences, Madras, 1967. MR **57**, 912. II: 1

[98] – Bemerkungen zum Turánschen Lemma. Abh. Math. Sem. Univ. Hamburg **35** (1970), 1–7. MR **43**, 414. II: 2

[99] – Approximation durch Fejér-Mittel in der Klasse A. Mitt. Math. Sem. Gießen Heft **123** (1977), 1–6. MR **56**, 1633. I: 1

[100] – Vorlesungen über Approximation im Komplexen. Birkhäuser Verlag, Basel Boston, Mass., 1980. MR **82i**, 3769. I: 1, 5

[101] – Gap theorems for logarithmic summability. Analysis **1** (1981), 9–24. MR **83a**, 164. II: 1

[102] GANELIUS, T.: Sequences of analytic functions and their zeros. Ark. Mat. **3** (1954), 1–50. MR **16**, 23. I: 22

[103] – The zeros of the partial sums of power series. Duke Math. J. **30** (1963), 533–540. MR **28**, 48. I: 22

[104] GANELIUS, T. H.: Tauberian remainder theorems. Lecture Notes in Mathematics, Vol. 232. Springer, Berlin Heidelberg New York, 1971. MR **58**, 2647. I: 8, 18

[105] GARNETT, J. B.: Bounded analytic functions. Pure and Applied Mathematics, Band 96. Academic Press, New York London, 1981. MR **83g**, 2768. I: 5, 23

[106] GARTEN, V.: Über den Vergleich der Cesàroschen und Hölderschen Mittelbildungen. Math. Z. **47** (1940), 111–124. MR **3**, 296. I: 6

[107] –; KNOPP, K.: Ungleichungen zwischen Mittelwerten von Zahlenfolgen und Funktionen. Math. Z. **42** (1937), 365–388. Zbl **16**, 20. I: 6

[108] GEHRING, F. W.: On the radial order of subharmonic functions. J. Math. Soc. Japan **9** (1957), 77–79. MR **19**, 131. I: 13

[109] GNUSCHKE, D.; POMMERENKE, CH.: On the absolute convergence of power series with Hadamard gaps. Bull. London Math. Soc. **15** (1983), 507–512. MR **85a**, 78. II: 1

[110] – On annular functions with Hadamard gaps. Complex Variables Theory Appl. **3** (1984), 125–134. MR **85f**, 2353. I: 19

[111] GOLUSIN, G.: On the problem of Carathéodory-Fejér and similar problems (Russisch). Rec. Math. [Mat. Sbornik] N.S. **18(60)** (1946), 213–226. MR **8**, 22. I: 2

[112]   – Estimates for analytic functions with bounded mean of the modulus (Russisch). Trav. Inst. Math. Stekloff **18** (1946). MR **8**, 573. I: 2, 4

[113]   GOLUSIN, G. M.: Geometrische Funktionentheorie. Hochschulbücher für Mathematik, Bd. 31. VEB Deutscher Verlag der Wissenschaften, Berlin, 1957. MR **19**, 735. I: 21, 24, 27, 28

[114]   GOODMAN, R. E.: On the Bloch-Landau constant for schlicht functions. Bull. Amer. Math. Soc. **51** (1945), 234–239. MR **6**, 262. I: 28

[115]   GRAD, A.: The region of values of the derivative of a schlicht function. Proc. Nat. Acad. Sci. U.S.A. **36** (1950), 198–202. MR **11**, 508. I: 27

[116]   GRÖTZSCH, H.: Über die Verschiebung bei schlichter konformer Abbildung schlichter Bereiche. Ber. Verh. Sächs. Akad. Wiss. Leipzig, Math.-Phys. Kl. **83** (1931), 254–279. JB **57**, 402. I: 28

[117]   – Über die Verschiebung bei schlichter konformer Abbildung schlichter Bereiche. II. Ber. Verh. Sächs. Akad. Wiss. Leipzig, Math.-Phys. Kl. **84** (1932), 269–278. JB **58**, 365. I: 28

[118]   – Verallgemeinerung eines Bieberbachschen Satzes. Jahresber. Deutsch. Math.-Verein. **43** (1933), 143–145. Zbl **8**, 120. I: 27

[119]   GRUNSKY, H.: Neue Abschätzungen zur konformen Abbildung ein- und mehrfach zusammenhängender Bereiche. Schr. Math. Semin. u. Inst. Angew. Math. Univ. Berlin **1** (1932), 95–140. Zbl **5**, 362. I: 28

[120]   – Über Tschebyscheffsche Probleme. Proceedings of the International Congress of Mathematicians, Cambridge, Mass., 1950, vol. 2, 241–246. Amer. Math. Soc., Providence, R.I., 1952. MR **13**, 454. I: 21

[121]   GUTLYANSKII, V. YA.; SHCHEPETEV, V. A.: Sharp estimates for the modulus of a univalent analytic function with quasiconformal extension (Russisch). Mat. Zametki **33** (1983), 179–186. Übersetzung: Math. Notes **33** (1983), 90–94. MR **84m**, 4962. I: 28

[122]   HADWIGER, H.: Über ein Distanztheorem bei der A-Limitierung. Comment. Math. Helv. **16** (1944), 209–214. MR **5**, 236. I: 8

[123]   – Die Retardierungserscheinung bei Potenzreihen und Ermittlung zweier Konstanten Tauberscher Art. Comment. Math. Helv. **20** (1947), 319–332. MR **9**, 86. I: 8

[124]   HALÁSZ, G.: On the behaviour of Taylor series under conformal mappings of the circle of convergence. Studia Sci. Math. Hungar. **1** (1966), 389–401. MR **34**, 1101. I: 3

[125]   – Remarks to a paper of D. Gaier on gap theorems. Acta Sci. Math. (Szeged) **28** (1967), 311–322. MR **36**, 833. II: 1

[126]   – Tauberian theorems for univalent functions. Studia Sci. Math. Hungar. **4** (1969), 421–440. MR **40**, 1067. I: 13

[127]   – On Taylor series absolutely convergent on the circumference of the circle of convergence. III. Acta Math. Acad. Sci. Hungar. **25** (1974), 81–87. MR **50**, 1848. I: 3

[128]   HARDY, G. H.: The mean value of the modulus of an analytic function. Proc. London Math. Soc. (2) **14** (1915), 269–277. JB **45**, 1331. I: 23

[129]   – Divergent Series. Oxford, Clarendon Press, 1949. MR **11**, 25. I: 6, 8, 10

[130]   –; LITTLEWOOD, J. E.: Abel's theorem and its converse. II. Proc. London Math. Soc. (2) **22** (1923), 254–269. JB **49**, 227. I: 9

[131]   –; –: A convergence criterion for Fourier series. Math. Z. **28** (1928), 612–634. JB **54**, 301. II: 1

[132]   HARTMAN, P.: Tauber's theorem and absolute constants. Amer. J. Math. **69** (1947), 599–606. MR **9**, 86. I: 8

[133]   HAUSDORFF, F.: Zur Verteilung der fortsetzbaren Potenzreihen. Math. Z. **4** (1919), 98–103. JB **47**, 277. I: 20

[134]   HAVINSON, S. YA.: An estimate of Taylor sums of bounded analytic functions in a circle (Russisch). Doklady Akad. Nauk SSSR (N.S.) **80** (1951), 333–336. MR **13**, 335. I: 2

[135] HAYMAN, W. K.: Multivalent functions. Cambridge Tracts in Mathematics and Mathematical Physics, No. 48. Cambridge University Press, Cambridge, 1958. MR **21**, 1349. I: 27, 28

[136] – Meromorphic functions. Oxford Mathematical Monographs. ClarendonPress, Oxford, 1964. MR **29**, 263. I: 5, 24

[137] – Tauberian theorems for multivalent functions. Acta Math. **125** (1970), 269–298. MR **42**, 591. I: 13

[138] HEINS, M. H.: Extremal problems for functions analytic and single-valued in a doubly-connected region. Amer. J. Math. **62** (1940), 91–106. MR **1**, 114. I: 21

[139] – On a problem of Walsh concerning the Hadamard three circles theorem. Trans. Amer. Math. Soc. **55** (1944), 349–372. MR **5**, 259. I: 21

[140] – Selected topics in the classical theory of functions of a complex variable. Holt, Rinehart and Winston, New York, 1962. MR **29**, 42. I: 24

[141] – Complex function theory. Pure and Applied Mathematics, Vol. 28. Academic Press, New York London, 1968. MR **39**, 83. II: 4

[142] HEMPEL, J. A.: The Poincaré metric on the twice punctured plane and the theorems of Landau and Schottky. J. London Math. Soc. (2) **20** (1979), 435–445. MR **81c**, 913. I: 25

[143] – Precise bounds in the theorems of Schottky and Picard. J. London Math. Soc. (2) **21** (1980), 279–286. MR **81i**, 3518. I: 25, 26

[144] – Precise bounds in the theorems of Landau and Schottky. Aspects of contemporary complex analysis (Proc. NATO Adv. Study Inst., Univ. Durham, Durham, 1979), 421–424, Academic Press, London, 1980. MR **82h**, 3336. I: 25, 26

[145] HERZOG, F.; PIRANIAN, G.: Sets of convergence of Taylor series. I. Duke Math. J. **16** (1949), 529–534. MR **11**, 91. I: 16

[146] –; –: Sets of convergence of Taylor series. II. Duke Math. J. **20** (1953), 41–54. MR **14**, 738. I: 16

[147] –; –: Sets of radial continuity of analytic functions. Pacific J. Math. **4** (1954), 533–538. MR **16**, 231. I: 5

[148] –; –: Some point sets associated with Taylor series. Michigan Math. J. **3** (1955–56), 69–75. MR **17**, 834. I: 16

[149] HINDERER, K.: Über die Häufigkeit von Potenzreihen mit vorgegebenen Singularitäten. Technische Hochschule, Stuttgart, 1960. MR **25**, 609. I: 20

[150] – Über das Verhalten zufälliger Potenzreihen in der Nähe des Konvergenzkreises. Math. Ann. **172** (1967), 33–45. MR **35**, 566. I: 20

[151] HOFFMAN, K.: Banach spaces of analytic functions. Prentice-Hall, Inc., Englewood Cliffs, N.J., 1962. MR **24A**, 530. I: 23

[152] –; SINGER, I. M.: Maximal algebras of continuous functions. Acta Math. **103** (1960), 217–241. MR **22**, 1417. II: 3

[153] HWANG, J. S.; CAMPBELL, D. M.: Annular functions and gap series. Bull. London Math. Soc. **14** (1982), 415–418. MR **83k**, 4490. I: 5, 19

[154] HYSLOP, J. M.: A Tauberian theorem for absolute summability. J. London Math. Soc. **12** (1937), 176–180. Zbl **17**, 12. I: 10

[155] ILIEFF, L.: Analytische Nichtfortsetzbarkeit und Überkonvergenz einiger Klassen von Potenzreihen. Mathematische Forschungsberichte, XII. VEB Deutscher Verlag der Wissenschaften, Berlin, 1960. MR **24A**, 152. I: 18, 19. II: 2

[156] INDLEKOFER, K.-H.: Bemerkungen über äquivalente Potenzreihen von Funktionen mit einem gewissen Stetigkeitsmodul. Monatsh. Math. **76** (1972), 124–129. MR **46**, 1611. I: 3

[156a] ISS'SA, H.: On the meromorphic function field of a Stein variety. Ann. of Math. (2) **83** (1966), 34–46. MR **32**, 441. II: 4

[157] ISTRĂŢESCU, V.: On an algebra of Lipschitz functions. II (Rumänisch). Stud. Cerc. Mat. **17** (1965), 943–946. MR **35**, 872. II: 3

[158]  IZUMI, S.: A theorem concerning the zero points of the sections of a power series. Japan. J. Math. **4** (1927), 251–252. JB **54**, 338. I: 22

[159]  JAKIMOVSKI, A.: Tauberian constants for the Abel and Cesàro transformations. Proc. Amer. Math. Soc. **14** (1963), 228–238. MR **28**, 287. I: 8

[160]  JENKINS, J. A.: On an inequality of Golusin. Amer. J. Math. **73** (1951), 181–185. MR **12**, 816. I: 28

[161]  – On explicit bounds in Schottky's theorem. Canad. J. Math. **7** (1955), 76–82. MR **16**, 579. I: 25

[162]  – Sur quelques aspects globaux du théorème de Picard. Ann. Sci. École Norm. Sup. (3) **72** (1955), 151–161. MR **17**, 725. I: 26

[163]  – On explicit bounds in Landau's theorem. Canad. J. Math. **8** (1956), 423–425. MR **18**, 28. I: 25

[164]  – On a result of Keogh. J. London Math. Soc. **31** (1956), 391–399. MR **18**, 121. I: 4

[165]  – Univalent functions and conformal mapping. Ergebnisse der Mathematik und ihrer Grenzgebiete (N.F.), Heft 18. Springer, Berlin Göttingen Heidelberg, 1958. MR **20**, 543. I: 27, 28

[166]  – On the sharp form of the three-circles theorem. Kōdai Math. Sem. Rep. **27** (1976), 155–158. MR **53**, 1549. I: 21

[167]  JENTZSCH, R.: Untersuchungen zur Theorie der Folgen analytischer Funktionen. Acta Math. **41** (1917), 219–251. JB **46**, 516. I: 22

[168]  – Fortgesetzte Untersuchungen über die Abschnitte von Potenzreihen. Acta Math. **41** (1917), 253–270. JB **45**, 516. I: 22

[169]  JURKAT, W. B.: Ein funktionentheoretischer Beweis für $O$-Taubersätze bei Potenzreihen. Arch. Math. **7** (1956), 122–125. MR **18**, 31. II: 1

[170]  – Ein funktionentheoretischer Beweis für $O$-Taubersätze bei den Verfahren von Borel und Euler-Knopp. Arch. Math. **7** (1956), 278–283. MR **18**, 479. II: 1

[171]  – Über die Umkehrung des Abelschen Stetigkeitssatzes mit funktionentheoretischen Methoden. Math. Z. **67** (1957), 211–222. MR **19**, 544. II: 1

[172]  –; PEYERIMHOFF, A.: Der Satz von Fatou-Riesz und der Riemannsche Lokalisationssatz bei absoluter Konvergenz. Arch. Math. **4** (1953), 285–297. MR **15**, 617. I: 18

[173]  –; –: Lokalisation bei absoluter Cesàro-Summierbarkeit von Potenzreihen und trigonometrischen Reihen. I. Math. Z. **60** (1954), 255–270. MR **16**, 351. I: 18

[174]  KAHANE, J.-P.: Some random series of functions. D.C. Heath and Co., Lexington, Mass., 1968. MR **40**, 1468. I: 20

[175]  KAKUTANI, S.: Rings of analytic functions. Lectures on functions of a complex variable, 71–83. The University of Michigan Press, Ann Arbor, 1955. MR **16**, 1125. II: 4

[176]  KARAMATA, J.: Über die Hardy-Littlewoodschen Umkehrungen des Abelschen Stetigkeitssatzes. Math. Z. **32** (1930), 319–320. JB **56**, 210. I: 10

[177]  KENNEDY, P. B.: Conformal mapping of bounded domains. J. London Math. Soc. **31** (1956), 332–336. MR **17**, 1191. I: 4

[178]  –; SzÜSZ, P.: On a bounded increasing power series. Proc. Amer. Math. Soc. **17** (1966), 580–581. MR **34**, 262. I: 10

[179]  KEOGH, F. R.: A property of bounded schlicht functions. J. London Math. Soc. **29** (1954), 379–382. MR **15**, 862. I: 4

[180]  KESTELMAN, H.: Automorphisms of the field of complex numbers. Proc. London Math. Soc. (2) **53** (1951), 1–12. MR **12**, 812. II: 4

[181]  KINNEY, J. R.: Tangential limits of functions of the class $S_\alpha$. Proc. Amer. Math. Soc. **14** (1963), 68–70. MR **26**, 282. I: 13

[182]  KNOPP, K.: Über eine Erweiterung des Äquivalenzsatzes der $C$- und $H$-Verfahren und eine Klasse regulär wachsender Funktionen. Math. Z. **49** (1943), 219–255. MR **5**, 236. I: 6

[183] KOGBETLIANTZ, E.: Sommation des séries et intégrales divergentes par les moyennes arithmétiques et typiques. Mémorial Sci. math. **51** (1931), 1–84. Zbl **3**, 7. I: 18

[184] KOOSIS, P.: Introduction to $H_p$ spaces. London Mathematical Society Lecture Note Series, 40. Cambridge University Press, Cambridge New York, 1980. MR **81c**, 918. I: 23

[185] KOREVAAR, J.: An estimate of the error in Tauberian theorems for power series. Duke Math. J. **18** (1951), 723–734. MR **13**, 227. I: 8

[186] – A very general form of Littlewood's theorem. Nederl. Akad. Wetensch. Proc. Ser. A. **57** = Indagationes Math. **16** (1954), 36–45. MR **15**, 698. I: 8

[187] – Another numerical Tauberian theorem for power series. Nederl. Akad. Wetensch. Proc. Ser. A. **57** = Indagationes Math. **16** (1954), 46–56. MR **15**, 698. I: 18

[188] KRUSCHKAL, S. L.; KÜHNAU, R.: Quasikonforme Abbildungen – neue Methoden und Anwendungen. Teubner-Texte zur Mathematik, Band 54. BSB B.G. Teubner Verlagsgesellschaft, Leipzig, 1983. MR **85k**, 4871. I: 27, 28

[188a] KRZYZ, J. G.: Coefficient estimates for powers of univalent functions and their inverses. Ann. Univ. Mariae Curie-Sklodowska Sect. A **34** (1980), 73–81 (1983). MR **86a**, 109. I: 27

[189] KÜHN, J.: Über das Wachstum reeller Potenzreihen mit wenigen Vorzeichenwechseln und über das Wachstum ganzer Dirichlet-Reihen. Mitt. Math. Sem. Gießen Heft **75** (1967). MR **36**, 792. II: 1

[190] KÜHNAU, R.: Verzerrungssätze und Koeffizientenbedingungen vom Grunskyschen Typ für quasikonforme Abbildungen. Math. Nachr. **48** (1971), 77–105. MR **45**, 983. I: 27

[191] – Eine Verschärfung des Koebeschen Viertelsatzes für quasikonform fortsetzbare Abbildungen. Ann. Acad. Sci. Fenn. Ser. A I Math. **1** (1975), 77–83. MR **53**, 1551. I: 28

[192] LAI, W. T.: The exact value of Hayman's constant in Landau's theorem. Sci. Sinica **22** (1979), 129–134. MR **80k**, 4290. I: 25

[193] LANDAU, E.: Über die Blochsche Konstante und zwei verwandte Weltkonstanten. Math. Z. **30** (1929), 608–634. JB **55**, 770. I: 28

[194] – Ausgewählte Kapitel der Funktionentheorie. Trav. Inst. Math. Tbilissi [Trudy Tbiliss. Mat. Inst.] **8** (1940), 23–68. MR **3**, 78. I: 24

[195] LEHTO, O.: A generalization of Picard's theorem. Ark. Mat. **3** (1958), 495–500. MR **21**, 782. I: 26

[196] – Schlicht functions with a quasiconformal extension. Ann. Acad. Sci. Fenn. Ser. A I, **500** (1971). MR **45**, 680. I: 27

[197] LEWANDOWSKI, Z.; MIAZGA, J.; SZYNAL, J.: Koebe domains for univalent functions with real coefficients under Montel's normalization. Ann. Polon. Math. **30** (1975), 333–336. MR **51**, 1859. I: 28

[198] LEWIS, L. G.: Quasiconformal mappings and Royden algebras in space. Trans. Amer. Math. Soc. **158** (1971), 481–492. MR **43**, 1385. II: 4

[199] LICK, D. R.: Sets of non-uniform convergence of Taylor series. J. London Math. Soc. **39** (1964), 81–85. MR **28**, 796. I: 14

[200] – Sets of local uniform convergence. Math. Scand. **19** (1966), 127–130. MR **35**, 1260. I: 14

[201] LIPKA, ST.: Über den Zusammenhang zweier Sätze der Funktionentheorie. Acta Litt. Sci. Szeged **8** (1937), 160–165. Zbl **16**, 33. I: 22

[202] LIPPUS, JU. È.: Multipliers of uniform convergence of some classes of power series (Russisch). Mat. Zametki **29** (1981), 517–524, 632. Übersetzung: Math. Notes **29** (1981), 265–269. MR **82g**, 2904. I: 3

[203] LITTLEWOOD, J. E.: The converse of Abel's theorem on power series. Proc. London Math. Soc. (2) **9** (1911), 434–448. JB **42**, 276. II: 1

[204] LITTLEWOOD, J. E.: Lectures on the Theory of Functions. Oxford University Press, 1944. MR **6**, 261. I: 24

[205] LÖSCH, F.: Über nicht fortsetzbare Potenzreihen mit Lücken. Math. Z. **32** (1930), 415–421. JB **56**, 960. I: 19

[206] – Über das Verhalten der Potenzreihen auf dem Rande des Konvergenzkreises. III. Math. Z. **37** (1933), 85–89. Zbl **6**, 211. I: 14

[207] LOHWATER, A. J.; PIRANIAN, G.: On a conjecture of Lusin. Michigan Math. J. **3** (1955–56), 63–68. MR **17**, 834. I: 13

[208] –; –; RUDIN, W.: The derivative of a schlicht function. Math. Scand. **3** (1955), 103–106. MR **17**, 249. I: 14

[209] LORENTZ, G. G.: Tauberian theorems and Tauberian conditions. Trans. Amer. Math. Soc. **63** (1948), 226–234. MR **9**, 425. II: 1

[210] LUBELSKI, S.: Über das Verhalten der Abschnitte von Potenzreihen auf dem Konvergenzkreis. Math. Ann. **109** (1933), 230–234. Zbl **8**, 61. I: 22

[211] LUMER, G.: On Wermer's maximality theorem. Invent. Math. **8** (1969), 236–237. MR **40**, 880. II: 3

[212] LUSIN, N. N.: On the localization of the principle of finite area (Russisch). Doklady Akad. Nauk SSSR (N.S.) **56** (1947), 447–450. MR **9**, 181. I: 13

[213] MACINTYRE, A. J.; ROGOSINSKI, W. W.: Extremum problems in the theory of analytic functions. Acta Math. **82** (1950), 275–325. MR **12**, 89. I: 2

[214] MACLANE, G. R.: On the Peano curves associated with some conformal maps. Proc. Amer. Math. Soc. **6** (1955), 625–630. MR **17**, 250. I: 14

[215] – Holomorphic functions, of arbitrarily slow growth, without radial limits. Michigan Math. J. **9** (1962), 21–24. MR **25**, 45. I: 5

[216] MANDELBROJT, S.: Séries lacunaires. Actualités scient. et industr. Nr. 305. Hermann & Cie., Paris, 1936. Zbl **13**, 270. I: 19

[217] MARDEN, M.: Geometry of polynomials. Second edition. Mathematical Surveys, No. 3. American Mathematical Society, Providence, R.I., 1966. MR **37**, 292. I:2

[218] MATHEWS, J. H.: Coefficients of uniformly normal-Bloch functions. Yokohama Math. J. **21** (1973), 27–31. MR **48**, 757. II: 1

[219] MAZURKIEWICZ, ST.: Über nichtsummierbare Potenz- und trigonometrische Reihen (Polnisch). Prace mat.-fiz. **28** (1917), 109–118. JB **46**, 533. I: 15

[220] – Sur les séries de puissances. Fund. Math. **3** (1922), 52–58. JB **48**, 337. I: 16

[221] MEIER, K.: Ein einfacher Beweis eines Satzes von P. Fatou. Comment. Math. Helv. **52** (1977), 535–537. MR **57**, 91. I: 5

[222] MINDA, C. D.: Bloch constants. J. Analyse Math. **41** (1982), 54–84. MR **85e**, 1909. I: 24

[223] – Marden constants for Bloch and normal functions. J. Analyse Math. **42** (1982/83), 117–127. MR **85a**, 84. I: 24

[224] –; SCHOBER, G.: Another elementary approach to the theorems of Landau, Montel, Picard and Schottky. Complex Variables Theory Appl. **2** (1983), 157–164. Zbl **572**, 111. I: 25

[225] MIRANDA, C.: Sur un nouveau critère de normalité pour les familles de fonctions holomorphes. Bull. Soc. Math. France **63** (1935), 185–196. Zbl **13**, 272. I: 25

[226] MONTEL, P.: Leçons sur les familles normales de fonctions analytiques et leurs applications. Recueillies et rédigées par J. Barbotte. Gauthier-Villars, Paris, 1927. JB **53**, 303. I: 22

[227] MORDASOVA, G. M.: Estimate of the remainder in a Taylor series for analytic functions with bounded $r$th derivative (Russisch). Uspehi Mat. Nauk **14** (1959), 187–194. MR **23A**, 176. I: 2

[228] MOZZOCHI, CH. J.: On the pointwise convergence of Fourier series. Lecture Notes in Mathematics, Vol. 199. Springer, Berlin Heidelberg New York, 1971. MR **56**, 490. I: 5

[229] MÜLLER, G. O.; TRAUTNER, R.: Fatou-Riesz theorems in general sequence spaces. Proc. Edinburgh Math. Soc. (2) **23** (1980), 199–205. MR **82c**, 1096. I: 18

[230] MURAI, T.: Une conjecture de Paley sur les séries de Taylor lacunaires. C.R. Acad. Sci. Paris Sér. A–B **290** (1980), A947–A948. MR **81j**, 3987. II: 1

[231] – The value-distribution of lacunary series and a conjecture of Paley. Ann. Inst. Fourier (Grenoble) **31** (1981), 135–156. MR **82k**, 4678. II: 1

[232] – The boundary behaviour of Hadamard lacunary series. Nagoya Math. J. **89** (1983), 65–76. MR **84g**, 2649. I: 19

[233] NABETANI, K.: Remarks on some theorems concerning sections of a power series. I. Tôhoku Math. J. **41** (1936), 329–332. Zbl **13**, 312. I: 1

[234] – Remarks on some theorems concerning sections of a power series. II. Tôhoku Math. J. **41** (1936), 333–336. Zbl **13**, 312. I: 1

[235] NAGASAWA, M.: Isomorphisms between commutative Banach algebras with an application to rings of analytic functions. Kōdai Math. Sem. Rep. **11** (1959), 182–188. MR **22**, 2125. II: 4

[236] NAKAI, M.: Algebraic criterion on quasiconformal equivalence of Riemann surfaces. Nagoya Math. J. **16** (1960), 157–184. MR **22**, 293. II: 4

[237] – Divisors on meromorphic function fields. Proc. Japan Acad. **51** (1975), 507–509. MR **52**, 847. II: 4

[238] NEDER, L.: Zur Theorie der trigonometrischen Reihen. Math. Ann. **84** (1921), 117–136. JB **48**, 303. I: 15

[239] NEHARI, Z.: Conformal mapping. McGraw-Hill Book Co., New York, 1952; reprinted: Dover Publications, Inc., New York, 1975. MR **13**, 640; **51**, 1858. I: 24

[240] NOBLE, M. E.: A note on non-continuable power series. J. London Math. Soc. **35** (1960), 117–127. MR **22**, 1895. I: 19

[241] – Changes of sign and singularities of power series. Quart. J. Math. Oxford Ser. (2) **17** (1966), 359–363. MR **34**, 816. I: 19

[242] NOSHIRO, K.: Cluster sets. Ergebnisse der Mathematik und ihrer Grenzgebiete (N.F.), Heft 28. Springer, Berlin Göttingen Heidelberg, 1960. MR **24A**, 614. I: 5

[243] NOVINGER, W. P.: Holomorphic functions with infinitely differentiable boundary values. Illinois J. Math. **15** (1971), 80–90. MR **42**, 857. II: 3

[244] – Some theorems from geometric function theory: applications. Amer. Math. Monthly **82** (1975), 507–510. MR **51**, 120. I: 14

[245] OFFORD, A. C.: On the summability of power series. Proc. London Math. Soc. **33** (1932), 467–480. Zbl **4**, 60. I: 7, 18

[246] OSTROWSKI, A.: Über Dirichletsche Reihen und algebraische Differentialgleichungen. Math. Z. **8** (1920), 241–298. JB **47**, 292. I: 20

[247] – Über vollständige Gebiete gleichmäßiger Konvergenz von Folgen analytischer Funktionen. Abh. Math. Sem. Univ. Hamburg **1** (1922), 327–350. JB **48**, 372. I: 22

[248] PALEY, R. E. A. C.: On lacunary power series. Proc. Nat. Acad. Sci. U.S.A. **19** (1933), 271–272. Zbl **6**, 197. II: 1

[249] –; ZYGMUND, A.: On some series of functions. III. Proc. Cambridge Philos. Soc. **28** (1932), 190–205. Zbl **6**, 198. I: 20

[250] PELCZYŃSKI, A.: Banach spaces of analytic functions and absolutely summing operators. Conference Board of the Mathematical Sciences Regional Conference Series in Mathematics, No. 30. American Mathematical Society, Providence, R.I., 1977. MR **58**, 3511. I: 1

[251] PERRON, O.: Osservazioni riguardo un teorema di C. Biggeri. Boll. Un. Mat. Ital. **16** (1937), 82–84. Zbl **16**, 301. I: 17

[252] PEYERIMHOFF, A.: Lectures on summability. Lecture Notes in Mathematics, Vol. 107. Springer, Berlin Heidelberg New York, 1969. MR **57**, 484. I: 6

[253] PIRANIAN, G.: Construction of functions with prescribed boundary behavior. Ann. Acad. Sci. Fenn. Ser. A I **250/26** (1958). MR **20**, 543. I: 13

[254] – Jordan domains and absolute convergence of power series. Michigan Math. J. **9** (1962), 125–128. MR **25**, 426. I: 14 .

[255] PIRANIAN, G.: Bounded radial variation and divergence of power series. Math. Scand. **18** (1966), 93–96. MR **34**, 817. I: 10

[256] –; TITUS, C. J.; YOUNG, G. S.: Conformal mappings and Peano curves. Michigan Math. J. **1** (1952), 69–72. MR **14**, 262. I: 14

[257] PITT, H. R.: Tauberian theorems. Oxford University Press, London, 1958. MR **21**, 947. I: 8

[258] PÓLYA, G.: Über gewisse notwendige Determinantenkriterien für die Fortsetzbarkeit einer Potenzreihe. Math. Ann. **99** (1928), 687–706. JB **54**, 340. I: 19

[259] – Untersuchungen über Lücken und Singularitäten von Potenzreihen. Math. Z. **29** (1929), 549–640. JB **55**, 186. I: 17, 19. II: 1

[260] – Untersuchungen über Lücken und Singularitäten von Potenzreihen. II. Mitt. Ann. of Math. (2) **34** (1933), 731–777. Zbl **8**, 62. I: 12

[261] – On converse gap theorems. Trans. Amer. Math. Soc. **52** (1942), 65–71. MR **4**, 7. II: 2

[262] – Remarks on power series. Acta Sci. Math. (Szeged) **12** (1950), 199–203. MR **11**, 653. I: 20

[263] POMMERENKE, CH.: Über die Mittelwerte und Koeffizienten multivalenter Funktionen. Math. Ann. **145** (1961/62), 285–296. MR **24A**, 611. I: 14

[264] – On Bloch functions. J. London Math. Soc. (2) **2** (1970), 689–695. MR **44**, 345. I: 24

[265] – Univalent functions. With a chapter on quadratic differentials by Gerd Jensen. Studia Mathematica/Mathematische Lehrbücher, Band XXV. Vandenhoeck & Ruprecht, Göttingen, 1975. MR **58**, 3367. I: 5, 9, 13, 19, 24, 27

[266] – The Bieberbach conjecture. Math. Intelligencer **7** (1985), 23–25. MR **86c**, 1029. I: 27

[267] POSTNIKOV, A. G.: The remainder term in the Tauberian theorem of Hardy and Littlewood (Russisch). Doklady Akad. Nauk SSSR (N.S.) **77** (1951), 193–196. MR **12**, 820. I: 8

[268] – Tauberian theory and its applications (Russisch). Trudy Mat. Inst. Steklov. **144** (1979). Übersetzung: Proc. Steklov Inst. Math. **144**. Amer. Math. Soc. 1980. MR **82f**, 2484. I: 8, 18

[269] PRIWALOW, I. I.: Randeigenschaften analytischer Funktionen. Hochschulbücher für Mathematik, Bd. 25. VEB Deutscher Verlag der Wissenschaften, Berlin, 1956. MR **18**, 727. I: 5

[270] PURSELL, L. E.: Rings of continuous functions on open convex subsets of $\mathbb{R}^n$. Proc. Amer. Math. Soc. **19** (1968), 581–585. MR **37**, 845. II: 4

[271] RAJAGOPAL, C. T.: A note on power series. Math. Student **20** (1952), 99–106 (1953). MR **15**, 113. I: 1

[272] – On an absolute constant for a class of power series. Math. Scand. **5** (1957), 267–270. MR **20**, 874. I: 4

[273] READE, M. O.; ZLOTKIEWICZ, E. J.: Koebe sets for univalent functions with two preassigned values. Bull. Amer. Math. Soc. **77** (1971), 103–105. MR **42**, 590. I: 28

[274] –; –: On univalent functions with two preassigned values. Proc. Amer. Math. Soc. **30** (1971), 539–544. MR **44**, 87. I: 28

[275] –; –: On values omitted by univalent functions with two preassigned values. Compositio Math. **24** (1972), 355–358. MR **47**, 1545. I: 28

[276] RÉNYI, A.: On a Tauberian theorem of O. Szász. Acta Univ. Szeged. Sect. Sci. Math. **11** (1946), 119–123. MR **8**, 147. I: 10

[277] RICCI, G.: Fluttuazione relativa e punti singolari delle serie di potenze. Ist. Lombardo Sci. Lett. Rend. Cl. Sci. Mat. Nat. (3) **19 (88)** (1955), 3–24. MR **17**, 471. I: 19

[278] – Sull'andamento delle funzioni maggioranti delle serie di potenze. Ann. Mat. Pura Appl. (4) **40** (1955), 285–306. MR **17**, 957. I: 4

[279] RICCI, G.: Complementi a un teorema di H. Bohr riguardante le serie di potenze. Rev. Un. Mat. Argentina **17** (1955), 185–195 (1956). MR **18**, 385. I: 4

[280] RICHARDS, I.: More on rings on rings. Bull. Amer. Math. Soc. **74** (1968), 677. MR **37**, 372. II: 4

[281] RIESZ, F.; SZ.-NAGY, B.: Vorlesungen über Funktionalanalysis. Hochschulbücher für Mathematik, Bd. 27. VEB Deutscher Verlag der Wissenschaften, Berlin, 1956. MR **18**, 747. I: 5

[282] RIZZONELLI, P.: Valutazioni del tipo di H. Bohr per le maggioranti delle serie di potenze. Riv. Mat. Univ. Parma (2) **3** (1962), 259–270. MR **27**, 934. I: 4

[283] ROBINSON, R. M.: Analytic functions in circular rings. Duke Math. J. **10** (1943), 341–354. MR **4**, 241. I: 21

[284] – Hadamard's three circles theorem. Bull. Amer. Math. Soc. **50** (1944), 795–802. MR **6**, 122. I: 21

[285] ROGOSINSKI, W. W.; SHAPIRO, H. S.: On certain extremum problems for analytic functions. Acta Math. **90** (1953), 287–318. MR **15**, 516. I: 2

[286] ROSENBLOOM, P. C.: Comments on the preceding paper by Herzog and Piranian. Pacific J. Math. **4** (1954), 539–543. MR **16**, 231. I: 5

[287] – Distribution of zeros of polynomials. Lectures on functions of a complex variable, 265–285. The University of Michigan Press, Ann Arbor, 1955. MR **17**, 246. I: 22

[288] ROUX, D.: Lacune unilaterali, emisimmetria di tratti e teorema di Fabry. Boll. Un. Mat. Ital. (3) **9** (1954), 399–408. MR **16**, 578. I: 19

[289] – Sui punti singolari delle serie di potenze. Rend. Sem. Mat. Fis. Milano **30** (1960), 110–129. MR **23A**, 475. I: 19

[290] RUDIN, W.: Analyticity, and the maximum modulus principle. Duke Math. J. **20** (1953), 449–457. MR **15**, 21. II: 3

[291] – Some theorems on bounded analytic functions. Trans. Amer. Math. Soc. **78** (1955), 333–342. MR **16**, 685. II: 4

[292] – On a problem of Bloch and Nevanlinna. Proc. Amer. Math. Soc. **6** (1955), 202–204. MR **16**, 810. I: 14

[293] – The radial variation of analytic functions. Duke Math. J. **22** (1955), 235–242. MR **18**, 27. I: 5

[294] – A converse to the high indices theorem. Proc. Amer. Math. Soc. **17** (1966), 434–435. MR **32**, 1038. II: 1

[295] RUSCHEWEYH, ST.: On the Kakeya-Eneström theorem and Gegenbauer polynomial sums. SIAM J. Math. Anal. **9** (1978), 682–686. MR **57**, 2183. I: 2

[296] – Convolutions in geometric function theory. Séminaire de Mathématiques Supérieures, 83. Presses de l'Université de Montréal, Montreal, Que., 1982. MR **84a**, 106. I: 2

[297] SALEM, R.; ZYGMUND, A.: Lacunary power series and Peano curves. Duke Math. J. **12** (1945), 569–578. MR **7**, 378. I: 14

[298] SANSONE, G.; GERRETSEN, J.: Lectures on the theory of functions of a complex variable. II: Geometric theory. Wolters-Noordhoff Publishing, Groningen, 1969. MR **41**, 687. I: 24

[299] ŠČEGLOV, M. P.: On the generalization of Tauber's theorem (Russisch). Mat. Sbornik N.S. **28 (70)** (1951), 245–282. MR **13**, 28. I: 8

[300] – On a generalization of Vijayaraghavan's Tauberian theorems (Russisch). Ukrain. Mat. Ž. **7** (1955), 333–338. MR **17**, 961. I: 8

[301] SCHAEFFER, A. C.: Power series and Peano curves. Duke Math. J. **21** (1954), 383–389. MR **15**, 946. I: 14

[302] SCHIFFER, M.; SCHOBER, G.: Coefficient problems and generalized Grunsky inequalities for schlicht functions with quasiconformal extensions. Arch. Rational Mech. Anal. **60** (1975/76), 205–228. MR **53**, 1181. I: 27, 28

[303] SCHLENSTEDT, G.: On an absolute constant pertaining to Cauchy's 'Principal Moduli' in bounded power series. Math. Scand. 10 (1962), 108–110. MR 25, 609. I: 4

[304] SCHMEISSER, G.: Erweiterung eines Satzes von J. Korevaar. Math. Z. 98 (1967), 185–191. MR 35, 1260. I: 22

[305] SCHNEIDER, W. J.: Some extensions of the Nevanlinna 2-constant theorem and the Hadamard 3-circle theorem. J. Math. Anal. Appl. 17 (1967), 280–291. MR 35, 806. I: 21

[306] – Approximation and harmonic measure. Aspects of contemporary complex analysis (Proc. NATO Adv. Study Inst., Univ. Durham, Durham, 1979), 333–349, Academic Press, London, 1980. MR 82g, 2913. I: 5

[307] SCHOENBERG, I. J.: Some extremal problems for positive definite sequences and related extremal convex conformal maps of the circle. Nederl. Akad. Wetensch. Proc. Ser. A61 = Indag. Math. 20 (1958), 28–37. MR 20, 769. I: 28

[308] SCHUR, I.; SZEGÖ, G.: Über die Abschnitte einer im Einheitskreise beschränkten Potenzreihe. Sitz.-Ber. Preuss. Akad. Wiss. Berlin, Phys.-Math. Kl. 1925, 545–560. JB 51, 247. I: 1

[309] SCHWARZ, W.: Bemerkungen zu einem Satz der Herren Turán und Clunie über das Verhalten von Potenzreihen auf dem Rande des Konvergenzkreises. Publ. Math. Debrecen 16 (1969), 67–73. MR 42, 1126. I: 3

[310] – Über Potenzreihen, die irrationale Funktionen darstellen. I. Überblicke Mathematik, Band 6, 179–196. Bibliographisches Inst., Mannheim, 1973. MR 51, 1178. I: 19.

[311] – Über Potenzreihen, die irrationale Funktionen darstellen. II. Überblicke Mathematik, Band 7, 7–32. Bibliographisches Inst., Mannheim, 1974. MR 51, 1178. I: 19

[312] SHAPIRO, H. S.: A remark concerning Littlewood's Tauberian theorem. Proc. Amer. Math. Soc. 16 (1965), 258–259. MR 30, 632. I: 10

[313] SKOF, F.: Famiglie di serie non prolungabili e non lacunari e serie non prolungabili con „tratto ridotto". Boll. Un. Mat. Ital. (3) 17 (1962), 68–80. MR 25, 609. I: 19

[314] SLEPENČUK, K. M.: Theorems of Tauberian type for absolute summability by Abel methods (Russisch). Izv. Vysš. Učebn. Zaved. Matematika 1965, 135–139. MR 33, 82. I: 10

[315] SONS, L. R.; CAMPBELL, D. M.: Hadamard gap series and normal functions. Bull. London Math. Soc. 12 (1980), 115–118. MR 81d, 1321. I: 19

[316] STANISZEWSKA, J.: Sur l'ensemble des points de divergence des séries entières continues sur la circonférence du cercle de convergence. Fund. Math. 54 (1964), 305–324. MR 29, 1121. I: 16

[317] STEČKIN, S. B.: On Fourier coefficients of continuous functions (Russisch). Izv. Akad. Nauk SSSR. Ser. Mat. 21 (1957), 93–116. MR 19, 31. I: 14

[318] – On trigonometric series divergent at every point (Russisch). Izv. Akad. Nauk SSSR. Ser. Mat. 21 (1957), 711–728. MR 20, 565. I: 15

[319] SUBHANKULOV, M. A.: Tauberian theorems with remainder (Russisch). Izdat. „Nauka", Moscow, 1976. MR 58, 4349. I: 8, 18

[320] SUNYER I BALAGUER, F.: Sur la substitution d'une valeur exceptionelle par une propriété lacunaire. Acta Math. 87 (1952), 17–31. MR 14, 31. I: 25

[321] SZÁSZ, O.: Über Potenzreihen, die im Einheitskreise beschränkte Funktionen darstellen. Math. Z. 8 (1920), 222–236. JB 47, 274. I: 2

[322] – Verallgemeinerung eines Littlewoodschen Satzes über Potenzreihen. J. London Math. Soc. 3 (1928), 254–262. JB 54, 232. I: 10

[323] SZEGÖ, G.: Über die Nullstellen der Polynome einer Folge, die in einem einfach zusammenhängenden Gebiete gleichmäßig konvergiert. Gött. Nachr. 1922, 137–143. JB 48, 374. I: 22

[324] SZEGÖ, G.: Über die Nullstellen von Polynomen, die in einem Kreise gleichmäßig konvergieren. Sitzungsber. Berl. Math. Ges. **21** (1922), 59–64. JB **48**, 374. I: 22

[325] – Über eine Eigenschaft der Exponentialreihe. Sitzungsber. Berl. Math. Ges. **23** (1924), 50–64. JB **50**, 257. I: 22

[326] – Zur Theorie der schlichten Abbildungen. Math. Ann. **100** (1928), 188–211. JB **54**, 336. I: 13, 28

[327] – Some recent investigations concerning the sections of power series and related developments. Bull. Amer. Math. Soc. **42** (1936), 505–522. Zbl **14**, 352. I: 1

[328] – Orthogonal polynomials. American Mathematical Society Colloquium Publications, Vol. 23. Revised ed. American Mathematical Society, Providence, R. I., 1959. MR **21**, 929

[329] TANAKA, C.: On the singularities of Dirichlet series. Comment. Math. Helv. **31** (1957), 184–194. MR **18**, 888. I: 20

[330] TANDORI, K.: Bemerkung zur Divergenz der trigonometrischen Reihen. Acta Sci. Math. (Szeged) **20** (1959), 25–32. MR **21**, 797. I: 15

[331] TEICHMÜLLER, O.: Eine Verschärfung des Dreikreisesatzes. Deutsche Math. **4** (1939), 16–22. Zbl **20**, 235. I: 21

[332] TITCHMARSH, E. C.: The theory of functions. Clarendon Press, Oxford, 1932. Zbl **5**, 210. I: 9.II: 1

[333] TOPPILA, S.: A remark on Bloch's constant for schlicht functions. Ann. Acad. Sci. Fenn. Ser. A I **423** (1968). MR **38**, 236. I: 28

[334] TSAO, A.: Disproof of a coefficient conjecture for meromorphic univalent functions. Trans. Amer. Math. Soc. **274** (1982), 783–796. MR **84c**, 973. I: 27

[335] TSUJI, M.: On a power series which has only algebraic singularities on its convergence circle. IV. Japan. J. Math. **5** (1928), 163–184. JB **54**, 343. I: 22

[336] – On the converse of Abel's theorem. J. Math. Soc. Japan **5** (1953), 81–85. MR **15**, 412. I: 9

[337] – On the radial order of a certain regular function in a unit circle. J. Math. Soc. Japan **6** (1954), 336–342. MR **16**, 809. I: 13

[338] TURÁN, P.: On a theorem of Littlewood. J. London Math. Soc. **21** (1946), 268–275. MR **9**, 80. II: 2

[339] – On the gap-theorem of Fabry. Hungarica Acta Math. **1** (1947), 21–29. MR **9**, 276. II: 2

[340] – On some examples in the theory of power series. Bull. Amer. Math. Soc. **54** (1948), 932–936. MR **10**, 241. I: 14

[341] – Eine neue Methode in der Analysis und deren Anwendungen. Akadémiai Kiadó, Budapest, 1953. MR **15**, 688. II: 2

[342] – A remark concerning the behaviour of a power-series on the periphery of its convergence-circle. Acad. Serbe Sci. Publ. Inst. Math. **12** (1958), 19–26. MR **21**, 260. I: 3

[343] – On a point in the theory of power-series (Ungarisch). Mat. Lapok **10** (1959), 278–283. MR **23A**, 474. I: 10

[344] – On a trigonometric inequality. Proceedings of the Conference on the Constructive Theory of Functions (Approximation Theory) (Budapest, 1969), pp. 503–512. Akadémiai Kiadó, Budapest, 1972. MR **53**, 1582. II: 2

[345] U, ŠO-MO: Some properties of functions which are analytic in a circle (Chinesisch). Advancement in Math. **3** (1957), 250-256. MR **22**, 1625. I: 1

[346] VÉRTESI, P.: Linear operators on the roots of unity. Studia Sci. Math. Hungar. **15** (1980), 241–245. MR **84e**, 1799. I: 1

[347] – On discrete linear operators. Studia Sci. Math. Hungar. **18** (1983), 429–433. MR **86g**, 3006. I: 1

[348] VIJAYARAGHAVAN, T.: A power series that converges and diverges at everywhere dense sets of points on its circle of convergence. J. Indian Math. Soc. (N.S.) **11** (1947), 69–72. MR **10**, 25. I: 16

[349] WAINGER, ST.: A problem of Wiener and the failure of a principle for Fourier series with positive coefficients. Proc. Amer. Math. Soc. **20** (1969), 16–18. MR **38**, 836. I: 17

[350] WALK, H.: Wachstumsverhalten zufälliger Potenzreihen. Z. Wahrsch. Verw. Gebiete **12** (1969), 293–306. MR **40**, 1204. I: 20

[351] WALSH, J. L.: The analogue for maximally convergent polynomials of Jentzsch's theorem. Duke Math. J. **26** (1959), 605–616. Zbl **91**, 66. I: 22

[352] WANG, JU-KWEI: Analytic functions with boundary values of bounded variation. Hung-Ching Chow 60th Anniversary Vol., 86–92. Inst. of Math., Acad. Sinica, Taipei, 1962. MR **31**, 284. II: 3

[353] WARLIMONT, R.: Euler-Summierbarkeit konform-äquivalenter Reihen. Monatsh. Math. **81** (1976), 63–68. MR **53**, 154. I: 3

[354] WATERMAN, D.: The local finite-area principle in the half-plane. Proc. Amer. Math. Soc. **17** (1966), 1012–1015. MR **34**, 262. I: 13

[355] WEISS, M.: Concerning a theorem of Paley on lacunary power series. Acta Math. **102** (1959), 225–238. MR **22**, 1374. II: 1

[356] WERMER, J.: On algebras of continuous functions. Proc. Amer. Math. Soc. **4** (1953), 866–869. MR **15**, 440. II: 3

[357] – On two theorems of classical analysis. Function Algebras (Proc. Internat. Sympos. on Function Algebras, Tulane Univ., 1965), 84–87. Scott-Foresman, Chicago, Ill., 1966. MR **35**, 406. I: 21

[358] WIELANDT, H.: Zur Umkehrung des Abelschen Stetigkeitssatzes. Math. Z. **56** (1952), 206–207. MR **14**, 265. I: 10

[359] WIENER, N.: Tauberian theorems. Ann. of Math. (2) **33** (1932), 1–100. Zbl **4**, 59. I: 10

[360] WINKLER, J.: Bericht über Picardmengen ganzer Funktionen. Topics in analysis (Colloq. Math. Anal. Jyväskylä, 1970), 384–392. Lecture Notes in Mathematics, Vol. 419. Springer, Berlin Heidelberg New York, 1974. MR **52**, 502. I: 26

[361] WINTNER, A.: On an absolute constant pertaining to Cauchy's „principal moduli" in bounded power series. Math. Scand. **4** (1956), 108–112. MR **18**, 205. I: 4

[362] WOLFF, J.: Une généralisation d'un théorème de H. (sic!) Jentzsch. C. R. Acad. Sci. Paris **184** (1927), 795–798. JB **53**, 281. I: 22

[363] ZALCMAN, L.: Picard's theorem without tears. Amer. Math. Monthly **85** (1978), 265–268. MR **58**, 176. I: 26

[364] ZELLER, K.; BEEKMANN, W.: Theorie der Limitierungsverfahren. Zweite, erweiterte und verbesserte Auflage. Ergebnisse der Mathematik und ihrer Grenzgebiete, Band 15. Springer, Berlin Heidelberg New York, 1970. MR **41**, 1631. I: 6, 8, 18

[365] ZHANG, M.: Ein Überdeckungssatz für konvexe Gebiete. Acad. Sinica Science Record **5** (1952), 17–21. MR **15**, 413. I: 28

[366] ZYGMUND, A.: Sur un théorème de M. Fejér. Bull. Sém. Math. Univ. Wilno **2** (1939), 3–12. MR **1**, 9. I: 13

[367] – On the convergence and summability of power series on the circle of convergence. II. Proc. London Math. Soc. (2) **47** (1942), 326–350. MR **4**, 76. I: 5

[368] – On the degree of approximation of functions by Fejér means. Bull. Amer. Math. Soc. **51** (1945), 274–278. MR **6**, 265. I: 1